普通高等院校计算机课程规划教材

Basis of Computer Software Technology

计算机软件技术基础

徐洁磐 李臣明 史九林 编著

U01131714

机械工业出版社
China Machine Press

本书对计算机软件进行了全面系统的介绍，重点突出了数据结构、操作系统、数据库及软件工程等内容。全书共 10 章，由浅入深地介绍了软件概念、算法概念、数据概念、数据结构及基本操作、操作系统基本原理、语言及处理系统概貌、关系数据库管理系统的原理与基本操作、支撑软件与应用软件的基本概念、结构化分析与设计及文档和应用系统开发原理等内容。

本书语言通俗易懂、实例丰富，可作为普通高等院校计算机及相关专业本科生的教材。

封底无防伪标均为盗版

版权所有，侵权必究

本书法律顾问　北京市展达律师事务所

图书在版编目（CIP）数据

计算机软件技术基础/徐洁磐，李臣明，史九林编著.—北京：机械工业出版社，2010.7
（普通高等院校计算机课程规划教材）

ISBN 978-7-111-30868-3

Ⅰ. 计…　Ⅱ.①徐…　②李…　③史…　Ⅲ. 软件 – 高等学校 – 教材　Ⅳ. TP31

中国版本图书馆 CIP 数据核字（2010）第 101534 号

机械工业出版社（北京市西城区百万庄大街 22 号　邮政编码　100037）
责任编辑：李俊竹
北京京北印刷有限公司印刷
2010 年 8 月第 1 版第 1 次印刷
184mm×260mm · 15.75 印张
标准书号：ISBN 978-7-111-30868-3
定价：28.00 元

凡购本书，如有缺页、倒页、脱页，由本社发行部调换

客服热线：（010）88378991；88361066

购书热线：（010）68326294；88379649；68995259

投稿热线：（010）88379604

读者信箱：hzjsj@ hzbook. com

"计算机软件技术"是一门新的课程，经过这几年的发展已逐渐成形，同时也出现了一些优秀教材。但毋庸讳言的是，对课程的一些重要核心问题的研究尚需探讨，认识尚需理清，特别是对下面的两个关键性问题更需有一个一致的认识：

- 课程目标对象
- 课程目标定位

我们在编写本书的过程中一直围绕着这两个问题来展开，经过广泛调查、研究与探讨，我们认为：

一、课程目标对象

由于计算机的发展，计算机的应用已普及至多个专业领域，而且已成为这些专业必不可少的组成部分，因此需要对计算机专业知识有更多的了解，而目前的传统课程，如计算机基础与程序设计语言等已不能满足它们的要求，但是受课时所限又不能开设多门课程，因此就出现了综合多门计算机专业知识于一体的"计算机软件技术"课程。此课程之所以仅介绍"软件"，主要是由于这些专业的需求以计算机应用为主，而应用是直接以软件作为其基础的。因此"计算机软件技术"课程成为这些专业的又一门公共课程。

涉及较多计算机知识的专业包括两个层次：

- 第一层次：与计算机紧密相关的专业，它们对计算机专业知识的要求很高，这些专业包括自动控制、通信、电子、遥感遥测、电子商务、信息管理等。
- 第二层次：与计算机有一定关联的专业，它们对计算机专业知识有一定深度的要求，这些专业包括机械、电力、金融、保险等。

上面两个层次的专业可统称为计算机相关专业。

因此我们认为，**"计算机软件技术"课程的目标对象应该是计算机相关专业的本科公共课程，其预修课程是计算机基础及程序设计语言课。**

二、课程目标定位

"计算机软件技术"课程的目标定位是该课程设置的第二个需讨论的问题。首先，我们认为它是建立在课程目标对象基础上的，即该课程应该是计算机相关专业的一门公共基础课程。基于此种认识，它的目标定位应该是：

- 为相关专业提供计算机软件的全面、完整的知识。
- 为相关专业提供后续课程支撑。
- 为学生通过相关计算机专业考试（如水平考试、等级考试等）提供支撑。

下面对这些目标定位进行必要的解释：

1）"计算机软件技术"课程的首要目标是使学生全面与完整地掌握软件知识，为他们今后应用计算机打下坚实的基础。

2）由于相关专业的很多后续课程都与计算机有关，如自控专业的嵌入式系统课程、电力专业的电力调度相关课程等，它们都需要软件技术知识的支撑。

3）由于这些相关专业学生在学期间一般还需要获得计算机相应资质的证书（如计算机水平考试、等级考试等），所以此门课程可为他们的资质取得提供计算机软件方面的支撑。

本书是在对上述两个关键问题的统一认识基础上编写的，在编写过程中坚持如下五个原则：

1. 全面介绍，突出重点

本课程是一门基础性课程，因此必须对软件技术作全面、完整的介绍，但又不可能在一门课中对软件的各分支作详细介绍，只能择其重要主题作重点介绍，因此全面介绍、突出重点是本书内容组织的核心思想，它既能考虑到面，又能照顾到点。内容具体安排如下：

1) 全面介绍：本书分四个部分，全面介绍了软件基本概念、算法理论、数据基础、数据结构、程序设计基础、操作系统、语言处理系统、数据库系统、软件支撑系统、软件应用系统、软件工程以及应用系统开发等十二个分支内容，涵盖了软件的所有主要内容。

2) 突出重点：在全面介绍的基础上，我们挑选出最具代表性与基础性的四个主题作为重点，即数据结构、操作系统、数据库系统及软件工程。

2. 统一概念，完整体系

从学科观点讲，软件是一门独立的学科，它有其自身统一的概念、完整的体系。但为了研究与教学方便，长期以来将其分割成若干个分支与课程，这虽有利于研究与学习，但是长期分割也带来了概念分裂、内容隔离等弊端。而在计算机软件课程中必须还原其学科本来面目，使其有一个统一的概念与完整的体系，因此在课程内容组织中按软件学科体系组织，并统一概念。这样，学生所学到的软件知识是统一与完整的，而不是分裂的、隔离的。在本书中统一概念与完整体系主要体现在如下几个方面：

1) 在内容组织上按软件含义分为程序、数据与文档；又按软件具体内容分为理论、系统与开发，它们分属两个不同维度，组成一个二维结构体系，而软件的 12 个分支内容则分属于二维世界中的 9 个不同范围，从而构成一个完整的体系。（具体参见 1.3 节）。

2) 在长期的分割状态中软件的很多基本概念被分裂，在本教材中将予以统一，其代表性的概念是：

- 数据概念：数据概念在软件各分支中都有大量出现且根据不同需要而有不同的理解与定义。如在数据结构中、数据库系统中、操作系统的文件系统中、程序设计语言中以及应用软件开发中等。第 3 章对数据概念专门进行了统一全面的介绍。
- 软件概念：在软件的专门教材中都会出现软件的各种理解和定义，由于各分支的研究背景与对象的不同造成了对软件认识的不一致，本书第 1 章对软件的概念进行了整体与全面的介绍。这种概念的统一既有利于对概念的全面了解，也有利于各分支局部理解所造成的片面认识，同时也可纠正过去的混乱并节约了大量篇幅。
- 算法概念：算法概念在软件中多处都有出现，本书第 2 章对其进行了统一、全面的介绍。

3. 减少重复，填补空缺

在软件的各分支及课程的划分中往往存在着内容的重复与空缺，而由于本书采用了统一、完整的体系，因而可以避免这些现象的出现。

在本书中我们对在多个分支中出现的重复以及多门课程中的空缺均予以合并与补充，具体如下：

1) 在软件工程与数据库系统中均有系统分析与设计的内容，前者着重程序设计而后者着重数据设计，但多处内容是重复的。我们在编写中将其统一合并至软件工程内容中。

2) 对软件系统中的支撑软件与应用软件往往没有专门课程予以介绍，从而造成软件整体上的缺陷，本书第 8 章专门对这方面进行了介绍，以填补过去的空缺。

3) 对跨越软件与硬件的应用系统也往往没有专门课程予以介绍，从而造成跨越学科的缺陷，本书第 10 章专门对这方面进行了介绍，以填补此方面的缺陷。

4. 原理为主，兼顾操作

由于该课程是一门基础性课程，因此要将有关软件技术中的基本概念、思想、方法讲清楚，这是首要的事情，同时也要对关乎全局的基本操作进行介绍。而且两者要相互支持、相互协调。

本书以介绍基本概念、思想、方法等软件技术中的原理知识为主，使学生能掌握软件技术的基本知识，同时对涉及全局的一些基本操作，如数据结构中的操作、数据库中的 SQL 语言以及软件工程中的结构化开发方法的基本操作流程进行介绍，而这些操作与原理是互相协调、互相支撑的，它们构成了一个完整的知识体。

5. 精心组织，精选内容

软件技术只是一门课程，但它的内容很多，且涉及多门软件分支与课程，如何在一门课程的有限学时中将应讲授的内容都能加以介绍，这是一个值得探讨的问题。

解决此问题的方法有两个：

1）通过前面的统一概念、减少重复等手段可以大量精简内容。

2）对每章内容通过精心组织与精选内容的方法加以精简。总而言之，采用少而精的原则，对每个章的内容抽取其最典型、最具代表性的内容并重新组织，而大胆淘汰那些非典型的、非本质的内容。

本书每章内容的精髓都作了提炼，具体如下：

第 1 章：重点介绍软件概念

第 2 章：重点介绍算法概念

第 3 章：重点介绍数据概念

第 4 章：重点介绍数据的逻辑结构及基本操作

第 5 章：重点介绍操作系统基本原理

第 6 章：重点介绍程序设计语言与编译系统基本概貌

第 7 章：重点介绍关系数据库管理系统的原理与基本操作

第 8 章：重点介绍支撑软件与应用软件的基本概念

第 9 章：重点介绍结构化分析与设计及文档

第 10 章：重点介绍应用系统开发原理

本书适合作为计算机相关专业的"计算机软件技术"课程的教材，学时以 3 节/周~4 节/周为宜，书中有"＊"标记的内容可供教师自由挑选。

本书每章都提供复习指导，供学生复习之用，并附有习题。全书还配有电子教案供教师使用。

本书由徐洁磐、李臣明及史九林联合编写，其中徐洁磐负责第 1、2、3、7、8 和 9 章；李臣明负责第 5、10 章；史九林负责第 4、6 章的编写，最后由徐洁磐负责全书统稿。

本书由东南大学孙志辉教授审稿，在审稿过程中他对全书提出了诸多宝贵意见，在此表示衷心感谢。

本书在编写过程中还得到南京大学计算机软件新技术国家重点实验室以及河海大学计算机与信息学院的支持；同时还得到了南京航空航天大学林钧海教授、宁波大学邵晓英教授的帮助和指导，在此一并表示感谢。

计算机软件技术是一门新的课程，作者经验不足，水平有限，希望广大读者提出宝贵意见，以便进一步完善。

作者于南京大学

2010 年 2 月

目　录

第四篇 开发篇

第一篇

概 论 篇

　　本篇对计算机软件作概要性的介绍，同时对全书作统一规划，它对整个内容具有提纲挈领的作用。

第 1 章

计算机软件概论

计算机软件是计算机学科中的一个重要内容，在本章中对计算机软件作简要、系统的介绍，具体包括：计算机系统与计算机软件、计算机软件的基本概念、计算机软件的组成、计算机软件的分类、计算机软件的内容等。

1.1 计算机系统与计算机软件

我们目前所使用的计算机实际上是一个系统，称计算机系统(computer sytem)，它由计算机硬件(computer hardware)与计算机软件(computer software)两部分组成。其中计算机硬件指的是系统中的物理设备，它包括计算机的主机以及相应的外围设备(如打印机、显示器、键盘等)以及接口(如数/模转换接口、网络接口等)，此外它还包括由若干主机所组成的计算机网络。而计算机软件简称软件，是建立在硬件之上的一些程序与数据。只有硬件的计算机系统是无法正常运行的，正像一台电视机没有电视台播放的节目就是一台"死机"，因此软件是计算机系统中必不可少的部分，而且它体现了计算机应用的能力与水平。

一般而言，在计算机系统中硬件是它的物理基础，只有硬件的计算机(系统)称"裸机"，在"裸机"上必须加载软件后才构成一个能运行的计算机系统，并能为用户所使用。因此，也可以说软件是硬件与用户间的应用接口。图1-1 给出了计算机系统构成的示意图。

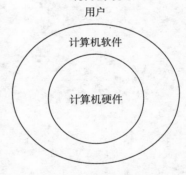

图 1-1　计算机系统构成示意图

1.2 计算机软件的基本概念

在本节中主要介绍计算机软件中的几个基本概念，包括软件的概念、特性及发展历史等。

(1)软件的概念

软件是计算机学科中的一大门类，它是建立在计算机硬件上的一种运行实体以及有关它们的描述。软件一词来源于英文 software，它由 soft 与 ware 两字组合而成，因此可翻译为"软制品"、"软件"或"软体"，现在我国统称为软件。在软件中，"件"表示一种实体，而"软件"则是相对于"硬件"而言的。它是一种相对抽象的实体。目前一般认为，**软件是程序、数据及相应文档所组成的完整集合。**

1)程序(program)：程序是能指示计算机完成指定任务的命令序列，这些命令称为语句或指令，能被计算机理解并执行。

2)数据(data)：数据是程序操作(加工)的对象，同时也是操作(加工)的结果。

3)文档(document)：文档是软件开发、维护与使用的相关图文材料，它是对程序与数据的一种描述。

软件的这三个组成部分是相互依赖、缺一不可的有机组合体，它们共同组成了软件。在软件中这三个部分的地位与作用是不同的，具体如下：

1）在软件中程序与数据是主体，有了这个主体后，软件能在硬件支撑下运行；而文档则是对主体的必要说明，它在软件中起着辅助的但也是必不可少的作用，因此文档是软件的辅体。图 1-2 给出了软件中三者关系的示意图。

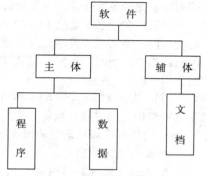

图 1-2　软件三部分的关系

2）在主体中程序与数据间的关系目前有两种模式，一种是以程序为中心的模式，而另一种是以数据为中心的模式。

- 在以程序为中心的模式中，软件以程序为单位运行，而数据则依附于程序。根据程序不同的需要组织不同的数据。图 1-3 给出了此种模式的示意图。在科学计算类软件中一般使用此种模式。
- 在以数据为中心的模式中，软件以数据为中心组织运行，而程序则依附于数据。图 1-4 给出了此种模式的示意图。在数据处理类软件中均采用此种模式。

图 1-3　以程序为中心的模式示意图

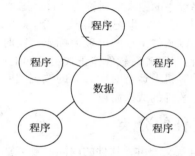

图 1-4　以数据为中心的模式示意图

软件这个术语一共有三层含义，第一层称为个体含义，即特指某具体的软件；第二层称为整体含义，即前面所介绍的含义，也是所有个体含义下的软件总体；第三层称为学科含义，即泛指软件的研究、开发、使用、维护所涉及的理论、方法及技术所构成的学科，有时也称为软件学。在本书中我们主要介绍以第二层为主的软件体系的内容。

（2）软件的特性

在计算机学科中软件是一种很特殊的产物，它的个性非常独特，只有充分了解才能正确地把握与使用它。下面我们对它的特性作一下介绍。

1）软件的抽象性。它表现在两个方面。首先，软件是一种信息产品，它是一种无形实体，没有具体的物理形态，但它可以有载体；其次，软件是一种逻辑产品，它是知识的结晶体。软件的抽象性是软件的第一特性，而其他的特性均可视为此特性的衍生。

2）软件的知识性。软件的生产是一种大脑的知识活动过程，它不需大量地皮、设备及厂房，也不需要大量的体力劳动，它需要的是软件的专业知识与能力以及大量的脑力劳动。因此，软件是脑力劳动的结晶，是一种知识性产品。

3）软件的复杂性。软件是一种知识性产品，开发软件需要大量软件专业知识以及脑力劳动，将客观世界的需求经过多层提炼而转变成计算机内的符合要求的抽象产品，因此软件的开发与实现是一个复杂的过程，所使用的脑力劳动也是一种复杂的劳动。

4）软件的复用性。软件一经形成即可反复、多次使用与拷贝，这就是软件的复用性（或称重用性），这是软件区别于其他产品的一个重要特性。

5）软件开发的手工方式。与大规模自动化流水线作业生产不同，软件的开发虽然有软件工程支撑，但是其开发方式还是以手工作业为主，即主要以人工脑力劳动为主而以自动化工具为辅。因此一般认为软件开发工作量大、周期长且成本高昂。

(3)软件发展的三个阶段

软件已有60余年发展历史，在发展中它逐渐成长并逐步丰富着自己，同时在发展中其自身的内涵也逐渐发生变化，一般来讲它的发展经历三个阶段：

1)第一阶段(20世纪40~60年代)。自计算机产生的20世纪40年代起即出现了软件。但当时的软件主要表现为程序，其主要应用集中在科学计算领域，所使用的程序设计工具为硬件中的机器指令，当时"软件"一词尚未出现，人们对软件的理解也仅仅是程序而已。这是软件发展的初始阶段。

2)第二阶段(20世纪60~80年代)。在此阶段中软件的应用有了重大的发展，数据处理成为主要的应用，同时硬件也得到发展，在此阶段中的标志性的成果有：

- 高级程序设计语言的出现与发展。
- 操作系统的出现。
- 数据库系统的出现。

在这些成果的基础上，人们认识到文档的重要性，从而出现了"软件"的初期概念，即将程序以及用于了解程序的图文资料称为软件。这个阶段是软件的发展阶段。

3)第三阶段(20世纪80年代至今)。在此阶段中计算机进入网络时代，软件应用得到全面发展，此阶段以软件工程的出现为标志，同时数据库应用的发展，使得人们对软件有了全面的认识。1983年，IEEE对软件作正式定义如下："软件是计算机程序、方法、规则、相关的文档资料以及在计算机上运行时所必需的数据。"在此定义中，将软件归结为程序、文档及数据三者的结合。这是软件的成熟阶段。

1.3 软件的分类

从学科意义上讲，软件的内涵比较丰富，它可以分为三个部分：

- 软件理论(software theory)
- 软件系统(software system)
- 软件开发(software development)

下面对这三个部分作简单介绍。

(1)软件理论

软件的理论有很多，但其基础理论有两个部分——算法理论和数据理论，它们也称为软件基础。

1)算法理论(algorithm theory)是研究程序设计的基础理论，它对软件程序具有重大的指导意义。

2)数据理论(data theory)是研究以数据结构为核心的数据的统一与完整的概念、思想与方法。它对软件中众多数据分支学科(如数据库系统、文件系统及数据结构等)提供统一的理论支撑。数据理论由一般性的概念以及其核心内容——数据结构两部分组成。

(2)软件系统

软件的实体就是软件系统(software system)，它是软件的基本内容。软件系统一般由三部分组成，具体如下：

1)应用软件(application software)。是一种面向特定应用的软件，如人口普查软件、财务软件等。

2)系统软件(system software)。这是一种面向系统为整个系统服务的软件。它与具体应用无关，而所有应用软件都通过它才能发挥作用。目前常用的系统软件有：

- 操作系统：它是一种最接近硬件的软件，起到软硬接口与管理硬件资源的作用。此外，它还起到调度、管理程序的作用。
- 语言处理系统：它是一种把用高级程序设计语言书写的程序翻译成与之等价、可执行的低级语言程序的一种系统，它称为语言处理系统，这种系统一般有两种，分别称为编译系统与解释系统。

- 数据库管理系统：它是管理共享数据的一种系统，并向程序提供多种数据服务。

3）支撑软件（support software）。在软件中实际上还可以包括支持软件开发、维护与运行的软件，称为支撑软件，包括各种接口软件、工具软件等。最著名的支撑软件是近年来发展起来的中间件（middleware），它是一种介于系统软件与应用软件之间的软件。

在软件中，软件系统是按层排列的，一般而言，外层软件依赖于内层软件，而内层软件支撑外层软件。它们构成如图 1-5 所示的层次结构。

（3）软件开发

所有软件系统都是通过软件开发而实现的，软件开发有多种方法，而目前最常用的方法是软件工程方法，该方法将软件开发视为一种工程化的方法，像建造房屋、桥梁等的方法一样开发软件，经过多年探索与实践证明，该方法在软件开发中是一种行之有效的方法。因此在软件开发中目前主要使用软件工程（software engineering）的方法。

图 1-5　软件系统层次结构

1.4　计算机软件的内容

按软件的组成与分类可构成二维的软件结构，如图 1-6 所示。

分类＼组成	软　件		
	程　序	数　据	文　档
理论	• 算法理论		
		• 数据基础	
		• 数据结构	
系统	• 操　　作　　系　　统		
		• 文件系统（属操作系统）	
	• 程序设计语言与语言处理系统		
		• 数据库管理系统	
	• 支　　撑　　软　　件		
	• 应　　用　　软　　件		
开发	• 软　　件　　工　　程		
			•文档（属软件工程）

图 1-6　软件结构图

该结构图按二维形式组成：第一维为分类维，它们是理论、系统与开发；第二维为组成维，它们是程序、数据与文档，这二维组合给出了软件中的 11 个内容，其中与程序有关的内容包括算法理论（属于理论）及程序设计语言与语言处理系统（属于系统）；与数据有关的内容包括数据基础（属于理论）、数据结构（属于理论）、文件系统（属于系统）及数据库管理系统（属于系统）；

与文档有关的内容是文档(属于软件工程);与整个软件有关的内容包括操作系统、支撑软件、应用软件及软件工程。

根据软件结构图中的 11 个内容,我们对本书作如下的规划:

1)全书分四篇,除本篇为概论篇外,其他按软件类别分篇,分别为基础篇(主要介绍软件理论)、系统篇(主要介绍软件系统)及开发篇(主要介绍软件工程)等。

2)在基础篇中共三章,分别是:

第 2 章:算法理论,主要介绍程序的基础理论——算法。

第 3 章:数据基础,主要介绍数据的一般性理论。

第 4 章:数据结构,主要介绍数据理论中的核心内容——数据结构。

3)在系统篇中共四章,分别是:

第 5 章:操作系统,主要介绍操作系统原理同时也介绍数据中的文件系统。

第 6 章:程序设计语言与语言处理系统,主要介绍语言编译系统,顺便也简单介绍程序设计语言的基本概貌。

第 7 章:数据库系统,主要介绍共享数据的一些基本概念以及对它的管理的原理,同时也介绍相应的数据语言 SQL。

第 8 章:支撑软件与应用软件,主要介绍应用软件的基本原理同时也介绍以中间件为核心的支撑软件。

4)在开发篇中共两章,分别是:

第 9 章:软件工程,主要介绍软件开发的方法,在此章中也介绍文档的有关概念与内容。

第 10 章:应用系统开发,主要以前面的内容(特别是软件工程)为主线介绍应用系统开发的方法与过程。

在这十章中有四个重点内容,它们是:数据结构、操作系统、数据库管理系统与软件工程。由于这四个内容在软件发展中的重要价值及实际应用中的重要价值,因此在本教材中将予以重点介绍。

通过全书的介绍,读者可以对软件技术有一个系统、完整的认识,同时对其主要内容(即数据结构、操作系统、数据库管理系统及软件工程)有一定深入的了解,为学生今后从事软件技术奠定坚实基础。

本章复习指导

本章对计算机软件作概要性介绍。

1. 计算机系统与软件的关系——软件是计算机系统的一部分,它体现了计算机应用能力与水平。

2. 软件的三层含义

1)个体含义——特指具体的软件。

2)整体含义——个体含义的全体。

3)学科含义——软件的理论、方法与技术所组成的学科。

3. 软件特性

- 抽象性
- 知识性
- 复杂性
- 复用性
- 手工方式

4. 软件分类

- 软件理论——算法理论与数据理论(及数据结构)
- 软件系统——应用软件、支撑软件与系统软件
- 软件开发——软件工程

5. 本章内容重点
- 软件的三层含义

习题 1

1.1 请说明计算机系统与软件之间的关系。

1.2 什么叫软件？请给出其个体含义、整体含义及学科含义。

1.3 请给出程序、数据与文档三者之间的关系。

1.4 软件的四大特征是什么？请说明。

1.5 请给出软件的分类。

1.6 程序与软件的区别在哪里？请说明。

1.7 没有数据的程序能在计算机上运行吗，为什么？请说明理由。

1.8 没有文档的程序与数据能在计算机上运行吗，为什么？请说明理由。

第二篇

基 础 篇

　　计算机软件是需要有理论支撑的，它们对计算机软件起到指导性的作用，因此这些理论是计算机软件发展的基础。

　　计算机软件的主体是程序与数据，而它们的理论支撑分别是算法理论与数据理论，其中数据理论又可分为数据基础与数据结构两部分。这样，本篇内容可由算法理论、数据基础及数据结构三部分组成，如下图所示。

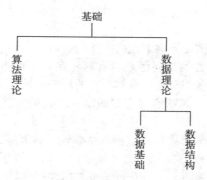

　　在本篇中共分三章，分别介绍算法理论、数据基础及数据结构三部分内容。

第 ❷ 章

算 法 理 论

算法是研究计算过程的一门学科，它对计算机软件与程序起到基础性、指导性的作用。在本章中主要介绍算法的一些基本知识，主要包括：算法的基本概念、算法的描述、算法的设计、算法的分析等。

2.1 算法的基本概念

算法是一类问题的一种求解方法，该方法可用一组有序的计算步骤或过程表示。在客观世界中有很多问题需要我们解决，其中某些问题往往有相同本质但表现形式不同，我们可以将它们捆绑在一起作为一类问题进行处理，因此，在算法中所处理的对象是问题，所处理的基本单位是以类为基础的"一类问题"。

在求解一类问题的过程中需要考虑下面的一些问题：

1）解的存在性：首先要考虑的是问题是否有解。在大千世界中，很多问题是没有解的，这些问题不属于我们考虑之列，我们只考虑有解存在的那些问题。

2）解的描述：对有解存在的问题给出它们的解。求解的方法有多种，而算法是一类问题求解的一种方法称为算法解。

3）算法解：算法解是用一组有序计算过程或步骤表示的求解方法。

4）计算机算法：算法这个概念自古有之，如数论中的辗转相除法，如孙子定理中的求解方法均属此算法。但自计算机问世以后，算法的重要性大大提高，因为在计算机中问题的求解方法均需用算法，一类问题只有给出其算法后计算机才能（按算法）执行，这种指导计算机执行的算法称为计算机算法。在本书的后面提到的算法一词均可理解为计算机算法。

瑞士计算机科学家沃尔思（N. Wirth）曾提出了一个著名的公式："程序 = 算法 + 数据结构"，同时他还进一步指出"计算机科学就是研究算法的学问"。因此，现在算法已成为计算机学科与软件的核心理论。

我们可以用下面的一些例子说明算法。

例2.1 孙子定理的求解算法。

孙子定理又称中国剩余定理，它是我国古代对世界有重大影响的重要数学成果。孙子定理的解是一个算法解。

在孙子定理的算法中将一类问题表示为："今有物不知其数，三三数之余二，五五数之余三，七七数之余二，问物几何？"用现代文字可以将其翻译为："有一堆物件，不知是多少，只知用 3 去整除余 2，用 5 去整除余 3，用 7 去整除余 2，问有多少个物件？"

该算法的输入为：$v(\bmod 3) = x$，$v(\bmod 5) = y$，$v(\bmod 7) = z$；$x = 2$，$y = 3$，$z = 2$。

该算法的输出为：v

该算法的解在古代数学名著《算法统宗》中给出，它用古汉语表示为："三人同行七十稀，五树梅花二十一枝，七子团圆正月半，除百零五便得知。"可以翻译为："除 3 的余数乘 70，除 5 的余数乘 21 及除 7 的余数乘 15，这三者乘积之和再除以 105 的余数便是所需的结果。"这种表示可用下面的算法形式（即计算过程）表示：

1）$x \times 70 = x'$；$x = 2$，$x' = 140$

2）$y \times 21 = y'$；$y = 3$，$y' = 63$

3）$z \times 15 = z'$；$z = 2$，$z' = 30$

4）$u = x' + y' + z'$；$u = x' + y' + z' = 233$

5）$v = u \div 105$ 的余数；$v = 233 \div 105$ 的余数 $= 23$

例 2.2　设有 3 枚一元硬币，其中有一枚为假币，而假币的重量必与真币不同。现有一个无砝码天平。请用该天平找出假币。

这是一个算法问题，其一类问题是：有 a、b、c 三个数，其中有两个相等，请找出其中不等的那个数。

该算法的输入是：3 个数 a、b、c。

该算法的输出是：3 个数中不相等的那个数。

该类问题的算法过程是：

1）比较 a 与 b，若 $a = b$ 则不相等的数为 c，算法结束；若 $a \neq b$ 则继续。

2）比较 a 与 c，若 $a = c$ 则不相等的数为 b，算法结束；否则不相等的数为 a，算法结束。

从这两个例子中可以看出算法的一些有趣的现象：

1）算法是一种偷懒的方法，只要按照算法规定的步骤一步一步地进行，最终必得结果。因此一类问题的算法解没有必要由人操作执行而可移交给计算机执行，而人的任务是设计算法以及将算法用计算机所熟悉的语言告诉计算机，计算机即可按算法要求求解并获得结果。

2）算法不是程序，算法高于程序。算法仅给出计算的宏观步骤与过程，它并不给出程序中的一些微观和细节部分的描述。这样既利于对算法作必要的讨论，也有利于对具体编程的指导。

当我们要编写程序时，首先要设计一个算法，它给出了程序的框架，接着对算法作必要的理论上的讨论，包括算法的正确性及效率分析，然后再根据算法作程序设计并最终在计算机上执行并获得结果。因此，算法是程序的框架与灵魂，而程序则是算法的实现。

一个算法对每个输入都能输出符合要求的结果后最终停止，则称它是正确的；而如果所给出的输出结果不符合预期要求或算法不会停止，则称算法是不正确的。

顺便说一下，正确的算法总是能停止的，因此能否停止是衡量算法正确性的一个重要标志，称为算法的停机问题，它在算法理论研究中有重要作用。

一类问题的算法解是可以有多个的，它们之间有"好坏"之分，一般来说一个好的算法执行的时间快、占存储容量小，因此对每个算法需作时间的效率分析，又称时间复杂度分析。同时还需作空间效率分析，也称空间复杂度分析。它们统称为算法分析。

为获得一个好的算法，需对它作设计，目前有一些常用的成熟的设计方案可供参考，同时还有一些成熟的设计思想可供使用。但真正的设计方案还要由使用者根据具体情况确定。

2.2　算法的基本特征

著名的计算机科学家克努特（D. E. Knuth）在他的名著《计算机程序设计技巧，第一卷：基本算法》中对算法的特征进行了总结，具体包括：

1）能行性（effectiveness）：算法的能行性表示算法中的所有计算都是可以实现的。

2）确定性（definiteness）：算法的确定性表示算法的每个步骤都必须是明确定义与严格规定的，不允许出现有二义性、多义性等模棱两可的解释，这是执行算法的基本要求。

3）有穷性（finiteness）：算法的有穷性表示算法必须在有限个步骤内执行完毕。

4）输入（input）：每个算法可以有 $0 \sim n$ 个数据作为其输入。

5）输出（output）：每个算法必须有 $1 \sim n$ 个数据作为其输出，没有输出的算法相当于"什么都没有做"。这五个特性唯一地确定了算法作为一类问题求解的一种方式。

2.3 算法的基本要素

算法是研究计算过程的学科，构成算法的基本要素有两个，它们是"计算"与"过程"。

在算法中有若干个计算单位，称为操作、指令或运算，它们构成了算法的第一个基本要素；而算法中需有一些控制单元以控制计算的"过程"，即计算的流程控制，它们构成了算法的第二个基本要素。

在算法中以操作为单位进行计算，而计算的过程则由控制单元控制，这两个基本要素不断作用构成了算法的一个完整执行。

（1）算法的操作或运算

在算法中的基本"计算"单位是操作或运算，常用的有以下几种：

1）算术运算：算术运算主要包括加、减、乘、除运算以及指数、对数、乘方、开方、乘幂、方幂等其他算术运算。

2）逻辑运算：逻辑运算主要包括逻辑"与"、"或"、"非"等运算以及逻辑"等价"、"蕴含"等运算。

3）比较操作：比较操作主要包括"大于"、"小于"、"等于"、"不等于"以及"大于等于"、"小于等于"等操作。

4）传输操作：传输操作主要包括"输入"、"输出"以及"赋值"等操作。

（2）算法的控制

算法的控制主要用于操作与运算之间执行次序的控制，一般包括下面几种控制：

1）顺序控制：一般情况下操作按算法书写次序执行，称为顺序控制。

2）选择控制：根据判断条件作两者选一或多者选一的控制。

3）循环控制：主要用于操作（与运算）的多次执行的控制。

有了这两个基本要素后，算法的构作就有了基础的构件，为以后的算法描述提供了支撑。

2.4 算法描述

目前有多种描述算法的方法。一般可分为形式化描述、半形式化描述以及非形式化描述三种。

2.4.1 形式化描述

算法的形式化描述指的是类语言描述，又称为"伪程序"或"伪代码"。类语言指的是以某种程序设计语言（如 C、C＋＋、Java 等）为主体，选取其基本操作与基础控制为主要架构，屏蔽其具体实现细节与语法规则，目前常用的类语言有类 C、类 C＋＋及类 Java 语言等。

用类语言作算法形式化描述的最大优点是它离真正可执行的程序很近，只要对伪程序进行一定的细化与加工即可成为能执行的"真程序"。

下面给出了例 2.2 中用类语言 C 写的算法表示。

```
g(a,b,c)
{
  if(a＝b)  x←c;
    else
    if(a＝c)  x←b;
        else  x←c;
}
```

为规范起见，这里对类 C 语言做一个简单的约定。

（1）运算和操作

1）算术运算：可以使用 C 的表达式。

2）逻辑运算：用"且"或 and、"或"或 or、"非"或 not 等连接的合法表达式。

3）关系运算：用关系运算符 >、<、=、≠、≥、≤ 等连接的关系表达式。

4）赋值运算：用"←"表示的数据传输操作。

5）输入/输出：算法的输入表示为算法的参数；中间输入用"read 变量$_1$，变量$_2$，…"表示；算法的输出表示为返回语句"return 表达式"。

6）必要时可以用无二义性的自然语言语句表示数据与操作信息。

（2）流程控制

1）条件语句：if、if-else。

2）开关语句：switch。

3）循环语句：for、while、do-while。

（此外有时用 break 可跳出循环。）

（3）算法描述结构

算法一般描述为一个函数，可以带或不带参数、带一个或几个参数。参数是算法的输入，如前面的 g(a，b，c)。

（4）其他

有关括号与注释的表示与 C 语言所表示的相同。

2.4.2　半形式化描述

算法半形式化描述的主要表示方法是算法流程图。

算法流程图是一种用图表示算法的方法。在该方法中有四种基本图示符号，将这些图示符号之间用带箭头的直线相连构成一个算法过程，称为算法流程图。

算法流程图中的四个基本符号是：

- 矩形符号（见图 2-1a）：用于表示数据处理，如数据运算、数据输入/输出等。其处理内容可用文字或符号形式写入矩形框内。
- 菱形符号（见图 2-1b）：用于表示判断处理。其判断条件可用文字或符号形式写入菱形框内。
- 椭圆形符号（见图 2-1c）：用于表示算法的起点与终点。其有关起点与终点的说明可用文字或符号形式写入椭圆形框内。
- 带箭头的线（见图 2-1d）：用带箭头的线表示算法控制流向。其相关说明可用文字或符号写在线的附近。

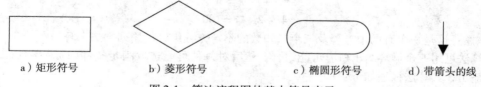

a）矩形符号　　　　b）菱形符号　　　　c）椭圆形符号　　　　d）带箭头的线

图 2-1　算法流程图的基本符号表示

图 2-2 给出了例 2.2 中所示算法的流程图表示。

算法的半形式化表示还可以有多种，如在类语言表示中屏蔽内容过多，又夹杂大量文字叙述，此时距离"真程序"表示形式太远，那么这种表示就是半形式化描述。

总的说来，半形式化描述是一种以文字与形式化相混合的表示方式，其表示方便、随意性大，但与最终可执行的程序距离较远。

2.4.3　非形式化描述

非形式化描述是算法的最原始的表示。它一般用自然语言（如中文、英文、数学语言等）以及部分程序设计语言中的语句混合表示，而以自然语言为主。这种方法表示最为方便、灵活。但有时会出现二义性等不确定成分，同时与真正的程序实现距离会更大。

在例 2.2 中的算法表示即用此种方法。

* 2.5　算法的设计

算法设计是算法中的中心问题，在给出一类问题后为求解该问题就需要设计一个相应的算法，到目前为止尚未出现一套固定的设计方法，但是已有一些相对成熟的设计方案可供参考，而具体的设计还需设计人员根据积累与智慧、再参考成熟的设计方案自主设计。

下面介绍几种常用的成熟设计方案，供具体设计时参考。

（1）枚举法

枚举法（numberic method）是一种常用的、简单的方法，它的基本思想是根据

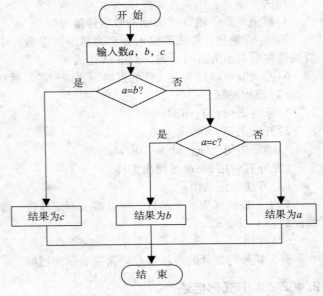

图 2-2　例 2.2 中的算法流程图表示

算法所提示的问题，列举所有可能并对其每种可能求解，从而将一个大而复杂的问题转化成多个小而简单的问题。当然在列举时所出现的所有可能其数量也许很多，这在人工计算时往往是不现实的，但在计算机中完全有可能实现，这也体现了用计算机计算的优越性。

枚举法常用于不定方程组求解。下面给出一个枚举法的例子。

例 2.3　中秋节将至，周某准备用 100 元钱买 50 个月饼分送友人，现已知广式月饼每个 4 元，苏式月饼每个 2 元，本地月饼每个 1 元，请给出所有可能的购买方案供周某参考。

这个方案的最简单的设计方法是选取三种月饼的所有可能组合并选取那些满足条件（100 元钱及 50 个月饼）的购买方案作为结果。

该算法的设计方案是：

假设 i 表广式月饼购买数，j 表苏式月饼购买数，k 表本地月饼购买数，而 i、j、k 应满足的条件是：

$$i + j + k = 50 \tag{1}$$
$$4i + 2j + k = 100 \tag{2}$$

（注意：这是一个有两个方程及三个未知数的不定方程组，可用列举法求解。）

此算法可用三个循环给出所有可能组合，然后对每种可能选取满足条件（1）及条件（2）的结果作为输出，其算法描述如下：

```
Cake()
    { for( i←0,i ≤ 50, i←i+1)
        for( j←0,j ≤ 50, j←j+1)
            for ( k←0,k≤ 50, k←i+1)
                { m←i+j+k;
                  n←4×i+2×j+k;
                  if(m=50 且 n=100)
                      return i,j,k;
                }
        return  -1
    }
```

（2）递归法

递归法（recursion mothod）是一种自己调用自己的方法。递归一般分两种方式，一种称为直接递归，而另一种则称为间接递归。凡在算法中直接调用自己的递归称为直接递归，在 A 算法中调用 B 算法而在 B 算法中又调用 A 算法的递归则称为间接递归，一般直接递归比较常见。

递归算法结构简单、易于理解，可通过少量语句表示以实现复杂的算法思想，这是它的优点，但要实现递归算法关键是要通过分析取得递归变量与递归主体，这是有一定难度的，这是它的难点。

在设计递归算法时需要包含终止条件，而且每递归一次都要向终止条件靠近一步（称为收敛），最终达到终止条件，否则递归将会无休止地迭代（称为发散），无法得到结果。

下面我们通过两个例子说明递归法。

例 2.4 二分查找的递归算法。

有 n 个从小到大顺序排列的整数所组成的数组 $a[i]$，在 $a[i]$ 中查找一个元素 x（变量），如果它在 $a[i]$ 中出现就用 i 记住它在数组中的下标，如果它不在 $a[i]$ 中出现，则用 -1 表示，即 $i = -1$。

设有数组 $a[n]$ 及待查元素 x，并设 left 及 right 分别表示数组中待查段左、右下标。算法开始时 left $= 0$，right $= n - 1$，若查找成功，返回 x 所在下标；否则返回无效下标 -1。

该算法的思想是采用二分查找（也称为折半查找）法，即先从 $a[i]$ 的中间位置 $(n+1)/2$ 处查起，若找到则查找成功，返回下标；若不成功，则此时中间位置处将数组 $a[i]$ 分成为左（left）、右（right）两个部分。若 $x < a[(n+1)/2]$ 则查找左半部分，若 $x > a[(n+1)/2]$ 则查找右半部分，这样不断重复此过程，可逐步缩小范围，直到查找成功或失败为止。

算法的非形式化描述如下：

1）如果 left $>$ right，表示待查段为空，返回 -1；

2）否则，计算中值地址：mid $= (\text{left} + \text{right})/2$；

3）若 $x = a[\text{mid}]$，查找成功，返回 mid；

4）若 $x < a[\text{mid}]$，将待查段下标定为：left←left，right←mid -1 并递归查找；

5）若 $x > a[\text{mid}]$，将待查段下标定为：left←mid $+1$，right←right 并递归查找。

该非形式化描述的算法可用伪码表示为：

```
BINARY-SEARCH (a[],x,left,right)
{ mid
1. if(left > right)return -1;
2. mid = (left + right)/2;
3. if(x = a[mid]) return mid;
4. if(x < a[mid]), BINARY - SEARCH (a[],x,left,mid-1);
5. BINARY - SEARCH (a[],x,mid+1,right)
```

在该算法中有终止条件为：if(left $>$ right)return-1。

该递归为收敛的，其递归变量为待查段：right-left。每递归一次它的待查段 right-left 会越小。该算法中的递归主体为 3 与 4，这是算法设计中的难点。下面我再举一个递归算法的例子，它比上面的例子略为难一些。

例 2.5 汉诺塔游戏的递归算法。

汉诺塔（Hanoi tower）游戏的玩法是：将 64 片大小不等有中孔的圆形金片穿在一根金刚石柱上，小片在上大片在下，形成如图 2-3 所示的宝塔状，在游戏开始时 64 片金片均由小到大、从上到下安放于柱 A 中，如图 2-3a 所示，此外，还有两个柱 B 与 C 均为空（见图 2-3b、图 2-3c），游戏结果是所有 64 片金片全部搬移至柱 B 中，同样构成从小到大、从上到下的塔状（见图 2-4）。而游戏规则是：

1）每次只允许搬动一个金片。

2）可用柱 C 作为中间过渡之用。

3）任何移动的结果只能是小片放在大片上。

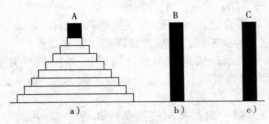

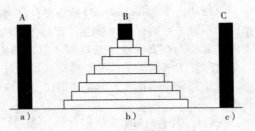

图 2-3　Hanoi 塔起始图　　　　　　　　　图 2-4　Hanoi 塔终止图

这个游戏在古代当然需用手工完成，而且不难想象虽然每个动作都很简单，但其动作次数与金片片数成指数倍增长，动作次数达 2^{64} 次左右（即 18 446 744 073 709 551 615 次），如果搬动一次花费 1 秒钟，则整个搬动完毕约需 5800 亿年。

该游戏可用递归法求解，在算法中可设金片数为 n，每片编号从小到大分别为 1，2，…，n。它们构成了一个高度为 n 的塔。该问题的递归方法是：高度为 $n(n>1)$ 的塔相当于高度为 $n-1$ 的塔下面压一个金片 n。

根据这个递归定义，可以写出递归的搬动算法：
1）先（递归地）将柱 A 上的 $n-1$ 片移至柱 C（使用 B）。
2）把柱 A 中的剩余金片 n 移至 B。
3）再把柱 C 中的 $n-1$ 片（递归地）移到柱 B。
我们可以用 $n=3$ 为例给出其递归过程：

```
move 1 from A to B
move 2 from A to C
move 1 from B to C
move 3 from A to B
move 1 from C to A
move 2 from C to B
move 1 from A to B
```

该游戏的递归算法伪 C 码如下：

```
Hanoi(n,a,b,c)
1. { if(n=1)
     //只有一片就直接搬过去。
2. move(a,b)
     else
     //多于一片执行递归。
3. { Hanoi(n-1,a, c, b);
     move(a,b)
4. Hanoi(n-1, c, b, a)
     }
}
```

在该递归算法中终止条件为

```
1. if(n=1)
2. move( )
```

该递归算法为收敛的，其递归变量为 n，每递归一次它就减 1。该递归算法的主体为 3 与 4。
（3）分治法
分治法（divide and conquer）是"分而治之"之意，它把一个规模较大的问题分解成若干个规模较小的子问题，然后再求解子问题并最终将其合成为原问题的解。

分治法往往是递归的，因此它是一种常用的特殊递归法。在分治法中每一层递归上都有三个步骤：

1）分解（divide）：将原问题分解成 n 个子问题；

2）解决（conquer）：递归地解决各子问题，若子问题足够小，则直接求解；

3）合并（combine）：将子问题结果合并成为原问题的解。

下面给出分治法的一个例子。

例 2.6 求集合 S 中的最大元素与最小元素。

设有 n 个元素的集合 S，先用 $n-1$ 次比较求出 S 的最大元素，再从所剩的 $n-1$ 个元素中，用 $n-2$ 次比较求出 S 的最小元素，共用 $2n-3$ 次比较。

改用分治法，将 S 分成大小大致相等的两个子集 S_1 与 S_2，分别递归地求出 S_1 及 S_2 中的最大与最小元素，然后从两个最大元素中选出较大者；从两个最小元素中选出最小者，它们分别就是 S 的最大和最小元素。为方便起见可令 n 为偶数。这个问题的分治法可表示如下：

```
maxmin (S, max, min) //S 是集合名,max 是最大元素,min 是最小元素。
    {
        if (S 只有两个元素 a, b)
            if(a>b) max← a;min← b;
            else max←b;min← a;
        else  {
                把 S 分成两个大小相等的子集 S₁,S₂;
                maxmin (S₁, max1, min1)
                maxmin (S₂, max2, min2)
                if(max1 > max2) max← max1;else max← max2;
                if(min1 < min2) min← min1;else min←min2;
            }
    }
```

（4）回溯法

回溯法（backtracking）是一种试探性的求解问题的方法，当试探成功后继续前进，若失败则要后退并放弃先前成功的路径，再重新试探。

回溯法是一种最优化求解方法，一般来讲，对最优化的求解方法需设置一个目标函数与一个约束条件，其中目标函数给出了所谓最优的"标准"，这个标准有一个范围，它用极大值与极小值来控制，而约束条件则给出了试探标准，一旦此标准受到破坏则表示试探失败，此时需重新进行试探。

下面用一个例子说明此算法。

例 2.7 八皇后问题。

八皇后问题是德国数学家高斯（G. F. Guss）在 1850 年提出的。这是国际象棋中的一个问题，在国际象棋 8×8 个方格的棋盘中，放置 8 个皇后（棋子）：q_1，q_2，…，q_8，使得没有任何一个皇后能攻击（吃掉）其他皇后，这种放置方式称安全布局。而八皇后问题即是求解安全布局的一个解。

根据国际象棋规则，皇后可以吃掉同一行、同一列以及同一对角线上的任何敌方棋子，根据此规则可采用回溯法，其目标函数是安全布局，而约束条件则是每个皇后间不处于同一行、同一列或同一对角线中（即是安全的）。在该算法中每试放一个棋子后观察它是否安全，若不安全则重新试放，如尚不安全则需调整前面的布局。

八皇后的算法思想是：

1）各皇后之间不能放在同一行，因此我们可将 q_i 试放于第 i 行的某列上（$i=1$，2，…，8）。

2）为方便起见，我们在试放 q_i 时总是先从第 i 行第 1 列起试放。

3）如果将 q_i 试放在第 j 列时不安全，就将其试放在第 $j+1$ 列；如果安全，就"暂时"定位于此，接着试放 q_{i+1}；如果 q_i 的 8 个可试位置（1～8 列）都试完，仍不能找到 q_i 的安全位置，就说明前一个皇后（即 q_{i-1}）的位置没有放对，应重新试放 q_{i-1}（称为回溯），也就是说要退回到 $i-1$ 行，递推地，若 q_{i-1} 的位置试完仍不安全，则要退回到 q_{i-2}，如此继续直到退回至 q_1。

该算法非形式地可表示如下：

1）$i \leftarrow 1$。

2）将 q_i 试放于"下一个"可选位置上。

3）若 q_i 位置试完（即列超过 8），则转移至 8）；否则继续下一步。

4）检查 q_i 试放位置是否安全（即与其他已放过的各 q 是否冲突）。

5）若 q_i 不安全则转移至 2），否则继续下一步。

6）若 $i=8$，则得到一个安全布局，输出此布局，结束；否则，继续下一步。

7）$i++$，转移至 2），即试放下一个 q_i。

8）取回 q_i。

9）若 $i=1$（即 q_i 的所有位置均已试完后仍有冲突），则说明本问题无解，结束；否则，继续下一步。

10）$i--$，即重新试放 q_{i-1}。

11）转移至 2）。

在算法的 4）中检查 q_i 是否安全的方法是：

1）设有 q_i 与 q_k，其中 q_i 放置于 j 列，q_k 放置于 h 列，比较 i。

2）若 $j=h$ 则说明 q_i 与 q_k 处于同一列，不安全。

3）若 $|i-k|=|j-x|$ 则说明 q_i 与 q_k 处于同一对角线，不安全。

4）其余情况均为安全。

将上述算法略加修改，可以得到所有的安全布局，具体方法是将 6）改为：

6′）若 $i=8$，则得到一个安全布局，输出此布局并置 i=8，转移至 2）；否则，继续下一步。

将 9）改为：

9′）若 $i=1$，已求出所有解（或无解），结束；否则，继续下一步。

经过修改后的算法，最终可以得到八皇后问题所有的解，它共有 92 个解。

图 2-5 给出了八皇后问题的一个解。

在八皇后问题算法中，还可以将 8 改成 n，即在 $n \times n$ 的棋盘上寻找安全布局的问题，此时即成为"n 皇后问题"算法。对这个算法可用下面的伪码表示。

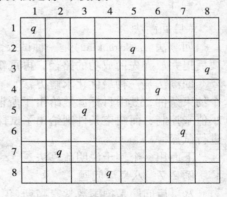

图 2-5　八皇后问题的一种安全布局

```
eight-queen(n)
{  i ←1;
   While(i < =n)
      {  qᵢ←1;
         While(qᵢ≤n)
            {  k ←1;
               while ((k < i)且((qₖ-qᵢ)* (|qᵢ-qₖ|-|i-k|))≠0)
                  k←k +1;
               if ( k < i )
                  if(qᵢ≥n且i ≤1)
                     return "无解";
                  else
                     { if(qᵢ≥n)
```

```
                            i ← i - 1;
                            q₁ ← q₁ + 1;}
                else
                        break;}//* 强行退出本循环* //
            i ← i + 1; }
        输出 i,q₁; (i = 1,2,...,n)
        return "成功得一解";
    }
```

2.6　算法评价

　　算法评价也称为算法分析，它是对所设计出来的算法作综合性的分析与评估。我们知道，对一类问题往往可以设计出多种不同的算法，如何在其中挑选出"好"算法，这就是本节所要探讨的问题。

　　首先，算法应该是正确的；其次，算法的时间效率与算法的空间效率是好的。当然，还有如操作界面、可读性、可维护性及健壮性等，但这些往往是对程序的评价标准，与算法无关。

　　(1) 算法的正确性

　　算法的正确性是算法评价中的最基本条件。所谓算法的正确性即是对所有合法的输入数据经算法执行后均能得到正确的结果并同时停止执行。

　　目前常用的检验算法正确性的方法是测试，但一般来说，测试只能验证算法有错，但不能保证算法正确。因此保证算法正确的唯一方法是用数学的方法证明。对设计的每个算法都要用数学的方法证明其正确性，这是算法评价中的基本要求。正确性证明一般包括算法流程的正确性以及停机问题。本章中的所有算法都属于初等数学范畴，较为简单，因此这里就不给出其正确性证明了。但是对一些复杂算法就需要作严格证明，相关介绍已超出本书范围，因此就不作介绍了。

　　(2) 算法的时间效率

　　算法的时间效率又称为算法的时间复杂性，也称为时间复杂度(time complexity)，它指的是算法运行时所耗费的时间。

　　对一类问题的算法解往往有多个，而对不同的解又有不同的时间复杂度，如在例 2.4 中所示的查找算法(即二分查找法)是一个复杂度较好的算法，而一般的查找算法是一种既简单又"笨"的方法。此种方法将 x 与 a[i] 从小到大逐个比较，最多经 n 次必得结果。这个算法可以满足以下描述：

```
search(a[], x )
{
    i ← 1;
while (i ≤ n)
if (a[i] = x)  return i ;
else  if (i = n)  return - 1;
    else i ← i + 1;
}
```

　　查找算法的这两个方法中其时间复杂度以二分查找法明显优于后面的一般查找法。我们以 $n = 7$ 为例，二分查找法最多仅需 4 次必能找到，而一般查找法则最多需 7 次。由此例可以看出，同一类问题的不同算法的时间复杂度是不一样的。因此对这些算法需计算其时间复杂度并选取其中的优者。但算法的时间复杂度与问题的规模(即输入数据量) n 有关，也就是说，算法的时间复杂度是 n 的函数，这个函数可记为 $f(n)$，而算法复杂度则可记为 $T(n)$。

　　为简便起见，我们以执行一条指令所需的时间为一个时间单位，这样就可以计算出算法执行所耗费的大致时间，即有 $T(n) \leqslant c f(n)$。

通常我们并不需要得到 $T(n)$ 的准确数字(实际也很难得到),而将其大致分为若干个时间档次,称为阶,它可用大 O 表示,即 $T(n) = O(f(n))$。目前,这个大 O 有以下六个阶:

1)常数阶 $O(1)$:表示时间复杂度与输入数据量无关。

2)对数阶 $O(\log_2 n)$:表示时间复杂度与 n 的对数有关系。

3)线性阶 $O(n)$:表示时间复杂度与 n 具有线性关系。

4)线性对数阶 $O(n\log_2 n)$:表示时间复杂度与 n 及其对数有关系。

5)平方阶、立方阶及 k 次方阶 $O(n^2)$,$O(n^3)$,$\cdots$,$O(n^k)$:表示时间复杂度与 n 具有多项式关系。

6)指数阶 $O(2^n)$:表示时间复杂度与 n 具有指数关系。

当我们计算出算法所耗费的时间后,再经过一定的转换即可得到它的阶,这个转换的方式是选取其中的高阶位而略去其低阶位及常数值,如果对三个算法 A_1、A_2 及 A_3,它们的计算所得时间为:

$T_1(n) = 3n + 6$

$T_2(n) = 0.5\,n^2 + 8n + 10$

$T_3(n) = 31\,n^2 + 13n + 158$

此时我们有:

$T_1(n) = O(n)$

$T_2(n) = O(n^2)$

$T_3(n) = O(n^2)$

对于算法的阶我们可以有下面几种基本认识:

1)对每个阶我们可以作以下说明:

- $O(1)$ 表示算法可以在常数时间内完成并与输入数据量 n 无关。具有此类阶的算法其时间效果最好。

- $O(\log_2 n)$、$O(n)$ 及 $O(n\log_2 n)$ 表示算法可以在线性时间(或对数时间)内完成。具有此类阶的算法其时间效果略差于 $O(1)$,但也很好。

- $O(n^2)$(或 $O(n^3)$,……)表示算法可以在 n 的多项式时间内完成。具有此类阶的算法其时间效果略差于前面,但总体看来算法仍可在有效时间内完成。

- $O(2^n)$ 表示算法可以在指数项时间内完成。此类算法的复杂度高,一般无法在有效时间内执行完毕。

2)整个算法的阶从低到高共有六种,一般来讲,算法的阶越低则执行速度越快,因此我们尽量选取低阶的算法。

3)算法复杂度与 n 关系紧密,表 2-1 给出了 n 与 $T(n)$ 间的变化关系。

表 2-1　算法复杂度与 n 的对比表

$\log_2 n$	n	$n\log_2 n$	n^2	2^n
0	1	0	1	2
1	2	2	4	4
2	4	8	16	16
3	8	24	64	256
4	16	64	256	65 536
5	32	160	1 024	4 294 967 296

4)算法的六个阶又可分为两大类:

- 第一类：$O(1)$、$O(\log_2 n)$、$O(n)$、$O(n\log_2 n)$ 及 $O(n^2)$ 五种阶是可以在有效时间内执行完毕的，具有此类阶的算法一般都可以接受。
- 第二类：具有 $O(2^n)$ 阶的算法是不能在有效时间内执行完毕的，一般来讲它是不可接受的。

例 2.8　在查找算法中，一般查找法有一个 n 次循环，因此有 $T(n) = O(n)$，而在二分查找法中有一个 $\log_2 n$ 次循环，因此有 $T(n) = O(\log_2 n)$，由此可见二分查找法优于一般查找法。

例 2.8 有如下的算法：

```
search(a[ ])
while i≤n
  {for (j=1,j≤n)
   s←s + a[i , j ];
   i←i×2
};
```

这是一个两重循环的算法，内层 j 的执行次数为 n，而外层 i 的执行次数为 $\log_2 n$，因此其时间复杂度 $T(n) = O(n\log_2 n)$。

（3）算法的空间效率

算法的空间效率又称为算法的空间复杂性，也称为空间复杂度（space complexity），它指的是算法运行时所占用的存储空间，它与算法输入数据量 n 有关，可记为 $S(n)$。

与算法的时间效率类似，算法执行中以存储单元为一个存储单位，其最终所需存储空间与 n 有关，可记为 $g(n)$。

与算法的时间效率类似，在算法空间复杂性中也可分为若干个档次，称为算法空间复杂性的阶，一般也可分为 $O(1)$、$O(\log_2 n)$、$O(n)$、$O(n\log_2 n)$、$O(n^2)$ 及 $O(2^n)$ 六种。我们一般尽量选用阶低的算法，同样，阶为 $O(2^n)$ 的算法是不可接受的。

2.7　一个完整的算法表示

至此我们已经对算法作了全面的介绍，下面我们就可以讨论一个算法的完整表示了。

一个算法的完整表示可以有两个部分，它们是算法的描述部分与算法的评价部分。

（1）算法的描述部分

算法的描述部分共分以下四个内容：

1）算法名。它给出算法的标识，它用于唯一标识指定的算法，在算法名中还可以附带一些必要的说明。

2）算法输入。它给出算法的输入数据及相应的说明，算法有时可以允许没有输入。

3）算法输出。它给出算法的输出数据要求及相应说明，任何算法必须有输出，否则该算法就是一个无效算法。

4）算法流程。它给出算法的计算过程，它可以用形式化描述，也可以用半形式或非形式化描述，但是一般不用程序设计语言描述。

（2）算法的评价部分

算法的评价部分是算法中所必需的，它包括下面两个内容：

1）算法的正确性。必须对算法是否正确给出证明，特别是复杂的算法尤为需要。算法的证明一般用数学方法实现。但对简单的算法只要作必要的说明即可。

2）算法分析。算法分析包括算法时间复杂性分析与空间复杂性分析，一般来讲，$T(n)$ 与 $S(n)$ 在有效时间与空间内都是可以接受的，当然它们的阶越低越好，但是对指数阶的算法则是无法接受的。

2.8　几点说明

从上面讨论的七个内容可以得出下面的几个结论性的意见：

1）算法是研究计算过程的一门学科，它强调"过程"的描述与评价。

2）算法中过程的描述是需要设计的，这种设计方案是框架性的而不是拘泥于细节与微观实现的。

3）算法可以有多种设计方案，对它们作评价，并选取其合适者。

4）算法最终可通过程序并执行程序以实现算法目标并获得结果。

5）算法不是程序，算法的目标是**设计**一个好的"计算过程"，而程序的目标则是**实现**一个好的"计算过程"，同时也是使用、操作一个好的"计算过程"；但算法与程序有关联，算法是程序设计的基础，而程序又是实现算法的目的。

本章复习指导

算法是研究计算过程的一门学科，它对计算机软件及程序起到了基础性指导作用。

1. 算法是一类问题的一种求解方法，该方法可用一组有序的计算步骤或过程表示。

2. 算法不是程序，算法高于程序。算法是程序的框架与灵魂，而程序是算法的实现。

3. 算法的五大特征

- 能行性
- 确定性
- 有穷性
- 输入
- 输出

4. 算法的两大基本要素

- 算法的操作（运算）——四种基本操作（算术、逻辑、比较、传输）
- 算法的控制——三种基本控制（顺序、选择、循环）

5. 算法的三种描述

- 形式化描述——类语言描述（类 C、类 C + +、类 Java）
- 半形式化描述——算法流程图或类语言与自然语言结合
- 非形式化描述——自然语言为主的描述

6. 四种常用的算法设计方法

- 枚举法——穷举所有可能的方法
- 递归法——自己调用自己的方法
- 分治法——将问题分解成若干个子问题
- 回溯法——试探性的求解方法

7. 算法的评价

1）算法正确性。

2）算法的时间效率分析。

3）算法的空间效率分析。

8. 算法时间效率分析，用 $T(n) = O(f(n))$ 表示，常用的有六种

- 常数阶——$O(1)$
- 对数阶——$O(\log_2 n)$
- 线性阶——$O(n)$
- 线性对数阶——$O(n\log_2 n)$
- 平方阶（立方阶及 k 次方阶——$O(n^2)$，$O(n^3)$，…，$O(n^k)$
- 指数阶——$O(2^n)$

9. 六个完整的算法表示

1）算法名。

2）算法输入。

3）算法输出。

4）算法流程。

5）算法正确性。

6）算法分析。

10. 本章内容重点

- 算法定义
- 算法时间效率分析

习题 2

2.1 请给出算法的定义，并给出一个算法的例子。

2.2 请给出算法的五大特征。

2.3 请给出算法的基本要求以及三种描述方法，并请用一个例子分别给出它的三种描述方法。

2.4 请说明算法的四种设计方法以及它们的优缺点。

2.5 常用的算法时间复杂度有哪六种？请说明

2.6 对例2.3中用 n 表示月饼数，m 表示钱数，在此时该算法可写为：

```
Cake(n,m)
    { for( i←0, i ≤ 50, i←i +1 )
        for( j←0, j ≤ 50, j←j +1 )
            for ( k←0, k ≤ 50, k←i +1 )
                { x←i +j +k;
                  y←4 × i +2 × j +k;
                  if( x = m 且 y = n )
                        return i, j, k;
                }
            return -1
    }
```

请给出该算法的时间复杂度。

2.7 请给出例2.5中算法的时间复杂度。

2.8 请给出例2.6中算法的时间复杂度。

2.9 请给出算法的一个完整表示。

2.10 请说明算法与程序的关系。

2.11 有 n 把锁以及它们的 n 把钥匙，但由于持有人的粗心，造成锁和钥匙间配对关系混乱，俗话说一把钥匙配一把锁，问需要试配多少次才能匹配成功，并给出匹配算法。

2.12 在顺序存储结构中线性表长度为 n，请问在该线性表的 i 个位置插入一个新元素的算法时间复杂度是什么？给出答案。

数据基础

本章中主要介绍数据的基础知识。由于数据在软件中分布广泛，目前它出现于程序设计语言中、数据结构中、操作系统的文件中以及数据库管理系统中，为使大家对数据有一个统一及全面的了解，我们在这里对数据的一些基本概念进行统一的整理与介绍，为后面数据的各部分深入介绍提供支撑。

本章中主要内容有：数据基本概念、数据操纵与数据模型、数据分类、数据发展简史等。

3.1　数据基本概念

3.1.1　数据定义

当今社会"数据"这个名词非常流行，其使用频率极高，如"**数字化地球**"、"**数码相机**"及"**数字**地图"等，它们都是数据的不同的表示形式。一般而言，**数据是客观世界中的事物在计算机中的抽象表示**。所谓"事物"，是泛指客观世界中的一切客体，它可以是具体的，也可以是抽象的；可以是很大的，也可以是很小的；可以是局部的，也可以全局的；可以是静态的，也可以是动态的。所谓"抽象表示"指的是客观世界中的事物在数据中均表示为一些没有语义的符号，这样做的目的是为了简化表示与便于处理。因此，数据来源于客观世界，它在计算机中以抽象的形式表示。

有了这些认识后我们即可以定义数据。**数据是按一定规则组织的符号串，并能被计算机所识别**。

对这个定义我们作如下解释：

1) "数据"这个名词是计算机领域的术语。数据这个词自古有之，它广泛使用于多个领域，在不同领域有不同理解，但在这个定义中我们专指其属计算机领域的定义。

2) 数据由两部分组成，一是其实体部分，它是一些计算机中的符号串，包括二进符号串、字符串、数字串、文字符号串等；其二是结构部分，即数据是按一定规则组织的，它不是混乱、无序的，如符号间的前后次序关联、上/下、左/右关联以及存储位置关联等。数据的结构部分反映了客观世界中事物内及事物间结构上的语义关系的抽象。

3) 数据具有高度抽象性与广泛性。数据将客观世界中的客体及它们之间的结构关系，剥去其物理外衣与语义内涵抽象成符号与相应构筑规则，因此具有高度抽象性，同时也使其具有使用的广泛性。

3.1.2　数据组成

由上面所介绍的数据概念可知，数据可由数据结构和数据值两部分组成，下面对这两部分进行介绍。

(1) 数据结构

数据结构(data structure)表示数据在组织中所必须遵守的规则。它反映了**数据间结构上的关联与约束**。在计算机中数据都是有一定结构的，这种结构可分成两个不同侧面，一个是逻辑结构，另一个是物理结构。

1）数据逻辑结构（data logical structure）。

这种结构是客观世界事物间结构上语义关联的抽象，它表示了数据间在结构上的某些必然的逻辑关联性。如学校中学生与教师间的师生关系，学生间的同班关系、同桌关系等。数据逻辑结构是面向应用（即用户）的一种结构。

2）数据物理结构（data physical structure）。这种结构是数据逻辑结构在计算机存储器（如磁盘、内存等）中的位置关系的反映，它也称为数据存储结构（data storage structure），表示数据逻辑关联在存储器中的物理位置关系，如物理相邻关系、链接关系等。如学生中的同桌关系可以用物理上的相邻位置表示，如师生关系可以用链接关系表示。数据物理结构是面向（软件）开发者的一种结构。

数据结构的形式经历了三个阶段，它由客观世界中事物间的结构规则经抽象后到达逻辑世界中数据逻辑结构，再经物理位置转换后到达物理世界中的数据物理结构，从而完成了从客观世界中事物间形形色色的结构规则到计算机存储器内的物理位置设置的全过程，如图 3-1 所示。

（2）数据值

数据值（data value）又称为值，它表示了数据实体。它由**计算机中的符号串组成**。值的表示也有两个层次，一是逻辑层次，二是物理层次。

1）值的逻辑表示。

这是客观世界事物的抽象，如客观世界中事物重量可以用数值中数字表示，客观世界中的事物性质可以用值中的文字描述表示，客观世界中的复杂事物可以用一组值表示。值的逻辑表示是面向应用（即用户）的一种表示，即用户能直接识别的一种表示。

2）值的物理表示。

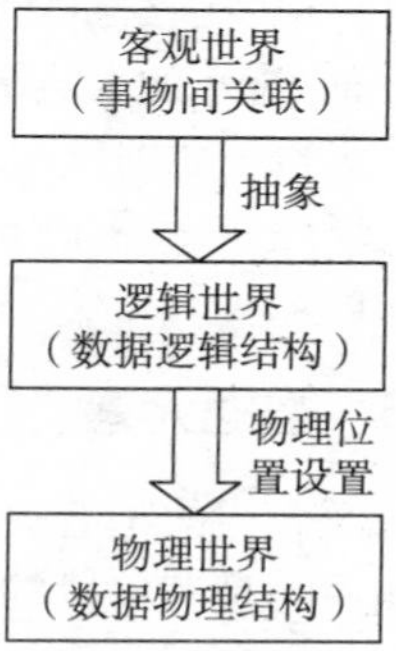

这是值的逻辑表示在计算机存储器中的反映，它也称为值的

图 3-1 数据结构三层结构图

存储表示，它表示数据值在计算机存储器中的表示形式，一般它是一组二进字位串。数据值的物理表示是一种面向开发者的一种表示方式，即开发者能直接识别的一种表示。

同样，数据值的形式也经历了三个阶段，它由客观世界中的事物经抽象后到达逻辑世界中的数据值，再经物理转换后到达物理世界中的存储表示，从而完成了从客观世界的事物表示到计算机存储器中值的表示的全过程，如图 3-2 所示。

（3）数据结构与数据值之间的关系

数据由数据结构与数据值两部分组成，这两个部分既相对独立又紧密关联。

1）独立性。数据结构与数据值分别反映了数据的不同侧面，它们具有不同的研究个性与特点，因此需分别进行探讨与研究。

2）关联性。数据中的数据结构与数据值又是在数据的概念下统一于一体的，在数据中数据结构与数据值相互依赖，世界上无数据值的结构与无结构的数据值都是无法构成数据的。

一般而言，数据结构与数据值之间具有如下关系特点：

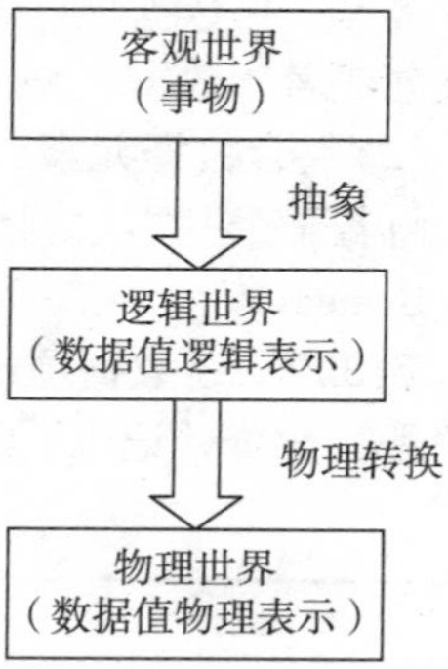

图 3-2 数据值的三层结构图

● 结构的稳定性与值的灵活性

数据结构反映了不同数据在结构上所应遵守的规则，而这种规则具有相对的稳定性，如求解公式 $x - y = z$ 时可构作一维数组 (x, y, z)，它反映了数据 x，y，z 结构上内在的关联，它们之间有一定次序关系，这种关联是由其内部语义抽取而得，具有相对的稳定性，因此数据结构又称为数据中的**不动点**（fixed point）。而数据值则反映了数据不同环境下的表示方式，它具有可变性，如在 (x, y, z) 中，可以有 $(3, 2, 1)$，也可以有 $(2, 3, -1)$ 等。

又如某学生的数据结构(学生姓名,学生年龄)中,其数据值可以是(王芸英,19),也可以是(陈华,20)等。因此,数据值具有相对的可变性与灵活性。

● 数据结构与数据值之间的数量关系

在数据中数据结构与数据值之间有时呈现一对一关系,可用 1:1 表示,但有时也会呈现一对多关系,可用 1:n 表示。如在线性表中(春、夏、秋、冬)具有一种结构对应一种数据值,它是一种标量值,而前面的学生数据结构则具有多个数据值,它是一种集合量值。

从这两点关系特点可以看出,在数据中数据结构与数据值是不可分割的一对,在其中数据结构起着关键与主要的作用。

有关数据中数据结构与数据值之间的关系,在现实世界中可举很多例子,下面用几个例子进行说明。

例3.1 食品的包装(或容器)与食品相当于数据结构与数据值的关系,如月饼盒与月饼之间的关系,酒瓶与酒之间的关系等。在这里数据结构相当于容器,而数据值相当于食品。

例3.2 在军队中素有"铁打的营盘流水的兵"之称,其中所谓"营盘"即指的是军队中的组织建制及相应的组织条例,而"铁打的营盘"意指这种组织建制与条例是稳定的,它相当于数据结构。而"流水的兵"指的是在组织建制下的相应人员(包括战士与干部),它们是可变的、灵活的,它相当于数据值。而整个句子则表示了整个军队中的组织与人员的全貌,它反映了部队中稳定的组织建制和条例与灵活的人员,从而使军队组织既具严肃性又有灵活性,而这种关系是 1:n 的。

3.1.3 数据元素

前面介绍的是有关数据的概念性内容,在本节中我们将介绍数据在实际使用中的内容。数据在使用时是有单位的,用户按单位使用数据,数据的使用单位称为数据元素(data element)或简称元素。数据元素由应用(程序)根据语义确定。数据元素一般由数据元素名、数据结构及数据值等三部分组成,即数据元素是**命名的数据单位**。

数据元素一般分为基本数据元素与复合数据元素两种:

(1)基本数据元素

最基础的、不可再分割的数据元素称为基本数据元素,一般而言,基本数据元素称为数据项(data term)或简称项(term)。在数据项中的数据结构称为数据类型(data type),如整型、字符型、布尔型等;在数据项中的单个数据值称为基本值(basic value),如36、book 等;一个数据项一般由数据项名、数据类型及基本值三部分组成。

(2)复合数据元素

由若干个基本数据元素按一定的数据结构所组成的数据元素称为复合数据元素(compound data element)。

例3.3 由数据项产品编号(num)、型号(type)、生产日期(date)及生产数量(total)所组成的产品产量统计记录(见表3-1)是一个由数据项通过一维数组组成的表。

表 3-1 产品产量统计记录表

num	type	date	total
103	T31	2010 − 01 − 13	38

例3.4 由数据项 $t_{1,1}$,$t_{1,2}$,$t_{1,3}$,$t_{1,4}$,$t_{2,1}$,$t_{2,2}$,$t_{2,3}$,$t_{2,4}$,$t_{3,1}$,$t_{3,2}$,$t_{3,3}$,$t_{3,4}$ 组成的以 $A[4,3]$ 命名的数组:

$$A[4,3] = \begin{bmatrix} t_{1,1} & t_{1,2} & t_{1,3} & t_{1,4} \\ t_{2,1} & t_{2,2} & t_{2,3} & t_{2,4} \\ t_{3,1} & t_{3,2} & t_{3,3} & t_{3,4} \end{bmatrix}$$

是数据元素。

例 3.5 由结构体：

```
struct student {
    int number;
    char name;
    char sex;
     int age;
               };
```

及相应的数据{101，王英，女，21}组成的是数据元素。

3.2 数据操纵与数据结构

3.2.1 数据操纵

数据是一种静态的信息资源，它是为用户服务的，只有提供服务才能发挥其作用。而提供数据服务是通过数据操纵（data manipulation）实现的，数据操纵是一种总称，而其每个具体行为称为数据操作（data operation）或简称操作、运算。数据操纵给出了数据的动态行为。

从宏观看数据操纵可由两部分组成，它们是数据值操作与数据结构操作，其常用的公共操作如下。

（1）数据值操作

数据值操作是以数据元素中的数据值为对象的操作，其基本操作单位是基本值。它一般可包括如下一些操作。

1）定位操作。它主要用于确定在数据元素中一些基本值的位置，为后续操作（如读、改等操作）提供定位服务。

2）读操作。它主要为用户读取数据元素中的指定位置的一些基本值服务。

3）添加操作。它又称为增加或插入操作，主要用于在数据元素中指定位置插入一些基本值服务。

4）删除操作。它主要为用户删除数据元素中指定位置的一些基本值服务。

5）修改操作。它主要为用户修改数据元素中指定位置的一些基本值服务。

（2）数据结构操作

数据结构操作是以数据元素中的数据结构为对象的操作。它一般可包括如下一些操作。

1）创建数据结构。用此操作可以构建一个数据元素中满足要求的数据结构。

2）删除数据结构。用此操作可以删除一个已创建的数据结构，此操作的执行结果不但删除了数据结构同时也删除了依附于数据结构的数据值，因此随之也删除了相应的数据元素。

3）数据结构查询。用此操作可以查询数据元素中数据结构的参数及数据间的相应结构规则。

4）数据结构修改。在某些时候，数据元素中的结构参数及相应规则是可以作调整的，此时可用此操作以完成相应的调整。

以上操作是一个数据元素一般所具有的公共操作，但对不同元素还可有不同的特殊操作，在具体操作时将进行介绍。

3.2.2 广义数据结构

数据与数据操纵是紧密关联的，它们间的关系是：

1）只有有了数据操纵数据才能被使用，因此数据与数据操纵构成了一个完整的数据服务体系。

2）数据操纵是建立在数据之上的，严格地说是建立在数据结构上的，不同数据结构有不同的操纵方式。

以数据结构为核心所构成的数据与数据操纵的结合体称为广义数据结构，它是数据概念的一次扩充，它也可称为数据结构。在此前所定义的数据结构则可称为狭义的数据结构。

3.3 数据分类

3.3.1 数据特性分析与分类

(1)不同角度的数据特性分析

计算机中的数据具有丰富的内涵与外延，在不同角度对其分析将有不同的特性。下面我们从五个方面对它作特性分析。

1)从时间角度分析。从保存的时间看，数据一般可分为挥发性数据(transient data)与持久性数据(persistent data)，其中持久性数据可长期保存而挥发性数据则只能短期保留。在操作中，持久性数据的撤销必须通过"删除数据"操作得以完成，而挥发性数据的撤销则随着其使用结束而自动删除。在物理上持久性数据一般保存于计算机中的次级存储器内(如磁盘)而挥发性数据则存放于计算机的内存中。

2)从使用广度分析。从使用的范围与广度看，数据一般可分为私有数据(private data)与共享数据(share data)。其中私有数据仅为特定应用(程序)服务而共享数据则可为多个应用(程序)服务。

3)从数据值性质分析。从数据中数据结构与数据值间关系分析，当一个数据结构仅对应一个值时称为标量数据，而一个数据结构能对应多个值时称为集合量(collection)数据，其中标量表示了数据结构与数据值之间的1:1关系，而集合量则表示了1:n的关系。

4)从数据量分析。从数据的数量看，数据可分为小量、大量及海量三种，数据的数量是衡量与区别数据的重要标志，由于数据"量"的变化可以引发其"质"的变化，数据量由小变大后数据就需进行管理并还会出现众多复杂的问题。

5)从管理角度分析。数据管理是由数据量引起的，但两者有着不同角度的目标，从管理角度看，数据可分为严格管理、松散管理与不管理等三种方式。一般情况下海量且共享数据需管理而小量且私有数据则不需管理。

(2)数据分类

由数据的五种特性分析可以将数据分解成三种类型，分别为依赖型数据(depedent data)、独立型数据(independtnt data)以及半独立型数据(semiindependent data)。

1)依赖型数据。它指的是那些依附于应用(程序)并随程序一起产生与消亡的那些数据，从数据特性分析看它是具有下面特性的数据：挥发性数据、私有数据、数据量小、标量数据、不需管理。

在传统程序设计语言中所出现的那些数据即是此类数据，如 C 语言中的数据项、数组、结构体、共同体等；在一般数据结构教材中所出现的那些数据也是此类数据，如线性表、栈及队列等。

2)独立型数据。它指的是那些独立于应用(程序)的那些数据，从数据特性看此类数据是那些具有下面特性的数据：持久性数据、共享数据、海量数据、集合量数据、需严格管理。

一般来讲目前数据库中的数据即是此类数据，因此此类数据也称为数据库数据。

3)半独立型数据。它是一种介于依赖型与独立型数据间的一种数据，它对应用(程序)具有一定的独立性。从数据特性看此类数据是具有下面特性的数据：持久性数据、私有数据、海量数据、集合量数据、松散管理。

一般来讲目前操作系统文件中的数据即是此类数据，因此此类数据也可称为文件数据。

图 3-3 给出了五种数据特性与三种数据分类之间的关系。

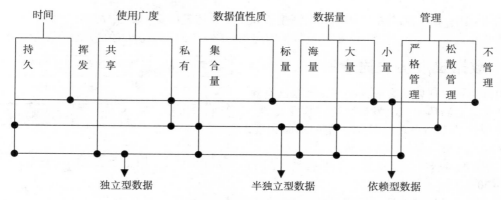

图 3-3 五种数据特性与三种数据分类间的关系

3.3.2 数据的三种分类之间的关系

（1）数据三种分类的不同使用方式

在计算机软件中目前数据大致按上面所介绍的三种类别划分使用，在具体应用时，均各有不同的使用特点和方式。

1）依赖型数据的使用。依赖型数据是一些少量的、为应用（程序）所私有的那些数据，这些数据与程序紧密关联，并可随程序一起消长。此类数据的最大特点是它生存于内存中可直接被程序调用。

2）独立型数据的使用。独立型数据一般适用于数据处理应用中，在此类应用中是以海量数据、共享应用为主并需持久保存，因而此类数据需要单独并严格管理，如职工档案、学生成绩、病人就诊记录（病历）等。由于它的单独管理与持久保存，因而此类数据一般均存放于次级存储器（如磁盘）内，并不能直接被程序所使用。为解决此问题，必须建立转换接口，将磁盘内的独立型数据转移至内存中的依赖型数据。而这种接口是一种独立的软件，称为外部接口，它既不依附于程序设计语言，也不属于独立型数据组织（即数据库）。目前流行的此种接口有 ODBC、JD-BC、ADO 等。

3）半独立型数据使用。半独立型数据在本质上讲具有较大的依附性，即它较为明显的依赖于应用（程序）并具有对应用的私有性，但是它又具有持久性、数据量大的特点，因此需作单独的管理。但是因为它不具共享性，因此这种管理不需严格。同样，此类数据一般存放于磁盘内。不能直接被程序调用而需建立接口，而这种接口一般均依附于程序设计语言，称为内部接口，如 C 中的输入输出函数即是此类数据的接口。

（2）数据三种分类间的关系

1）不同的使用接口。从使用的角度看程序与数据之间存在着三种关系，第一种是程序能直接调用（即不用接口）的依赖型数据；第二种是程序通过其内部接口可调用的半独立型数据；第三种程序通过其外部接口可调用的独立型数据，它们之间的这三种关系可用图 3-4 表示。

2）不同的使用特点。从使用角度看三种数据各有其不同的使用目标与特点，其中依赖型数据及半独立型数据主要用于应用（程序）中的私有数据，而独立型数据则用于数据处理等共

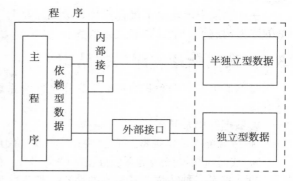

图 3-4 程序与三种数据间的接口

享型应用(程序)中，而其中依赖型数据则主要在少量及挥发的私有数据中应用，而半独立型数据则主要在大量(或海量)及持久的私有数据中应用。图3-5 给出了它们的使用特点的示意图。

3.4　数据发展历史简介

自计算机出现后即有数据存在，至今已有60余年历史，它经历了三个发展阶段，其发展动力是内部硬件的不断更新与外部应用的不断拓展。下面简单介绍其发展情况。

(1)数据发展第一阶段——附属阶段，(20 世纪40 ~50 年代)

在计算机发展初期即出现程序的概念，同时也出现数据的概念，但当时由于计算机硬件发展

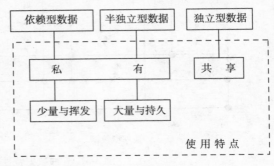

图 3-5　三类数据使用特色

受限，计算机存储单元极小(一般仅为 K 字级)因此当时数据是一种私有的并依附于程序，同时它在软件中并未作为独立部分出现。在此阶段中其主要研究集中于简单的数据结构的探讨。

因此，数据发展第一阶段所出现的仅是依赖型数据，研究的是简单的数据结构。

(2)数据发展第二阶段——文件阶段，(20 世纪50 ~60 年代)

20 世纪50 年代中期后，由于计算机硬件的发展，计算机存储单元增加(一般已达 M 字级)，特别是磁盘等大容量次级存储器出现，使得数据持久性功能的实现成为可能，同时在应用发展中数据处理应用的出现而使得数据领域的研究出现了新的突破，在此阶段中主要表现为下面两个方面。

1)文件系统的出现与发展。文件是一种半独立型数据，它为应用程序所私有，但具有大量(海量)及持久的存储能力，因此它是传统依赖型数据的扩充。由于文件中数据的大量(海量)及持久性，因而它需要管理，而管理文件的软件称为文件系统，但是文件系统这种管理并不严格，要求较为简单，因此它并未构成一种独立的软件系统而将其依附于操作系统。

2)数据结构研究的发展。在此阶段中由于程序设计语言的进一步发展使得其对数据的要求(特别是数据结构要求)越来越高，同时也出现了基于数据结构上的操作以及相应的算法研究，这样就出现了广义数据结构。同时也开始出现作为学科意义的数据结构。

3)数据发展第三阶段——数据库阶段，(20 世纪60 年代末至今)

自 20 世纪60 年代后期开始，在计算机硬件发展中存储单元的进一步扩充(一般达 G 字级到目前已达 T 字级以上)以及网络的出现；在应用发展中共享性应用及网络应用出现，数据发展开始进入一个新的阶段即数据库阶段，这个阶段的主要特点是数据在软件中已成为一个独立体系，它与程序构成了软件的两大独立的组成部分。而这种阶段的出现表示了数据进入了以共享性为特点的时代。

在此阶段中出现的不仅有依赖型数据与半独立型数据，同时也包括独立型数据，这三种类型的数据构成了一个完整的数据体系。

3.5　数据理论的深层次认识

在本节中主要对数据的基本概念作全面与系统的介绍，在有关数据的概念中特别要注意以下内容：

1)数据结构及其扩充：

- 在数据中数据结构是它的核心与灵魂，因此在数据中重点探讨数据结构。
- 数据与数据操纵是不可分割的两个部分，两者的结合构成了广义的数据结构。

2)数据有多种特性，其核心的性质是私有性与共享性。这主要是因为数据是供用户使用的，而私有性与共享性则给出了使用的范围，同时也引出了其他的很多特性。

3）数据的三种分类是很重要的，这三种分类代表了数据的三种研究方向，主要包括：

- 数据结构：这是由依赖型数据所引发的数据研究中最基础的方向，它是数据结构作为学科的研究方向。至此，数据结构这个名词已出现过多次，在不同地方可以有不同解释。首先，它是数据中表示数据间结构上的关联与约束，这是一种数据结构的狭义理解。其次，狭义的数据结构无法构成完整的概念，因此完整的数据结构应包括数据与数据操纵所组成的封装体。这是一种数据结构的广义概念，称为广义数据结构，它也可称为数据结构。最后，从学科意义上讲，数据结构还包括了数据的相关理论、方法以及相应的算法研究等内容，它也可称为"数据结构学"。数据结构这个名词在目前实际使用中是这样区分的：
  - 狭义数据结构——一般称为数据结构。
  - 广义数据结构——一般也称为数据结构，它与狭义数据结构的不同由语义区分，或者在前面加"广义"二字。
  - 学科的数据结构——一般也称为数据结构，其与前面两者的不同由语义区分，或者用"数据结构学"表示。

数据结构作为学科方向所研究的是数据中依赖型数据的基本内容，它是数据理论的基础，将在第4章进行详细介绍。

- 文件系统：该方向研究半独立型数据，重点研究文件结构及文件系统的管理。将在本书第5章中介绍。
- 数据库系统：该方向研究独立型数据，重点研究共享数据中以数据模型为核心的数据管理。将在本书第7章作专门介绍。

以上这三种方向构成了数据研究的完整体系。而任何一种方向都只是数据的一个局部与片面，而不是它的全部。

4）数据三种分类有其个性也有其共性，它们的个性将在本书后面的章节中作详细介绍。使读者对数据的了解和认识才更全面与完整。

本章复习指导

1. 数据是按一定规则组织的符号串，并被计算机识别。
2. 数据由（狭义）数据结构与数据值组成。
3. 数据的三个结构层次
- 客观世界——事物与事物之间的关联
- 逻辑世界——数据逻辑结构与逻辑值
- 物理世界——数据物理结构与物理值
4. 数据元素是命名的数据单位。
5. 数据操纵——数据操作的总称。
6. 数据操作分为
- 数据值操作——定位、读及增加、删阶、修改操作
- 数据结构操作——创建、删除、查询、修改操作
7. 数据结构——以（狭义）数据结构为核心所构成的数据与数据操纵的结合体，也称为广义数据结构。
8. 数据的五个特性
- 时间角度分析——挥发性/持久性数据
- 使用广度分析——私有/共享数据
- 数据值性质分析——标量/集合量数据
- 数据量分析——小量/大量/海量数据
- 管理角度分析——严格/松散/不管理数据

9. 数据按特性分类

1)依赖型数据——不独立，依赖程序的数据。

2)独立型数据——独立的数据组织、数据库数据。

3)半独立数据——属操作系统、文件数据。

10. 三类数据的不同使用方式

1)依赖型数据——程序直接调用。

2)独立型数据——通过外部接口与程序关联。

3)半独立型数据——通过内部接口与程序关联。

11. 本章内容重点

- 数据概念
- 数据结构概念
- 数据分类

习题 3

3.1 请给出下面三个基本概念的解释：

1)数据　　2)数据元素　　3)数据操纵

3.2 请给出三种数据结构的定义，并说明它们的关系。

3.3 请给出数据的五个特性。

3.4 用数据的五个特性定义三种数据分类，并作出解释。

3.5 三种数据分类在使用上有什么不同？请给出说明。

3.6 请叙述数据发展的三个阶段历史。

3.7 在学生学籍管理系统中一般用下面哪种类型的数据：

1)独立型数据　　2)半独立型数据　　3)依赖型数据

3.8 在图像处理中一般用下面哪种类型的数据：

1)独立型数据　　2)半独立型数据　　3)依赖型数据

3.9 学完本章后请你对数据知识作一个全面的论述。

本章主要介绍数据结构的基本原理与算法，重点介绍线性表、树和图等，内容包括逻辑结构、物理结构及其主要算法。数据结构是数据理论的基础，对它的了解与掌握对认识整个数据理论有重要作用。

4.1 概述

本章介绍的数据结构是依赖型数据，它是一种易失的、私有的且是标量的数据，它一般存储于内存中并依附于主程序，即主程序可以直接调用并使用它。

本章使用的基本数据单位是数据元素，在本章讨论的数据结构中主要介绍以数据元素为单位的逻辑结构、物理结构及相应的算法。

4.1.1 数据元素

数据个体称为数据元素，或简称元素，是数据结构研究中不可再分的基本数据组织单位，或称数据颗粒。数据元素可以是一个数据项，如整数、字符串等，也可以是若干数据项构成的复杂结构，如结构体、记录、图形/图像等。数据结构领域不研究数据元素的内部结构如何，而只研究其外部关联。

数据元素的意义在于能表示一类事物，如若干整数、若干学生、若干本书、若干门课程、若干笔账目等。每个数据元素设定一个特定的数据项，称为"关键字"，用于标识或识别各个数据元素；如学生的学号、图书的登录号、课程的代号等。

因为在本书讨论中主要着眼于数据结构问题，因而忽略数据元素的内部结构；所以常常使用简单结构的数据元素，如定义一个整数、一个字符等作为元素数据，并以此用类 C 语言定义数据元素的类型。

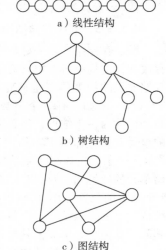

a）线性结构

4.1.2 数据的逻辑结构

在任何问题研究中，数据元素都不是孤立的。它们之间总存在这样或那样的联系。按应用问题角度组织数据的结构称为数据的逻辑结构，也可以理解为用户的一种数据视图，是用户直接观察到的表现数据的格局。它具有自然性，产生于业务工作实际，独立于任何辅助系统，如计算机系统。抽象地说，数据的逻辑结构是来自于问题而又服务于问题的结构，属应用级。根据实践，常用的数据逻辑结构主要有三类。

第一类是线性结构。数据元素按某种次序排成一条"线"，相邻元素之间只有先后关系。这类结构形式简单，如图 4-1a 所示。

第二类是树结构。数据元素排成"树状"，元素之间不仅有分支式联系，而且有层次式联系。这类结构形式比较复杂，如图 4-1b 所示。

b）树结构

c）图结构

图 4-1 三类基本逻辑结构

第三类是图结构。图是最复杂，也是最丰富的逻辑结构。任意两个元素之间都可以建立任意的、多种联系关系，如图4-1c所示。

在理解逻辑结构时应注意的是：

1）数据的逻辑结构与数据元素的内部结构无关，只考虑数据元素之间的关联。

2）数据的逻辑结构与数据元素的相对位置无关，只考虑元素之间的关联方式。

3）数据的逻辑结构与数据元素个数无关，只考虑元素之间有无关联，有什么样的联系，即使元素个数为0。

4）以下各节中凡对某特定结构进行定义时都是逻辑结构的概念。

4.1.3 数据的物理结构

数据的物理结构，也称为存储结构，是各数据元素及其关联关系在计算机中的存储形式。抽象地说，数据的物理结构是逻辑结构在计算机存储器中的表示，是服务于处理算法的结构，属实现级。数据的物理结构包括数据元素自身的存储和数据间关联关系的存储两个方面。

4.1.3.1 计算机存储器的特点

这里主要是指计算机内存储器。计算机内存储器由若干单元（主要是字节）组成。从存储的角度认识，这些单元按地址从0开始顺序排列成一行，即单元向量。如容量为2GB的内存储器，其单元顺序排列的次序是0、1、2、…、(2G−2)、(2G−1)；各单元的顺序恰好是一种按地址排列的线性关系。

4.1.3.2 数据元素的存储

因为这里不研究数据元素的内部结构，而只把它们看成是一个数据元素的封闭的整体，如一个字符串。但是，考虑到要建立各数据元素之间的关联关系，常常需要额外增加某些附加信息（如指针、标记等），并与元素数据一起存储构成一个整体，并称其为结点。附加信息统称为系统数据。所以结点可能仅仅是元素数据（或称为结点数据）的存储，如图4-2a所示；也可能是元素数据与相关系统数据组合的存储，如图4-2b所示。结点的存储将占用从某地址开始的若干连续单元构成的存储块。如从地址0100开始到0103的连续4个字节存储一个实数（元素）、从地址40002开始到41001的1000个字节存储一个结构体（元素）等。

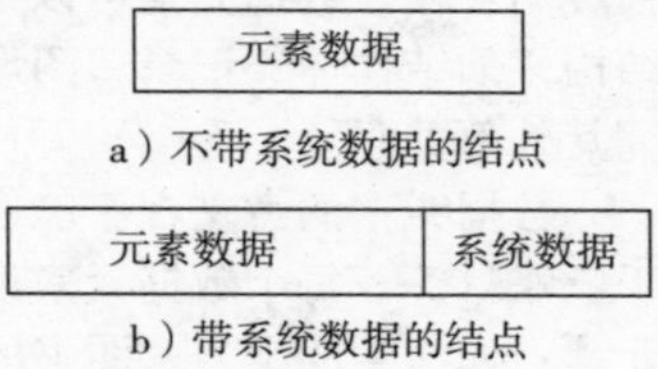

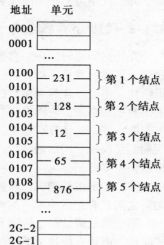

图4-2 结点存储结构

（图中：元素数据 a）不带系统数据的结点；元素数据 系统数据 b）带系统数据的结点）

4.1.3.3 顺序存储结构

顺序存储结构是一种物理结构，是按存储单元的顺序依次连续存放逻辑结构中所有结点形成的结构。逻辑上彼此相邻的结点，在存储器上的物理位置也彼此相邻。保持着逻辑结构和物理结构的"一致"。例如，有一个整数序列A = (231，128，12，65，876)，每个整数为一个结点，用2个字节（即16位）存储。从地址为0100的单元开始存储第1个结点，依次存储第2、第3、…个结点，如图4-3所示。在顺序存储结构下，只要知道第1个结点的位置（存储单元的地址），就可以直接导出任意一个元素的位置。如例中第4个结点的位置是0106 = (0100 + (4 − 1) * 2)。可见，顺序存储结构的主要特点是，一个数据结构必须独占一块连续的存储空间，其间的任何单元不能被其他任何数据结构以任何方式占用。

显然，顺序存储结构有最佳的空间效率，因为无须存储元素数据以外的任何数据；但是，由于其存储特性的原因，常常要留有足够的自由结点空间以备长度伸展的需要，这又降低了空间效率。顺

图4-3 顺序存储结构示例

序存储结构的另一个长处是结点定位计算与数据规模和结点大小无关。但也存在几个致命的缺陷：一是当插入或删除结点时为保证位置比邻而要频繁地移动结点，这种移动有时是大量的；二是会因为初始存储空间的限制致使过多的插入产生"溢出"；三是未必能如愿地申请到足够大小的成片空间。因此，顺序存储结构适合于数据规模较小、插入和删除操作较少的情况。

4.1.3.4　链式存储结构

链式存储结构的结点是在元素数据存储的同时附加存储一个指针数据，如图 4-2b 所示的系统数据部分。指针的作用是指出该结点逻辑上的后继结点的存储位置。因为存储位置是地址，所以这里的指针即是单元地址。例如上面的整数序列 A 的链式存储结构如图 4-4 所示。其中，每个结点占有 6 个字节，其中 2 个字节存储元素数据，4 个字节存储指针。第 1 个结点的指针"1056"指出第 2 个结点存储在地址以 1056 开始的 6 个字节中。第 2 个结点的指针"0100"指出第 3 个结点存储在地址以 0100 开始的 6 个字节中，依次类推。第 5 个结点是最后一个结点，它的指针是"0000"，表示终结，再无后继结点了。

链式存储结构正是通过指针把结点串接起来，实现逻辑结构的顺序。链式存储结构不要求连续成片的存储空间，同一数据结构中的诸结点可以任意散存在存储器任何位置，只要保证一个结点能完整存储就够了，且不要求预留任何自由结点空间而能保证长度的任意伸展，结点存储只受存储容量的限制。

因为，尽管现代计算机系统都有大容量的内存储器，但是因为采用多道程序并行技术，分配给每道程序的内存空间有限，要获取过大的内存块仍然比较困难。同时因为内存空间管理策略的原因，常常会出现内存"碎片"化的现象，致使自由空间总量足够，但不能成较大连续空间块提供使用。因此，链式存储结构能最佳地适应存储器的这种状态。显然，链式存储结构克服了顺序存储结构的几个致命缺陷。

同一类逻辑结构应根据数据规模、应用需求和处理算法采用不同存储结构，同一种存储结构可以实现多类逻辑结构的存储。

4.1.4　物理结构的实现

物理结构是数据结构研究的主要对象，因为所有的算法都是基于物理结构的。实现的工具又都借助某种语言，在本书的所有叙述中将采用"类 C 语言"。

图 4-4　链式存储结构示例

4.1.4.1　用数组实现顺序存储结构

几乎所有程序设计语言都备有数组类型，具有连续地址空间分配和按下标引用数组元素的功能。因此，数组几乎完全具有顺序存储结构的特点，恰好满足了顺序存储结构的诸多要求，用数组实现顺序存储结构也就是顺理成章的事了。如上面的整数序列 A 就可以用一个一维数组存储。先定义一个数组 A，如 A[8]。再把整数序列 A 的结点数据依次存储在对应的数组元素中，如图 4-5 所示。但还需附加一个"长度"信息（如 n）表示实际结点个数，如在图 4-5 中 $n=5$。如果用类 C 定义这个数据结构，形式为

数组 A

231	128	12	65	876			
A(1)	A(2)	A(3)	A(4)	A(5)	A(6)	A(7)	A(8)

图 4-5　用数组实现顺序存储结构的示例

```
int A[8];        /* 定义顺序表为数组 */
int n ;          /* 定义顺序表长度变量 */
```

4.1.4.2　用结构体实现链式存储结构

链式存储结构中的结点需要包含指针信息，用指针存储结点之间的逻辑关联关系。例如，用链式存储结构存储整数序列 A，如图 4-6 所示。

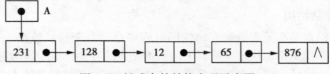

图 4-6　链式存储结构实现示意图

图中的箭头表示指针，指向的那个结点是实际数据在存储器中的第 1 个单元的地址。"∧"表示指针为"空"，即链的最后一个结点。指针 A 是指向第 1 个结点的指针，同时也标识了整数序列 A，称为链头指针。如果用类 C 定义这个数据结构，形式为

```
struct node
  {
    int data;             /* 定义结点数据域* /
    struct node * next ;  /* 定义结点 next 指针域* /
  } LINKLIST
```

4.1.5　关于数据结构中的算法

算法的概念和技术在第 2 章中有详尽的叙述。在数据结构中，算法是一项重要内容。算法在功能上面向数据的逻辑结构，在实现上基于数据的物理结构。任何一类数据结构都有许多相关的算法，本章选择部分基本的算法来实现，用类 C 语言描述，并在附录中给出部分用 C 语言编写的程序。

4.2　线性结构

线性结构主要包括线性表、栈、队列、串等几种常见的数据结构。

4.2.1　线性表

线性表(简称"表")是最简单、最常用的一种典型数据结构，属线性结构，是实现其他非线性结构的基础。

4.2.1.1　线性表的定义

线性表是 n(n 为正整数且 $n \geq 0$)个结点的有限序列。一般表示为

$$A = (a_1, a_2, \cdots, a_i, \cdots, a_n)$$

其中，n 称为线性表的长度。当 $n = 0$ 时称为空表。$i = 1, 2, \cdots, n$ 称为结点号，a_1 称为首结点，a_n 称为尾结点。在序列 A 中，除尾结点外的任何结点有且仅有 1 个后继结点，除首结点外的任何结点有且仅有 1 个前继结点。

结点在线性表中的顺序可以是"时序"的，即按结点进入线性表的时间先后排列。也可以是"排序"的，即按结点的关键字值从小到大(或从大到小)排列。但在某一特定时刻，结点的排列顺序是确定的。下面列举一些线性表的例子。

例 4.1　1 到 30 之间的质数序列是一个线性表。

$$P = (1, 2, 3, 5, 7, 11, 13, 17, 19, 23, 29)$$

例 4.2　一个星期的 7 天是一个线性表。

W =(星期日，星期一，星期二，星期三，星期四，星期五，星期六)

例 4.3　一张学生成绩登记表是以每个学生的成绩信息(由学号、课程代号、分数构成)为结

点的线性表，如表4-1所示。

表4-1 学生成绩登记表

学 号	课程代号	分数
210806101	21001	100
210806102	21001	67
210806103	21001	91
210806104	21001	90
210806101	21002	99
210806102	21002	100
210806103	21002	86
210806104	21002	94

4.2.1.2 对线性表的操作

对线性表比较实用且常用的主要操作如表4-2所示。

表4-2 对线性表的操作

序号	操作名称	函数表示	操作功能
1	创建表	CreateList( )	建立空线性表，并返回顺序表名，如 L
2	判表空	EmptyList(L)	若 L 为空线性表则返回1，否则返回0
3	求表长度	LenList(L)	返回线性表 L 当前结点个数
4	置表空	SetEmpList(L)	置线性表 L 为空线性表，并返回 L
5	查找	LocateList(L，x)	在线性表 L 中查找与 x 等值的结点，若存在则返回结点位置号，否则返回0
6	读结点数据	GetList(L，i)	从线性表 L 中读取 i 号结点的元素数据，并返回该数据
7	插入	InsertList(L，i，x)	把 x 的值插入线性表 L 的第 i 号结点之前。插入成功返回1，失败返回0
8	更新	UpdateList(L，i，x)	修改线性表 L 的第 i 号结点的元素值为 x 的值
9	删除	DeleteList(L，i)	从线性表 L 中删去第 i 号结点
10	合并	MergeList(L1，L2)	把两线性表 L1 和 L2 按规定要求连接成一个线性表，并存储在 L1 中

操作的形式化表示是算法。算法与数据的物理结构密切相关。同一数据结构的同一算法在不同物理结构下的步骤和过程不同。

4.2.1.3 线性表的顺序存储结构及其算法

用顺序存储结构表示的线性表称为顺序表。顺序表是线性表的简单的存储结构。

（1）顺序表

设线性表有 n 个结点，一个结点需要 b 个单元存储。首结点存储在地址 h 开始的单元中，则该顺序表占用的存储空间是从地址 h 开始到地址 $(h+n\times b-1)$ 结束的连续 $n\times b$ 个单元存储块。例如，要存储例4.2中的线性表，设 $h=2000$，$b=6$，$n=7$，则该顺序表的存储空间是2000到2041之间的42个连续单元的存储块，如图4-7所示，图中的 w_i 表示结点。

顺序表中某一结点的存储地址，就是存储该结点的 b 个单元的第一个单元地址，记为 $\text{LOC}(d_i)$，读作" d_i 的地址"。如在图4-7中，

图4-7 例4.2的顺序表图示

LOC(w_1) = 2000，LOC(w_2) = 2006，…，LOC(w_7) = 2036。不难看出，结点地址的规律是：当 LOC(w_i)已知时，它的后继结点的地址 LOC(w_{i+1}) = LOC(w_i) + b。显然，对任何一个顺序表 A，因为第一个结点地址是已知的，设为 h，即 LOC(a_1) = h。则依次有 LOC(a_2) = $h + b$，LOC(a_3) = $h + 2b$，LOC(a_4) = $h + 3b$，…，LOC(a_n) = $h + (n-1)b$ 等。所以，任何一个结点的地址都可以用下面的公式计算得到。

$$LOC(a_i) = LOC(a_1) + (i-1)b = h + (i-1)b = (h-b) + i \times b$$

可见，结点地址与结点号 $i(1 \leqslant i \leqslant n)$ 直接相关。如图 4-7 中的结点"星期四"的地址是，LOC(w_5) = 2000 + (5-1)6 = 2024。为简化计算公式，设 A = ($h-b$) 替代 h，称 A 为假头，则有公式，LOC(a_i) = A + $i \times b$。因为 C 语言中数组下标是从 0 开始的，故丢弃数组的第 1 个数组元素不用。顺序表的类 C 语言表示的类型定义代码可以是如下形式。

类型定义 4.1

```
#define M 100              /* 预定义 M 值为 100* /
typedef struct
      { int data[M];       /* 定义一维数组* /
        int len;           /* 定义顺序表长度变量* /
      }SEQUENLIST;         /* 定义顺序表类型名* /
```

这是一个结构体，把顺序表及其长度变量整合在一起更为合理。M − 1(> len)为顺序表的最大可能长度。为简单起见，这里定义了一个整数数组 data[M]。在实际应用中必然会有不同的更复杂的类型定义。下面有关算法的描述将从这个定义出发。

(2)顺序表的几个算法

以下给出顺序表的创建、插入、删除和查找等 4 个主要操作的算法。

1)创建：创建表的功能是建立一个新顺序表，其长度等于 0。

算法 4.1 创建顺序表。

```
CreateList()
{ 定义 SEQUENLIST 类型顺序表 L;
  L. len ← 0;                /* 顺序表 L 初始长度为 0* /
  Return L;                  /* 返回顺序表 L* /
}
```

其中 SEQUENLIST 是顺序表的类型标识符，出现在类型定义 4.1 中。

2)插入：插入操作的功能是把给定的结点数据 x 插入到顺序表 L 中指定结点号 i 前的结点位置。算法的主要任务是把第 i 号结点及其后所有结点依次向后"移动"一个结点位置，以空出原 i 结点的存储空间供 x 存储，使其成为顺序表 L 中的一个新成员。

算法思路：首先查看顺序表空闲区段是否还有空闲结点，或者位置号 i 是否落在 1 和 $n+1$ 之间。若否，则拒绝执行该插入操作；否则可执行插入操作。为了保证新结点插入后，顺序表仍保持顺序存储的结构特性，必须先把 $i \sim n$ 之间的所有结点依次逐个向后移动一个结点位置，使第 i 个结点位置空出。再把新结点存储到第 i 个结点位置上，并且长度为 $n+1$。插入操作的结果是：x 成为结点 a_i，原 a_i 成为 a_{i+1}，…，原 a_n 成为 a_{n+1}，…，见图 4-8。结果的长度仍标记为 n，但比原来的 n 值多 1。当 $i = n+1$ 时，实际上不作任何结点移动，插入效果与添加插入一样。当 $1 \leqslant i \leqslant n$ 时，移动是必不可少的。注意，为什么结点的移动次序必须从后向前逐个进行(图 4-8 中箭头旁序号递增方向)？可见随机插入比添加插入复杂一些，但前者包含了后者的操作功能。

算法 4.2 顺序表的插入。

```
InsertList( L, i, x )
{ int k;
  if(i < 1 或 i > L. len + 1 或 L. len > M)       /* 检查参数正确性* /
       return 0;
```

```
else{
    for (k = L. len; k > = i; k ← k - 1 )          /* 右移结点* /
        L. data[k] ← L. data[k - 1];
    L. data[i - 1] ← x;                            /* 插入新结点* /
    L. len ← L. len + 1;                           /* 长度加 1* /
    Return 1;}
}
```

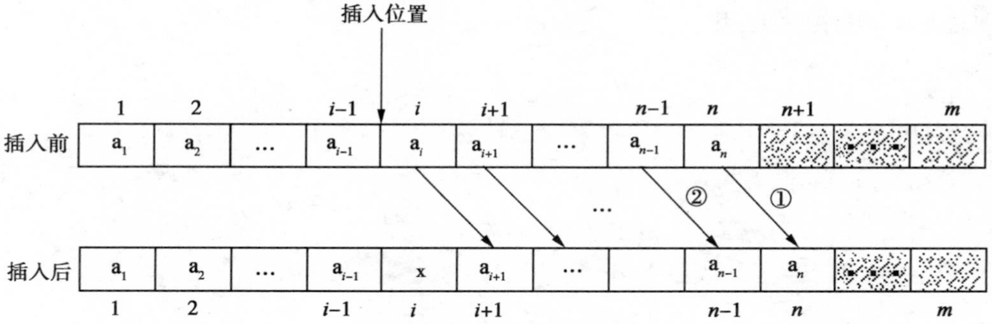

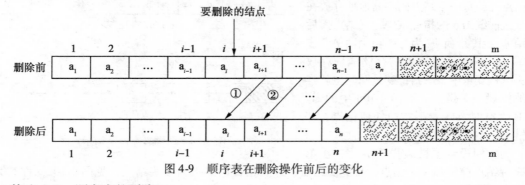

插入位置

图 4-8　顺序表在插入操作前后的变化

注意类 C 语言表示与存储结构之间的关系。在讨论存储结构时，结点号 i 是从 1 开始计数的，而类 C 的数组元素下标 i 是从 0 开始计数的，它们之间相差 1。

3）删除：删除操作的功能是把给定结点号 i 标志的结点从顺序表 L 中删去。算法的主要任务是把第 $i+1$ 号结点及其后所有结点依次向前“移动”一个结点位置，让第 $i+1$ 号结点移填到原第 i 号结点的存储空间处，使顺序表 L 减少一个结点。

算法思路：首先查看位置号 i 是否落在 1 到 n 之间。若否，则拒绝执行删除操作，因为要删除的结点不在顺序表中；否则，把第 $i+1$ 到第 n 之间的所有结点依次逐个向前移动一个结点位置，使第 $i+1$ 号结点覆盖存储到第 i 号结点的位置上，成为结果的第 i 号结点，原第 i 号结点就不存在了，实现了实际的删除，长度 n 减去 1。图 4-9 呈现了删除前后顺序表的状况。当 $i=n$ 时，实际不作任何结点移动。当 $1 \leqslant i < n$ 时，移动发生。注意，结点的移动次序必须从前向后逐个进行（图 4-9 中箭头旁序号递增方向），正好与插入时的移动方向相反。

要删除的结点

图 4-9　顺序表在删除操作前后的变化

算法 4.3　顺序表的删除。

```
DeleteList( L,i)
{    int k;
    if(L. len = 0 或 i < 1 或 i > L. len)            /* 检查参数正确性* /
        return 0;
    else{    for( k = i; k < L. len; k ← k + 1)        /* 左移结点* /
                L. data[k - 1] ← L. data[k];
            L. len ← L. len - 1;                      /* 长度减 1* /
```

```
                    Return 1;}
    }
```

顺序表删除算法的时间效率与插入算法相同，都为 $O(n)$。

4）**查找**：查找操作也称为定位操作，其功能是对一个给定的 x，从顺序表 L 的首结点开始依次向后搜索，一旦发现与 x 值相等的结点时即结束算法，并返回该结点号；如果直到顺序表的尾结点都未发现与 x 值相等的结点，则也结束算法，并返回 0。

算法 4.4　顺序表的查找。

```
LocateList( L,x)
{   int k;
    while( k ≤ L.len 且 L.data[k − 1] ≠ x)          /* 执行查找 */
      k ← k + 1;
    if( k ≤ L.len)
      return k;                                     /* 找到 */
    else
      retuen 0;                                     /* 未找到 */
}
```

4.2.1.4　线性表的链式存储结构及其算法

用链式存储结构表示的线性表又称链表。链表又有单链表、循环链表和双向链表等几种构造。链表的存储分配以结点为单位，每一个结点由结点数据域和一个或几个相关指针域构成。数据域存储结点数据，指针域存储有关联关系的结点的存储地址，以维持逻辑结构特征。结点占用地址连续的存储单元，称为结点空间。因为结点需要的空间量都很小，几乎可无障碍地得到满足。存储新结点时申请一个结点空间，删除结点时及时归还，无需预留任何备用结点空间。

（1）单链表

单链表是最简单的链表，其结点由结点数据域和"顺序指针"域（又称 next 域）组成，指针域存放其直接后继结点的地址（见图 4-10a）。每个单链表还需设立一个头指针变量存放首结点的地址。因此，除首结点外的每一个结点的存储地址存放在其直接前继结点的指针域中，尾结点无后继结点，其指针域为"空"（用"∧"或 NULL 表示）。而首结点的存储地址存放在头指针变量中，头指针变量同时也就唯一地标识了单链表，如图 4-10d 中的 H。当 H 为空时意味着不指向任何结点，即单链表为空表（见图 4-10b）。

为方便设计单链表操作算法，在单

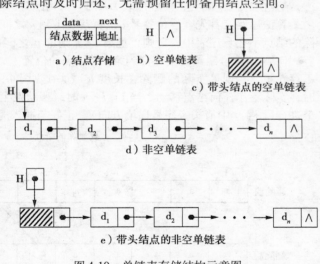

图 4-10　单链表存储结构示意图

链表首结点前附加一个结点，称为头结点。让头指针始终指向该头结点，见图 4-10e，称其为带头结点的单链表。头结点的数据域为空或存放有特殊意义的附加信息，如标记性信息、计数信息等。头结点的指针域存放首结点地址，当单链表为空时指针也为空，见图 4-10c。在本书此后的叙述中，如不特别声明，单链表就是指带头结点的单链表。

单链表的类 C 语言表示的类型定义代码可以是如下形式。

类型定义 4.2

```
typedef struct node
        { int data;                      /* 定义结点数据域 */
```

```
        struct node * next;        /* 定义结点顺序指针域* /
        }LINKLIST;
```

这也是一个结构体，但只定义了结点，包括一个整数域 data 和一个指针域 next。

（2）单链表的几个算法

与顺序表的算法对应，下面给出单链表的创建、查找、插入和删除等 4 个主要操作的算法。

1）创建：创建表的功能是建立一个新单链表，其表为空。创建的方法是，定义一个头指针变量用于存储单链表，指针值是指向某特定类型（如类型定义 4.2 定义的结点类型 LINKLIST）结点的地址。

算法 4.5　创建单链表。

```
CreateList()
{   H ← 申请一个 LINKLIST 类型结点空间成功的地址;
H -> next ← NULL;                    /* 生成单链表头结点* /
H -> data ← -1;
Return H;
}
```

2）查找：与顺序表不同，对单链表的查找有两种方式。

第一种方式是按结点号查找，即根据给定结点号 i 查找并返回该结点的指针，若无 i 号结点存在则返回"空"。

算法思路：在单链表中，结点是用指针进行链接并实现其逻辑顺序的。要按结点号查找一个结点，就必须从单链表的头指针出发，沿着链指针方向对结点顺序逐个扫描、计数。当计数值等于 i 时，查找完成。头指针指向头结点。头结点不是表的结点，不妨把它设为 0 号结点。头结点的指针域指向第 1 号结点，第 1 号结点的指针域指向第 2 号结点，如此依次搜索、计数，直到找到第 i 号结点为止。在设计算法时，设置一个计数器变量 j，初值为 0。设置一个指针变量 p，初值为指向头结点的指针，搜索过程中沿指针链接方向逐个向后移动。如果头结点的指针域不为空，说明首结点存在，则把该指针值存入 p，使 p 指向首结点，j 加 1。同样，当 p 指向的结点的指针域不空时，说明存在后继结点，则把该指针值存入 p，使 p 指向下一结点，j 加 1。如此往复，不断移动指针和计数，直到 j 等于 i 或 p 指向的那个结点的指针域为空时结束查找。若因 j 等于 i 结束，则 p 为要查找的结点的指针；若因 p 指向的结点的指针域为空结束，则表示该链表中不存在第 i 号结点。

算法 4.6　按结点号查找。

```
LocatByNumber( H, i )
{ int j;
    定义 LINKLIST 类型指针 p;
    j = 0;
    p = H;
    while(j < i 且 p - > next≠NULL)              /* 执行查找* /
    { p ← p - > next; j ← j + 1;}
    if(j = i)
        Return p;                               /* 查找成功* /
    else
        return NULL;                            /* 查找失败* /
}
```

第二种方式是按值查找，即根据给定的 x 查找结点数据等于 x 值的结点，并返回该结点的指针，若无这样的结点存在则返回"空"。

算法思路：按值查找方法与按号查找方法基本相似。不同的是，在对单链表从首结点开始沿指针方向逐点扫描时，比较结点数据与 x 值。当结点数据与 x 值相等时，或比较完所有结点时，即结束扫描。对于前者，输出结点指针。对于后者，输出"∧"。

算法 4.7 按值查找。

```
LocatByValue( H, x)
{  int j;
   定义 LINKLIST 类型指针变量 p;
   p = H;
   while( p - > data ≠ x 且 p - > next ≠ NULL)        /* 执行查找* /
     p←p - > next;
   if( p - > data = x)
       Return p;                                       /* 查找成功* /
   else
       return NULL;                                     /* 查找失败* /
}
```

3）插入：插入操作的功能是把给定的结点数据 x 插入到单链表 H 中 i 号结点的后面。算法首先构造一个存储 x 值的新结点，再查找到第 i 号结点的存储地址，然后调整相关指针域，把新结点链接在单链表的正确位置，如图 4-11 所示。

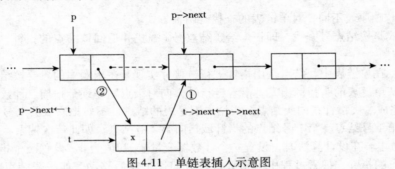

图 4-11 单链表插入示意图

在图 4-11 中，t 和 p 是两个指针变量，分别指向新结点和找到的结点。p 如果指向第 i 号结点，则 p - > next 就指向第 i + 1 号结点。新结点正是要插入在第 i 号结点与第 i + 1 号结点之间，插入的方法是调整指针。其过程是，先把 p - > next 的指针值存放到 t - > next 中，再把 t 的指针值存放到 p - > next 中。这样就把新结点链接到单链表中了。

算法 4.8 单链表的插入。

```
InsertLink( H, i, x)
{  定义 LINKLIST 类型指针 p,t;
   p←LocatByNumber( H, i );                           /* 定位插入位置* /
   if( p = NULL )
     return 0;
   t ←申请一个 LINKLIST 类型结点空间成功的地址;         /* 生成新结点* /
   t - > data ← x;
   t - > next ← p - > next;                            /* 插入新结点* /
   P - > next ← t;
   return 1;
}
```

在算法 4.8 中，套用算法 LocatByNumber(H, i)先行定位到第 i 号结点位置，然后再在该位置之后插入新结点。

4）删除：删除操作的功能是把给定结点号 i 标志的结点从单链表 H 中删去。为此，必须首先找到第 i 号结点，然后通过指针调整把该结点从单链表中删除，见图 4-12。被删除结点的存储空间应及时释放。

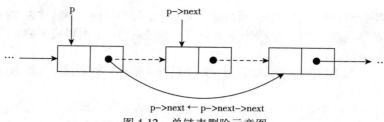

图4-12 单链表删除示意图

在图4-12中，p是指向第 i−1 号结点的指针，p − > next 指向第 i 号结点，这是要删除的结点。而 p − > next − > next 指向第 i+1 号结点。因此，关键是定位到第 i−1 号结点，获取其指针 p。

算法4.9 单链表的删除。

```
InsertLink( H, i )
{   定义 LINKLIST 类型指针变量 p,q;
    p ← LocatByNumber( H, i-1 );              /* 定位删除位置* /
    if( p ≠ NULL 且 p − > next ≠ NULL) {      /* 删除结点* /
        q ← p − > next;
        p − > next ← q − > next;
        释放指针 q 指向的结点存储空间;
        return 1; }
    else return 0;
}
```

在算法4.9中，同样套用算法 LocatByNumber(H, i−1)先行定位到第 i−1 号结点位置，然后再把第 i 号结点从单链表中删除。同时应注意算法中的条件"p≠NULL 且 p − > next≠NULL"，它既保证 p 指向的结点存在，且又不是尾结点；否则就表明给定的 i 是错误的。

（3）循环链表

单链表尾结点的 next 域为空，这不利于操作，如果在该域中存放一个指向头结点的指针，就形成尾头相接的环状链表，称其为循环链表，或简称环链表，见图4-13。在图中，把原来的头指针变量改用尾指针指向尾结点，设为 R。这个改动的好处是可以轻易地获取链表的首、尾结点的指针，因为 R 就是尾结点的指针，则 R→next→next 是首结点的指针。如果再为环链表设置一个活动结点指针，如 p，则就可以从 p 指向的结点开始扫描全表结点。

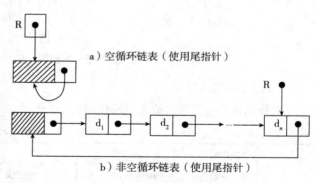

a）空循环链表（使用尾指针）

b）非空循环链表（使用尾指针）

图4-13 循环链表存储结构示意图

因此，在环链表下的算法设计与单链表基本类似，但有所改进。

除循环链表外还可以设计双向链表，这里不再赘述。

4.2.2 栈

栈是一种特殊的线性表。在许多环境下，特别是软件设计中比较常用。

4.2.2.1 栈的定义

栈是限制插入和删除操作只能在同一端进行的线性表。栈犹如一个一端开口一端封闭的容器；可插入和删除的一端称为栈顶（top），另一端称为栈底（bottom）。用一个"栈顶指针"指示最后插入栈中的结点的位置，处于栈顶位置的结点称为栈顶结点。用一个"栈底指针"指示栈底位置，它始终指向最先插入的结点的下面的位置，如图4-14所示。不含任何结点的栈称为"空栈"。

栈为空时，栈顶指针与栈底指针重合。栈的插入又形象地称为压栈，删除称为弹栈。栈的重要特点是，最后压入的结点最先弹出，最先压入的结点只能最后弹出。所以栈又称为后进先出表，或称 LIFO（Last In First Out）表。

在日常生活中有很多栈的例子，如装药片的小圆桶、手枪中的子弹匣等均为栈结构，下面举一个复杂的例子。

例 4.4 火车编组栈中的调度道岔是一种栈结构。设由三节车厢组成的列车，其车厢号顺序为 1，2，3，现要求按照 3，2，1 的编组顺序开出。其调度方法是先按 1，2，3 顺序沿 A 方向进栈，再沿 B 方向出栈，此时的编组号分别为 3，2，1。图 4-15 给出了这个编组栈的调度示意图。

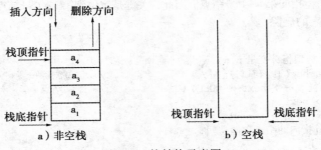

图 4-14　栈结构示意图

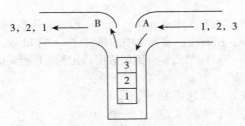

图 4-15　车厢编组的栈结构示意图

4.2.2.2　栈的操作

对栈比较实用且常用的主要操作如表 4-3 所示。

表 4-3　常用的栈操作

序号	操作名称	函数表示	操作功能
1	创建栈	CreateStack( )	建立一个空栈，并返回栈 S
2	判栈空	EmptyStack(S)	若 S 为空栈则返回 1，否则返回 0
3	求栈长度	LenStack(S)	返回栈 S 当前结点个数
4	置栈空	SetEmpStack(S)	置栈 S 为空
5	压栈	PushStack(S, x)	把 x 值插入栈 S 的栈顶位置；若插入成功则返回 1，否则返回 0
6	弹栈	PopStack(S)	栈 S 中删除栈顶结点；若删除成功则返回 1，否则返回 0
7	读栈	GetStack(S)	读出栈 S 的栈顶结点数据；若读成功则返回栈顶数据，否则返回 0

4.2.2.3　栈的顺序存储结构及其算法

用顺序存储结构表示的栈又称顺序栈。顺序栈是栈的简单的存储结构。

（1）顺序栈

从顺序存储结构的角度看，栈与线性表的存储表示极为类似。可以用一个一维数组存储。栈底设在数组的第一个元素的前面，即最低下标的一端，下标值为0的数组元素处。反之，也可以设在高下标的一端。栈顶指针值是数组元素的下标，始终指向最后插入的那个元素，见图4-16。图中 m − 1 是最大结点空间。需要特别说明的是，这里的指针是一个整数。仅因描述该数据功能意义而形象的称呼。为固定起见，设栈底为最低下标的一端，则当栈顶指针和栈底指针都等于0时，栈为空。

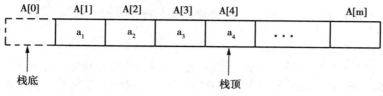

图 4-16　用一维数组存储的栈

为方便且不失一般性，假设结点数据为一字符数据。则用类 C 描述顺序栈的类型如下。
类型定义 4.3

```
#define M 100
typedef struct
    {  char data[M];              /* 定义栈体为一维数组* /
       int top;                   /* 定义栈顶指针变量* /
    }SEQUENSTACK;
```

其中，data[M]（一维数组）为栈体，top 为栈顶指针。（注意，top 是整数类型，不是指针类型）。栈底固定在数组的低下标端，所以无须设置栈底指针。当 top = 0 时，栈为空。因为类 C 语言数组的第一个元素的下标是 0，所以约定数组元素 data[0]闲置不用。即栈本身从 data[1]开始起用。根据这一设定讨论下面的算法。

（2）顺序栈的几个算法

以下给出顺序栈的创建栈、压栈、弹栈和读栈 4 个主要操作的算法。

1）创建栈：创建栈的功能是建立一个新顺序栈，其栈顶指针等于 0。

算法 4.10　创建顺序栈。

```
CreateStack( )
{ 定义 SEQUENSTACK 类型的栈 S;
   S. top = 0;                    /* 置栈为空* /
   Return S;
}
```

其中 SEQUENSTACK 是顺序栈的类型标识，出现在类型定义 4.3 中。

2）压栈：压栈操作的功能是把给定的结点数据 x 插入顺序栈 S 成为新的栈顶结点。

算法 4.11　弹栈。

```
PusStack( S, x)
{ if(S. top = M − 1)              /* 检测栈满否* /
     return 0
   else {
     S. top ← S. top + 1;         /* 插入新栈顶结点* /
     S. data[S. top] ← x;
     Return 1;}
}
```

算法思路：首先判定顺序栈 S 是否还有空闲结点。若有，则把 x 作为新结点插入到栈 S 的栈顶结点之上，成为新的栈顶结点，并修改栈顶指针使指向栈顶结点并返回 1。若无，则称为上溢出，简称上溢，拒绝插入新结点，并返回 0 表示压栈失败。

3）弹栈：弹栈操作的功能是从栈S中删除栈顶结点。

算法 4.12 弹栈。

```
PopStack( S )
{ if (S. top = 0)                /* 检测栈空否* /
     return 0;
  else{
     S. top ← top - 1;          /* 删除栈顶结点* /
     Return 1;
}
```

算法思路：首先判定栈S是否为空。若栈为空，则无结点可删除，称为下溢出，简称下溢，不执行删除操作，并返回0表示弹栈失败。若栈不为空，则栈中至少有一个结点，可执行删除操作。方法是修改栈顶指针指向栈顶结点的下一个结点，即完成弹栈操作。需要注意的是，该算法并未说明对删除了的结点的处置。

4）读栈：读栈操作的功能是把顺序栈S的栈顶结点数据读出作为函数的返回值。

算法 4.13 读栈。

```
GetStack(SEQSTACK S)
{ if (S. top = 0)                /* 检测栈空否* /
     return '\0';
else
     return(S. data[S. top]);    /* 返回栈顶结点数据* /
}
```

算法思路：首先判定栈S是否为空。若栈为空，则无结点可读，称为下溢出，不执行读栈操作，并返回\0（字符串结束符）。若栈不为空，则栈中至少有一个结点，可执行读栈操作。方法是把栈顶指针指向的结点读出，并返回该值。要注意，该算法并未改变栈的状态，即已读出的结点仍保存在栈的原来位置。

4.2.2.4 栈的链式存储结构及其算法

用链存储结构存储的栈称为链栈。

（1）链栈

链栈的存储结构与单链表的存储表示极为类似，但一般不带头结点。链栈的结点由结点数据域和next指针域构成；用头指针指向链栈的栈顶结点；其余结点通过next指针链接，栈底结点的next指针值为"∧"（见图4-17）。因为压栈和弹栈操作总是在链的头部进行，所以头指针也是栈顶指针，栈顶指针唯一确定一个链栈。当栈顶指针值为"∧"时为空链栈。因为链栈没有容量的限制，所以在可用的存储空间范围内一般不会出现上溢问题。

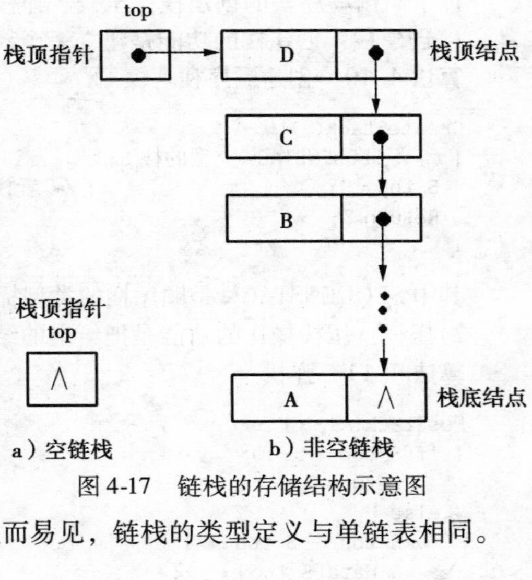

图 4-17 链栈的存储结构示意图

同样，为方便且不失一般性，假设结点数据为一字符。则用类C语言描述链栈的结点类型如下。显而易见，链栈的类型定义与单链表相同。

类型定义 4.4

```
typedef struct node              /* 定义链栈的结点类型* /
{   char data;
    struct node * next;
} LINKSTACK;
```

（2）链栈的几个算法

以下给出链栈的创建栈、压栈、弹栈和读栈操作算法。

1)创建链栈：创建栈的功能是建立一个新链栈，如S；其栈顶指针为空。

算法 4.14 创建链栈。

```
CreateLinkStack( )
{   定义 LINKSTACK 类型的栈 S;
    S←NULL;                    /* 置链栈为空* /
    return S; }
```

根据类型定义 4.4 定义一个结点类型为 LINKSTACK 的链栈 S。S 既是链栈的名，又是链头指针变量，也是栈顶指针。创建新链栈时 S 的值为空。注意，创建链栈时栈名的命名是随意的，这里使用名 S 仅是举一个例子而已。

2)压栈：压栈操作的功能是把给定的结点数据 x 插入链栈 S 成为新的栈顶结点。

算法 4.15 压栈。

```
PusLinkStack( S, x)
{   LINKSTACK * q;
    q←申请一个 LINKSTACK 类型结点空间成功的地址;      /* 生成新结点* /
    q - > data ← x;
    q - > next ← S;                              /* 插入新栈顶结点* /
    S ← q;
    Return S;
}
```

算法思路：首先申请一个结点空间，把 x 存入结点的数据域。再把该结点链入链栈成为新的栈顶结点。因为栈顶结点插入后总是链栈的首结点。所以只要把链头指针存入新结点的指针域，再把新结点的指针存入链头指针中即完成压栈操作(见图 4-18)。

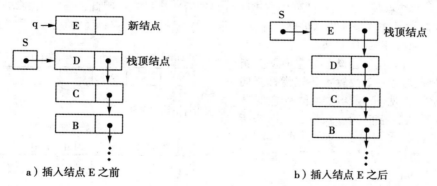

a)插入结点 E 之前　　　　　　　　b)插入结点 E 之后

图 4-18 链栈压栈操作示意图

3)弹栈：弹栈操作的功能是从链栈 S 中删除栈顶结点。

算法 4.16 弹栈。

```
PopLinkStack( S)
{   定义 STACKNODE 类型的指针变量 q;
    if(S = NULL))                 /* 检测栈空否* /
        return 0;
    else {
        q = S;
        S←q - > next;              /* 删除栈顶结点* /
        释放指针 q 指向的结点存储空间;
        Return 1; }
}
```

算法思路：首先判定链栈 S 是否为空。若链栈为空，则无结点可删除，为下溢，不执行删除操作，并返回 0。反之，则栈中至少有一个结点，执行删除操作并返回 1。方法是使链头指针指向栈顶结点的下一个结点，并释放原栈顶结点空间。注意，该算法对删除了的结点不作任何处置。

4)读栈：读栈操作的功能是把链栈 S 的栈顶结点数据读出作为函数的返回值。

算法 4.17   读栈。

```
GetLinkStack( S )
{ if ( S = NULL )                  /* 检测栈空否* /
     return '\0';
 else
     return( S - >data );          /* 返回栈顶结点数据* /
}
```

算法思路：首先判定栈 S 是否为空。若栈为空，则无结点可读，称为下溢出，不执行读栈操作，并返回 \ 0(字符串结束符)。若栈不为空，则栈中至少有一个结点，可执行读栈操作，并返回该值。该算法未改变链栈的原状态。

4.2.3 队列

队列也是一种特殊的线性表。有十分广泛的应用价值。

4.2.3.1   队列的定义

队列是限制插入操作固定在一端、删除操作固定在另一端进行的线性表。队列犹如一个两端开口的管道，允许插入的一端称为队尾(rear)，允许删除的一端称为队头(front)。队头和队尾各用一个"指针"指示，称为队头指针和队尾指针，如图4-19所示。不含任何结点的队列称为"空队列"。队列的特点是，结点在队列中按进队时间先后次序排列；因此，新插入的结点总是排在队尾；删除时总是删除最先进入的队头结点；即有先进先出的特点；所以队列又称先进先出表，简称 FIFO(First In First Out)表。

从图 4-19 可看出，当队列非空时队头指针指向队头结点前一个位置，队尾指针指向队尾结点位置，见图 4-19b。当队列空时队头指针与队尾指针指向同一位置，即队头指针与队尾指针相等时队列为空，见图 4-19a 和图 4-19c。初始时队头指针与队尾指针都为 0，见图 4-19a。

队列的例子有很多，如日常生活中的排队上车、排队购物等均遵循"先到先上车"及"先排队先购物"的"先进先出"原则，因此是一种队列，又如在操作系统中的"打印机队列"，凡有打印要求的程序均在打印机队列中排队，而打印机调度程序则按"先来先服务"的原则管理打印机队列，这是一种典型的"先进先出"原则的队列结构。

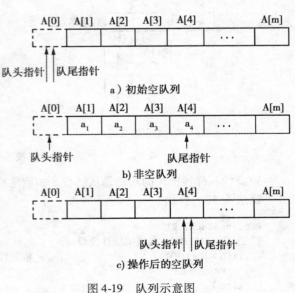

图 4-19   队列示意图

4.2.3.2   对队列的操作

对队列比较实用且常用的主要操作如表4-4所示。

表 4-4 对队列的常用操作

序号	操作名称	函数表示	操作功能
1	创建队列	CreateQueue ( )	建立一个空队列，并返回队列 Q
2	判队列空	EmptyQueue (Q)	若 Q 为空队列则返回 1，否则返回 0
3	求队列长度	LenQueue (Q)	返回队列 Q 当前结点个数
4	置队列空	SetEmpQueue (Q)	置队列 Q 为空
5	插入	InsertQueue (Q，x)	把 x 值插入队列 Q；若插入成功则返回 1，否则返回 0
6	删除	DeleteQueue (Q)	删除队列中的结点；若删除成功则返回 1，否则返回 0
7	读队列	GetQueue(Q)	读出队列 Q 的队头结点数据；若读成功则返回结点数据，否则返回 −1

4.2.3.3 队列的顺序存储结构及其算法

用顺序存储结构表示的队列又称顺序队列。顺序队列是队列的简单存储结构。

（1）顺序队列

从顺序存储结构的角度看，队列与线性表的存储表示极为类似。可以用一个一维数组存储。队头设在数组的低下标端；队头指针始终指向队头结点的前一个结点位置，初始值为 0；队尾设在高下标端。队尾指针总是指向队尾结点位置，初始值也为 0。可见队头、队尾指针值是数组元素的下标，即整数，参见图 4-19。为方便且不失一般性，假设结点数据为一个整数，则顺序队列的类 C 语言表示的类型定义代码可以是如下形式。

类型定义 4.5

```
#define M 100
typedef struct
        {  int data[M];                /* 定义队列为一维数组* /
           int front,rear;             /* 定义队头和队尾指针变量* /
        }SEQUENQUEUE;
```

这是一个结构体，把顺序队列及其队头、队尾指针整合在一起。M（ ≥ len）为顺序队列的最大容量。为简单起见，这里定义了一个整数数组 data[M]；在实际应用中必然会有不同的更复杂的定义。下面有关算法的描述将从这个定义出发。

（2）顺序队列的几个算法

以下给出顺序队列的创建、插入、删除和读队列 4 个主要操作的算法。

1）创建栈：创建栈的功能是建立一个新顺序栈，其栈顶指针等于 0。

算法 4.18 创建顺序栈。

```
CreateStack( )
{ 定义 SEQUENQUEUE 类型的队列 Q;
   Q. front =0;                 /* 初始化队头和队尾指针变量为 0* /
   Q. rear =0;
   Return Q;
}
```

其中 SEQUENQUEUE 是顺序队列的类型标识，出现在类型定义 4.5 中。

2）插入：队列插入操作的功能是把给定的结点数据 x 插入顺序队列 Q 的尾端成为新的队尾结点。

算法 4.19 插入。

```
InsertQueue (SEQUENQUEUE Q, x)
{ if(Q. rear =M−1)                /* 检测队列是否已满* /
     return 0
```

```
else {
    Q. rear ← Q. rear + 1;              /* 插入新队尾结点* /
    Q. data[Q. rear] ← x;
    Return 1;}
}
```

算法思路：首先判别队列 Q 是否已满。若已满，则为上溢，不执行插入操作；否则把 x 的值插入队列。插入的方法是，先把 rear 加 1，再把 x 值存入以 rear 值为下标的数组元素中，rear 指向新插入的结点。

3）删除：队列删除操作的功能是从顺序队列 Q 中删除队头结点。

算法 4.20　删除。

```
DeleteQueue (SEQUENQUEUE Q){
    if( Q. front = Q. rear)                 /* 检测队列是否为空* /
    return 0
    else {
    Q. front ← Q. front + 1 ;              /* 删除队头结点* /
    return 1; }
    }
```

算法思路：首先判别队列 Q 是否为空。若为空，则无结点可删除，为下溢，不执行删除操作；否则把队头结点删除掉。删除的方法是把 front 加 1。这里不要求处置删除的结点。

4）读队列：读队列操作的功能是把顺序队列 Q 的头结点数据读出作为函数的返回值。

算法 4.21　读栈。

```
GetQueue (Q) (SEQUENQUEUE Q){
    if(Q. front = Q. rear)                  /* 检测队列是否为空* /
    return −1;
    else
    return Q. data[ Q. front ];            /* 返回队头结点数据* /
    return(Q);
}
```

算法思路：首先判定栈 S 是否为空。若栈为空，则无结点可读，称为下溢出，不执行读栈操作，并返回 −1。若栈不为空，则栈中至少有一个结点，可执行读栈操作。方法是把 front 指针指向的结点数据读出并返回该值。注意，该算法并未改变队列的状态，即已读出的结点仍保存在队列的原位置。

4.2.3.4　循环队列及其算法

循环队列是对顺序队列的一种改进，仍然属顺序存储结构。

（1）循环队列

从顺序队列的操作可以看出，当 rear 为 M 时表示队列已满，不能再插入结点了。当 front 等于 rear 时表示队列为空。图 4-20a 是初始空队列。图 4-20b 是插入 a、b、c、d、e、f 后队列满的状态。图 4-20c 是删除了 a、b、c、d 后的状态。图 4-20d 是继续删除了 e、f 后的状态。在图 4-20c 和图 4-20d 的状态下，再插入新结点将发生溢。因为根据队列满条件，队尾指针已等于 M（当前设定值为 6）。实际情况是，图 4-20c 和图 4-20d 状态下的队列中有许多空闲结点不能被利用。这种溢出现象称为"假溢出"，解决的办法是采用循环队列的存储结构。

解决假溢出的办法是构造循环队列，即把顺序队列的头尾相接形成一个圆环。循环队列与顺序队列不同的是把第 1 号结点作为第 M 号结点的后继结点对待，见图 4-21a。在计算插入结点位置时，若 rear 小于 M，则"rear + 1"为插入位置。若 rear 等于 M 时，则 rear + 1 为 1 才是正确的插入位置。如要在图 4-21a 中插入 g，因为当前 rear 是 6，所以需把 1 赋给 rear，新结点将插入到 1 号结点位置。在删除结点时计算队头指针也可以用同样的方法。

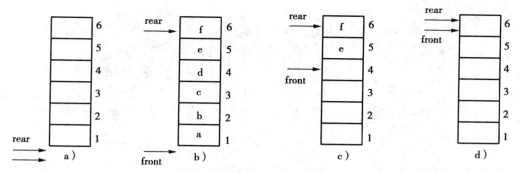

图 4-20　顺序队列的假溢出现象

为计算更简洁,可以使用取模运算。为此,结点编号改为从 0 开始,即编号 0、1、…、(M-1),如图 4-21b 所示。这样也正好符合类 C 语言的语法规则。rear 和 front 移动时的计算公式为

$$rear = MOD(rear + 1, M)$$
$$front = MOD(front + 1, M)$$

例如,若 rear 当前值为 4,则插入新结点位置的计算为

$$rear = MOD(rear + 1, M) = MOD(4+1, 6) = 5$$

若 rear 当前值为 5,则计算为

$$rear = MOD(rear + 1, M) = MOD(5+1, 6) = 0$$

同法可以计算删除时的 front。

再分析一下队满和队空的条件。图 4-22a 是初始空队列。图 4-22b 是插入 a、b、c、d 后的队列。图 4-22c 是删除了 a、b 后的队列;也是循环队列的一般状态。对循环队列而言,如果插入速度高于删除速度,则 rear 将追赶 front,到达队满状态,如图 4-22d 是在图 4-22c 状态下不断插入到达队满状态。这时 rear 赶上 front,即 rear = front。这时可以说"rear = front 是队满的条件"。另一种情况是,如果删除速度高于插入速度,则 front 将追赶 rear,到达

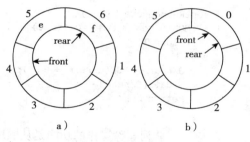

图 4-21　循环队列

队空状态。图 4-22e 是在图 4-22c 状态下不断删除到达队空状态的。这时 front 赶上 rear,即 front = rear。这时可以说"front = rear 是队空的条件"。这种队列状态不同而条件相同的现象具有二义性。解决的办法有多种。一般的解决方法是,对容量为 M 的循环队列,实际只使用 M-1 个结点空间,即插入 M-1 个结点后队列为满,如图 4-22f 所示。此时 rear 和 front 只有一步之遥。根据上述分析,得出如下条件:

循环队列初始条件: front = rear = 0
循环队列满条件:MOD(rear +1,M) = front
循环队列空条件:front = rear
队头指针推进计算:front ← MOD(front +1,M)
队尾指针推进计算:rear ← MOD(rear +1,M)

(2)循环队列的几个算法

以下给出循环队列的插入和删除操作的算法。循环队列算法与顺序队列算法的差别只是在指针推进的计算上不同。

1)插入:循环队列插入操作的功能是把给定的结点数据 x 插入循环队列 Q 的尾端成为新的队尾结点。

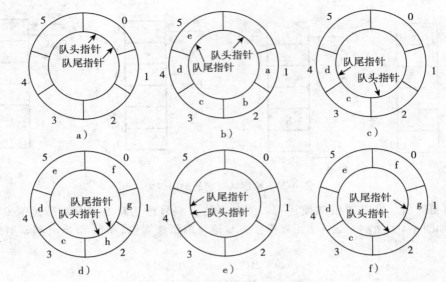

图 4-22　循环队列的队满和队空条件分析

　　算法思路：首先判别队列 Q 是否已满。若已满，则为上溢，不执行插入操作；否则把 x 的值插入队列。插入的方法是，先把 rear 推进 1 个结点位置，再把 x 值存入以 rear 值为下标的数组元素中。rear 指向新插入的结点。

　　算法 4.22　插入。

```
InsertRoundQueue ( Q, x)
{ if(MOD(Q. rear + 1,M) = Q. front)                  /* 检测队列满否* /
    return 0
  else {
    Q. rear ← MOD(Q. rear + 1,M);                    /* 插入新结点* /
    Q. data[Q. rear] ← x;
    Return 1;}
}
```

2)删除：队列删除操作的功能是从顺序队列 Q 中删除队头结点。

　　算法思路：首先判别队列 Q 是否为空。若为空，则无结点可删除，为下溢，不执行删除操作；否则把队头结点删除掉。删除的方法是把 front 推进 1 个结点位置。这里不要求处置删除的结点。

　　算法 4.23　删除。

```
DeleteRoundQueue (Q)
{   if( Q. front = Q. rear)                          /* 检测队列空否* /
      return 0
      else { Q. front ← MOD(Q. front + 1,M);         /* 删除队头结点* /
      return 1; }
}
```

4.2.3.5　链队列及其算法

用链式存储结构存储的队列称为链队列。

（1）链队列

与单链表一样，链队列的结点由结点数据和顺序指针（即 next）构成。如果设置一个头结点，则队头指针指向链队列的头结点。头结点 next 指向队列的队头结点。若头结点的 next 域为空，则为空队列（见图 4-23a）；队列中所有结点通过 next 指针链接起来形成一个带头结点的单链表。队尾结点的 next 指针值为空（见图 4-23b）。

链队列的队头指针 front 指向队列的头结点；队尾指针 rear 指向队尾结点，以便提高插入效率。front 和 rear 都是指针型变量。因为链队列没有容量的限制，所以在可用的存储空间范围内一般不会出现上溢问题，也不存在如顺序队列的假溢出问题。

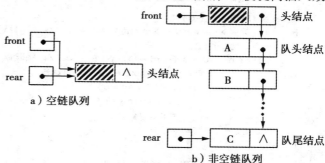

图 4-23　链队列存储结构示意图

假设结点数据为一个字符，则链队列的类 C 语言表示的类型定义代码可以是如下形式。

类型定义 4.6

```
typedef struct qnode
{   char data;                             /* 定义结点数据域 * /
    struct qnode * next;                   /* 定义结点指针域 * /
}LINKQUEUENODE;
typedef struct
{   LINKQUEUENODE * front,* rear ;         /* 定义队头队尾指针变量 * /
}LINKQUEUE;
```

其中，data 为结点数据域，next 为结点指针域。front 是队头指针，rear 是队尾指针。

（2）链队列的几个算法

以下给出链队列的创建、插入和删除 3 个主要操作的算法。

1）创建链队列：创建链队列的功能是建立一个新链队列。

算法 4.24　创建链队列。

```
CreateLinkQueue ( )
{   LINKQUEUE Q;
    Q - > front ← 申请一个 LINKQUEUENODE 类型结点空间成功的地址;
    Q - > front - > data ← '#';                    /* 生成链的头结点 * /
    Q - > front - > next ← NULL;
    Q - > rear ← Q - > front;                      /* 初始化队头队尾指针 * /
    Return Q;
}
```

2）插入：链队列插入操作的功能是增加一个新味结点。

算法 4.25　插入。

```
InsertLinkQueue (LINKQUEUE * Q, x){
        LINKQUEUENODE * p;
        p ← 申请一个 LINKQUEUENODE 类型结点空间成功的地址;   /* 生成新结点 * /
        p - > data ← x;
        p - > next ← NULL;
        Q - > rear - > next ← p;                    /* 插入新结点 * /
        Q - > rear ← p;
    return Q;
}
```

算法思路：因为链队列的容量只受当前可用内存大小的控制，所以一般不考虑溢出问题。首先申请一个结点空间，使数据域为 x 值，指针域为"∧"值。再把新结点链到链队列的尾结点之后，并修改队尾指针指向该结点。

3）删除：链队列删除操作的功能是删去队头结点。

算法 4.26   删除。

```
DeleteLinkQueue ( Q )
{    if(Q - > rear = Q - > front)          /* 检测队列是否为空* /
        return 0;
     else{ p ← Q - > front - > next;        /* 删除队头结点* /
          Q - > front - > next ← p - > next;
              if (Q - > rear = p)
                 Q - > rear ← Q - > front;
                 free(p);
              return Q;
}
```

算法思路：首先检测 Q 是否为空队列；检测的方法是看队尾指针与队头指针是否相等。若相等，则队列为空，产生下溢，终止算法的继续执行。若不等，则队列至少含有一个结点，执行删除操作。删除的方法是把队首结点的 next 值存入头结点的 next 域。若队首结点的 next 值为"∧"，说明删除操作使队列成为了空队列；根据空链队列的结构定义，还需修改队尾指针，使其指向头结点。最后释放已删除的结点空间。

4.2.4   串

串结构的应用广泛而又普遍，特别在非数值处理领域中串是最重要的数据结构。

4.2.4.1   串的定义

串是由计算机字符组成的一个有限序列，又称为字符串。一般标记为

$$S = “c_1 c_2 c_3 \cdots c_n”   (n \geqslant 0)$$

其中，S 为串名或串变量。$c_i(i = 1、2、\cdots、n)$ 表示字符；i 为 c_i 的序列号；$c_1 c_2 \cdots c_n$ 为串 S 的值；一对引号（单引号或双引号）为串的定界符。n 为串 S 的长度，即串中字符个数。当 $n > 0$ 时，S 为非空串或实串；当 $n = 0$ 时，S 为空串，即不包含任何字符；可表示为 S = ""。当 $c_i(i = 1、2、\cdots、n)$ 皆为空格(本书用"□"表示)时，称为空格串或空白串，如 S = '□□…□'。空格串的长度 n 不为 0。串 S 中任意 $m(m \leqslant n)$ 个连续字符构成的串称为 S 的子串。相对地，S 称为主串。

串的例子很多，如英语单词"student"、数学表达式"x + y = 100"、英语中的句子"I am a student"都是串。此外，汉字中的文字、句子等也可按不同的编码方式用串表示。因此，用串表示文字以及抽象的表达式是它的重要功能。

4.2.4.2   串间关系

任意两个串之间有相等关系和子串关系。

（1）相等关系

两串相等关系有精确相等关系和左对齐相等关系两种。

精确相等关系要求两串有相同的长度，且自左至右逐对对应字符相等时两串才为相等，表示为 S = Q。例如，串 S1 = "data_structure"，S2 = "data_structure"，S3 = "data□structure"。则有 S1 = S2。而 S1 ≠ S3。

两串不相等时，必有大小关系。测试大小的方法是，自左至右逐对比较两串的对应字符，当遇到对应字符不等时停止；则较大字符所在串为较大，较小字符所在串为较小。如比较 S1 和 S3 时，它们左起的头 4 个字符（"data"）对应相等。比较到第 5 个字符时出现不等。因为 S1 中的字符"_"（下划线字符，ASCII 码为 95）大于 S3 中的字符"□"（表示空格字符，ASCII 码为 32），故有 S1 > S3 成立。

左对齐相等关系不要求两串有相同的长度。如果两串都自最左的第 1 个字符开始逐个对应字符比较，且比较完较短串的所有字符都相当，则两串相等，表示为 S = Q。如 S4 = "数据结构是研究数据逻辑结构和存储结构的学科"，S5 = "数据结构"，S6 = "数据库"。则 S4 = S5，而 S4 ≠ S6。

（2）子串关系

子串关系是一种包含关系，即一个串在另一个串中。建立子串关系的两个串有主串和子串之分。包含另一个串的串称为主串，被包含在主串中的串称为子串。设有串

S7 = "I am a student now."，S8 = "student"，S9 = "student."。则 S8 和 S7 有子串关系，S8 是 S7 的子串。S7 为主串。S9 和 S7 没有子串关系。因为 S9 不在 S7 中。

空串是任何串的子串。任何串是其自身的子串，即子串可以与主串相等。

串的相等关系和子串关系在信息检索中有特别重要的意义和广泛的应用。如情报检索系统、网上搜索等。

4.2.4.3 串的基本操作定义

常用的串基本操作及其操作定义如下：

1）串赋值：计算一个串表达式，并返回计算结果。如 S = "nanjing university"。

2）串精确相等：比较两个串 S 和 Q 是否相等。若相等则返回 1，否则返回 0。

3）串左对齐相等：比较两个串 S 和 Q 是否左对齐相等。若相等则返回 1，否则返回 0。

4）求串长度：计算串 S 包含字符的个数，并返回个数。如 S = "nanjing"，则 S 的长为 7。

5）取子串：给定整数 pos 和 len，从指定串 S 中读取第 pos 个字符开始，连续 len 个字符的串，并返回这个串。如 S = "ABCDEFGH"，则 pos = 4，len = 3 的子串是 "DEF"。

6）串匹配：给定主串 S 和模式串 T，从主串 S 的第 1 个字符开始逐渐向右查找与串 T 相等的子串。若查找成功，则返回首次与 T 相等的那个子串开始字符的位置号；否则返回 −1。如 S = "aabbabcdabce"，T = "abc"。则匹配 S 和 T 的结果为 5。又如匹配 S 和 "aaaa" 的结果是 −1。

7）并串：把指定串 Q 和 T 连接成一个串存储为 S。Q 的所有字符在前，T 的所有字符在后，即 T 的第一个字符接在 Q 的最后一个字符之后，并返回结果 S。如 Q = "nanjing"，T = "university"。则并串 Q 和 T 得 S = "nanjing university"。

8）串置换：给定串 S、T、V，在 S 串中查找所有与 T 相等且不相交的子串，并用 V 去一一替换它们。如 S = "aabbccbbbdbb"，T = "bb"，V = "xxxx"。则串置换的结果为 S = "aaxxxxccxxxxbdxxxx"。

9）串插入：给定串 S、T 和整数 pos，在 S 的第 pos 个字符之前插入 T。如 S = "南京大学"，T = "财经"。则在串 S 的第 5 字符前插入 T 的结果是 S = "南京财经大学"。

10）串删除：SDELETE(S, pos, len)，其中，1 ≤ pos ≤ n。给定串 S 和整数 pos、len，从 S 中删去第 pos 个字符开始的连续 len 个字符构成的子串。如 S = "studaaaent"。则删除 S 的第 5 个字符开始的 3 字符后 S = "student"。

4.2.4.4 对串的操作

对串比较实用且常用的主要操作如表 4-5 所示。

表 4-5 对串的常用操作

序号	操作名称	函数表示	操作功能
1	精确相等	ExactEqualString(S1, S2)	若 S1 和 S2 精确相等，则返回 1，否则返回 0
2	左对齐相等	LeftEqualString(S1, S2)	若 S1 和 S2 左对齐相等，则返回 1，否则返回 0
3	求串长	LenString(S)	计算并返回 S 的长度值
4	取子串	SubString(S, i, n)	返回 S 中第 i 号开始的 n 个字符构成的串
5	串匹配	MatchString(S, T)	从 S 的第 1 个字符开始与 T 匹配，若成功则返 S 中与 T 匹配的首字符的序列号，否则返回 0
6	并串	ConcatString(S1, S2)	把 S2 连接在 S1 之后，并返回连接的结果
7	串置换	ReplaceString(S, T, V)	在 S 中用 V 替换所有与 T 匹配的子串
8	串插入	InsertString(S, i, T)	在 S 的第 i 号字符之后插入 T
9	串删除	DeleteString(S, i, n)	从 S 的第 i 号字符开始删除 n 个字符。

4.2.4.5　串的存储结构及其算法

串的存储结构与线性表十分相似，但串的元素中单个字符用一个字节存放。串多采用顺序存储结构。由于串结构的活跃性，又采用静态顺序结构和动态顺序结构两种结构。本节只讨论静态顺序结构。

(1)顺序串

静态顺序结构的串称为顺序串。可以用一维字符数组存储，每个元素只占一个字节空间，如图4-24所示。若数组元素个数为 M，则串的长度 n ≤ M。已存储的串的长度有两种表示方法，一是设定特殊结束标志作为最后一个字符，如 C 语言中的" \ 0"；二是设置一个整型变量（如 n）表示。串的数据类型描述如下。

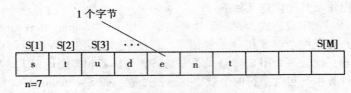

图4-24　顺序串的存储结构示意图

类型定义 4.7

```
#define M 100
typedef struct
{    char ch[M];                /* 定义串为一维数组* /
        int len;                /* 定义串长度变量* /
}SEQUENSTRING ;
```

(2)顺序串的几个算法

以下给出顺序串的精确相等、取子串和串匹配 3 个常用操作的算法。

1)精确相等：精确相等的功能是对两个等长的串比较其字符是否对应相等。

算法思路：因为是判断精确相等，所以两串必须等长。若不等长则必不相等，返回 F 或 0，终止算法。若等长，则从两串的第 1 个字符开始逐对对应字符进行比较。当遇到有一对字符对不等就停止比较，并返回 F 或0。当比较完所有字符对均未出现不相等的字符对，则返回 T 或1，终止算法。

算法 4.27　精确相等。

```
ExactEqualString (SEQUENSTRING S1, SEQUENSTRING S2)
{    int i;
    if(S1. len ! = S2. len)                /* 检测长度是否相等* /
        return 0;
        else {
            for(i =1;S1. ch[i] = S2. ch[i];i ← i +1); /* 字符比较* /
            if(i > = S. n)
                    return 1;
            else
                return 0;}
}
```

2)取子串：取子串操作的功能是根据给定的起始字符序列号和长度形成一个字符串返回。

算法思路：该算法以顺序串设计。因为目标子串在源串 S 中的起始位置是已知的，可以直接从 S 中获得子串的第 1 个字符，并依次连续取出 len 个字符作为结果返回。用一个循环完成子串的提取过程。

算法 4.28 取子串。

```
SubString ( S,i,len )
{    int k ←1;
        定义 SEQUENSTRING 类型串 T;
     if(i ≤ 0 或 i > S.len 或 len≤0)              /* 检测参数*/
            T.len ← 0;
            else
            for(i =1,k ≤len; i < S.len;i←i +1)     /* 取字串*/
       {  T.ch[k] ←S.ch[i];
            K ←k +1;}
            T.len ← len;
       return T;
```

3)串匹配：串匹配操作的功能是查看串 S 中是否含有与 T 相等（匹配）的子串存在。若存在，则返回 S 中自左至右首次与 T 匹配的那个子串的第 1 个字符在 S 中的序列号。否则返回 0。

算法思路：读者不难想到，S 中可能含有多个与 T 匹配的子串，而且这些子串还可能交叉。但该算法的目标是查找 S 中第 1 个与 T 匹配的子串。查找的方法是，自 S 的第 1 个字符开始取与 T 等长的子串，并与 T 进行精确相等比较。如果该子串与 T 不精确相等，则后移 1 个字符（此时是从 S 的第 2 个字符）开始再取与 T 等长的子串，并与 T 进行精确相等比较。如此反复，直到相等（匹配成功），或 S 的剩余部分不足以与 T 等长（匹配也不成功）为止。设 S = "aabbabcdc"，T1 = "abcd"，T2 = "bccdd"，则匹配过程如图 4-25 所示。MATCH(S，T1) = 5，见图 4-25a。MATCH(S，T2) = -1，见图 4-25b。

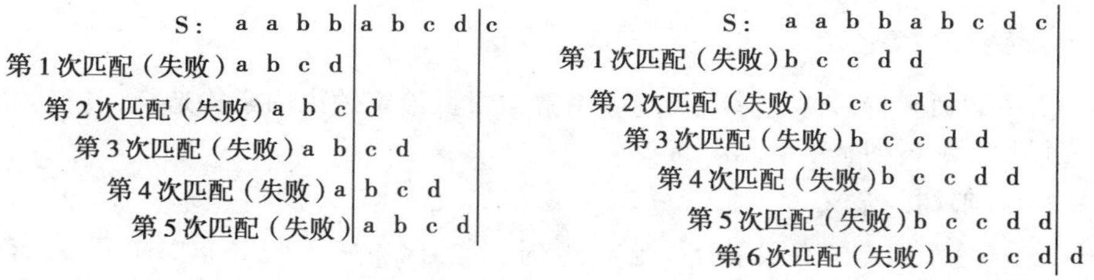

```
        S: a a b b | a b c d | c                    S: a a b b a b c d c
第1次匹配（失败）a b c d |                    第1次匹配（失败）b c c d d
第2次匹配（失败）a b c | d                    第2次匹配（失败）b c c d d
第3次匹配（失败）a b | c d                    第3次匹配（失败）b c c d d
第4次匹配（失败）a | b c d                    第4次匹配（失败）b c c d d
第5次匹配（失败）| a b c d |                   第5次匹配（失败）b c c d d
                                              第6次匹配（失败）b c c d | d
```

a）S 与 T1 匹配过程   b）S 与 T2 匹配过程

图 4-25　模式匹配示例

由上可见，算法是以"字符比较"为基本操作的一个循环。如果设定 S 的位置指针为 i，初值是 1；T 的位置指针为 j，初值是 1。当 S[i] = T[j]时，i，j 分别加 1。如此重复，当到达 i =5（小于 S 的长度），j =5（小于等于 T 的长度）时，有 S[i] ≠ T[j]；表示这次匹配失败。则要求使 i =2，j =1；即从 S 的第 2 个字符开始再次匹配。一般地，当 i = p，j = q 时，如果 S[i] ≠ T[j]，则结束本次匹配；重新设置 i 和 j 的值后开始下一次匹配。这时有 i = i − j +2，j =1（见图 4-26）。

匹配过程是一个字符比较的过程。结束字符比较的条件有，i 大于等于 S 的长度，或者 j 大于等于 T 的长度。如果是后者，则意味着匹配成功。而前者意味着失败，因为 S 串提前结束了，说明最后一轮比较时 S 的剩余字符长度少于 T 的长度。

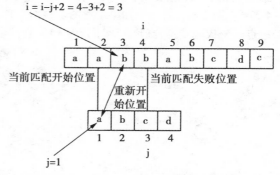

图 4-26　当前匹配失败后重新匹配时 i 和 j 值的设置

算法 4.29　串匹配。

```
MatchString ( S, T )
{    int i ←1,j ←1;
     if(S. len = 0 或 T. len = 0)              /* 检测两串是否为空* /
        return 0;
     else{
            while(j≤T. len 且 i≤S. len)          /* 控制匹配循环* /
      {     if( S. ch[i] = T. ch[j])              /* 字符比较* /
            {    i ←i +1;j ←j +1; }
                 else
            { i ← i - j +1; j ← 1; }             /* 调整比较开始字符位置* /
            }
        if(j ≥T. len) return i - j +1;
        else return 0; }
}
```

算法思路：在 S 中查找第一次与 T 匹配的子串。方法是自 S 的第 1 个字符开始逐个字符地与 T 的对应字符比较；当不相等时，就后移到 S 的下一个字符开始继续与 T 再比较；直至比较成功，返回 S 中成功的第一个字符序列号；或比较完 S 的所有字符都不成功，则返回 0。

4.3　树结构

树结构是一种非线性数据结构。在描述事物对象组织关系，如计算机数据处理、软件设计、文件管理、数据压缩以及信息编码中都有极广泛深入的应用。

4.3.1　一般树

树结构有一般树和特殊树之分。某些应用常常根据给定约束因素构造树，使其更具实用意义。这里先讨论一般树的基本概念。

4.3.1.1　一般树的定义

树是 $n(n≥0)$ 个结点的有限集合。当 $n = 0$ 时，称为空树。在任一非空树 T 中，有且仅有一个节点称为根。当 $n > 1$ 时，根以外的结点可分成 $m(m≥0)$ 个不相交的有限节点集合 T_1，T_2，…，T_m，且每个集合也是树，并称其为根的子树。

图 4-27a 是只有一个结点的树，A 是根。图 4-27b 是有 13 个结点的树 T；结点 A 是根；其余结点分成 3 个不相交集合，$T_1 = (B, E, F, K, L)$，$T_2 = (C, G)$，$T_3 = (D, H, I, J, M)$。图 4-27c 是图 4-27b 的一个抽象示意图。显然，T_1、T_2、T_3 也是树。如 T_1，结点 B 是 T_1 的根，其余结点又分成两个集合(E, K, L)和(F)，它们也是树。

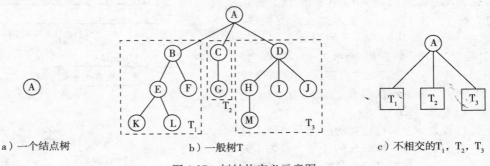

a）一个结点树　　　　　　b）一般树T　　　　　　c）不相交的T₁, T₂, T₃

图 4-27　树结构定义示意图

也可以用描述的方法给出树的定义。即树是 $n(n≥0)$ 个结点的有限集合。其中
1)有且仅有一个结点称为根；它没有前继结点，有 0 个或多个后继结点。

2）有若干个结点称为叶；它们有且仅有 1 个前继结点，而没有后继结点。

3）其余结点称为节；它们有且仅有 1 个前继结点，并至少有 1 个后继结点。

树表示了一组结点之间不同于线性表的前继和后继关系的数据结构。一般而言，树中任何一个结点只有一个前继（除根结点外），可以有多个后继（叶结点除外）。

有很多关于树的例子。

例 4.5 可用树表示家族关系。

设有某祖先 a 生有两个儿子 b 与 c，他们又分别生有三个儿子，分别为 d、e、f 以及 g、h、i，而 d 与 g 又分别生有一个儿子，他们分别为 j 与 k，这样的家族关系可用图 4-28 表示之。这是一棵树，称家族树。由于用树表示家族关系特别适合，因此在树的术语中多以家族关系命名。

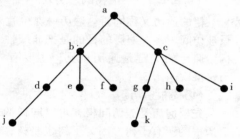

图 4-28 家族树图

例 4.6 可用树表示书目结构，图 4-29a 即表示有 4 章，每章有 2～3 节的一本书的目录，它可用图 4-29b 的树表示，称为目录树。

4.3.1.2 一般树的术语和结构特点

结点的度和树的度：一个结点拥有后继结点的个数称为结点的度。树的最大的结点的度称为树的度。如图 4-27b 所示，A 的度是 3，E 的度是 2，K 的度是 0，树的度是 3。

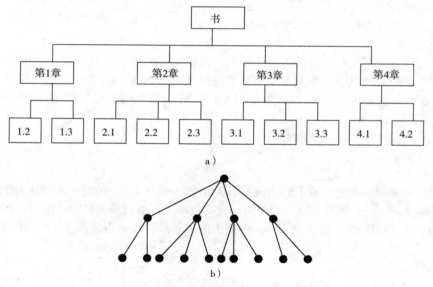

图 4-29 目录的树结构图

父结点、子结点和兄弟结点：结点的直接前继结点称为父结点，如图 4-27b 中 B、C、D 的父结点都是 A；除根结点外的结点都有且仅有一个父结点。结点的直接后继结点称为该结点的子结点；如图 4-27b 中 B、C、D 都是 A 的子结点；除叶结点外的结点都至少有一个子结点；并可按从左向右次序称它们为第 1、第 2、…、子结点。同一父结点的子结点之间互称兄弟结点。如图 4-27b 中 B、C 和 D 互为兄弟结点。

结点的层和树的深度：设根结点为第 1 层，根的子结点为第 2 层，依次为第 3 层，…，如图 4-27b 所示，结点 A 为第 1 层；B、C、D 为第 2 层；…；K、L、M 为第 4 层。树的任何一个结点都处于某一层。树的最大层数称为树的深度或高度。如图 4-27b 中树的深度为 4。

森林：树的集合称为森林。

一般树结构的特点包括:

层次性: 树的每一个结点都处于某一层次上。除根外的每一层都有若干结点。所以树结构又称为层次结构。

分支性: 从根出发到达树的某结点,其间经过的结点的序列称为分支或路径。如图 4-27b 中,结点 E 的分支路径是(A, B, E),结点 M 分支路径是(A, D, H, M)。

*4.3.1.3　一般树的遍历

树的遍历又称周游。遍历一棵树就是按某种次序访问(如输出)树的所有结点,且每个结点只被访问一次。遍历的目的是把非线性结构转化成线性结构。遍历的关键是遍历规则;主要有先根遍历、后根遍历、层次遍历 3 种规则。

(1)先根遍历

先根遍历是先访问根,再以同样的规则自左至右依次遍历根的所有子树。因为子树也是树,所以在遍历每一个子树时还是按上述两步执行。以图 4-30 为例,先访问 A,再自左至右依次遍历子树 B、C、D。遍历子树 B 时先访问根 B,再自左至右依次遍历子树 E、F。如此访问树的全部结点。遍历的结果为(A, B, E, F, C, D, H, G, I, K)。其过程可简单地表示为

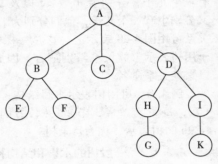

图 4-30　一棵树

1)访问根结点。

2)自左至右依次先根遍历根的各个子树。

(2)后根遍历

后根遍历是先自左至右依次遍历根的子树,再访问树的根。在遍历每一个子树时还是按上述两步执行。以图 4-30 为例,先自左至右依次遍历 A 的子树 B、C、D,再访问根 A。遍历子树 B 时先自左至右依次遍历子树 E、F,再访问 B;等等。最后访问 A。遍历的结果为(E, F, B, C, G, H, K, I, D, A)。其过程可简单地表示为

1)自左至右依次后根遍历根的各个子树。

2)问根结点。

(3)层次遍历

层次遍历是从根结点开始从上到下逐层访问结点,规则是先访问根(是第 1 层),再依次遍历第 2 层、第 3 层、…、所有结点,直至访问完全部结点。遍历某 1 层时从左向右次序逐个访问结点。以图 4-30 的树为例,先访问根 A。再依次访问 B、C、D;再访问 E、F、H、I;等等。遍历的结果为(A, B, C, D, E, F, H, I, G, K)。其过程可简单地表示为

1)先访问根结点。

2)若已访问完第 i 层所有结点,且第 $i+1$ 层还有未访问的结点,则自左至右依次访问第 $i+1$ 层上的结点。

*4.3.1.4　对一般树的基本操作

对树的比较实用且常用的主要操作如表 4-6 所列。

表 4-6　对树的常用操作

序号	操作名称	函数表示	操作功能
1	创建树	CreateTree( )	建立一个空树,并返回树 T
2	判树空	EmptyTree (T)	若 T 为空则返回 1,否则返回 0
3	求树高	HeightTree (T)	返回 T 高度

（续）

序号	操作名称	函数表示	操作功能
4	求结点	GetTreeNode (T, x)	返回 T 中值等于 x 的结点位置
5	求根结点	GetTreeRoot (T)	返回 T 的根结点位置
6	求父结点	GetTreeParent (T, d)	返回 T 中结点 d 的父结点位置
7	求子结点	GetTreeChild (T, d, i)	返回 T 中结点 d 的第 i 子结点位置。若无这样的结点，则返回 −1
8	插入结点	InseartTree(T, d, i, x)	把 x 值插入 T 中成为结点 d 的第 i 子结点
9	树的遍历	TraversalTree(T, Tag)	遍历 T，返回遍历的结点序列；当 Tag = 0 时为先根遍历，Tag = 1 时为后根遍历，Tag = 2 时为层次遍历

*4.3.1.5　一般树的链存储结构及几个算法

一般树的存储亦有顺序和链式存储两种结构；这里着重讨论链存储结构。常用的有子表法、父表法和子_兄弟表法等；但比较有效的是子_兄弟表法。

（1）子_兄弟表

子_兄弟表结构是一种链存储结构。其基本思想是在表中表示出结点的父子关系及其兄弟关系，使存储结点的构造形式一致。每个结点包括结点数据域、子结点域和兄弟结点域。子结点域存放本结点第 1 子结点位置；叶结点为 − 1。兄弟结点域存放本结点的下一兄弟结点位置。若无下一个兄弟结点则存为 − 1。图 4-31b 是图 4-31a 的子_兄弟表。

子_兄弟表结构易于实现求子结点运算。如在图 4-31b 中求结点 B 的子结点的过程是，先取得 B 的子结点域值 4，是第 1 子结点 E 的位置；再从 E 的兄弟结点域 5，取得第 2 子结点 F 的位置；因 F 的兄弟结点域为 − 1，结束查找。但这种结构不利于求父结点运算。如果增加一个父结点指针域问题就简单多了，见图 4-31c。

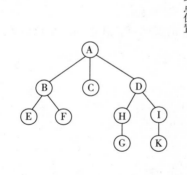

结点位置 / 数据域 / 子结点域 / 兄弟域

结点位置	数据域	子结点域	兄弟域
0	A	1	−1
1	B	4	2
2	C	−1	3
3	D	6	−1
4	E	−1	5
5	F	−1	−1
6	H	8	7
7	I	9	−1
8	G	−1	−1
9	K	−1	−1

结点位置	数据域	子结点域	兄弟域	父结点域
0	A	1	−1	−1
1	B	4	2	0
2	C	−1	3	0
3	D	6	−1	0
4	E	−1	5	1
5	F	−1	−1	1
6	H	8	7	3
7	I	9	−1	3
8	G	−1	−1	6
9	K	−1	−1	7

a）一般树例　　　b）子_兄弟表示例　　　c）带父结点的子_兄弟表示例

图 4-31　子_兄弟表存储结构示意图

用一维数组存储子_兄弟表，类 C 语言表示的类型定义代码可以是如下形式。

类型定义 4.8

```
#define M 100
Typedef struct            /* 定义数组元素结构* /
    {  char data ;
     int child,nextbrother ;
    } TREENODE
Typedef struct            /* 定义子_兄弟表* /
    { TREENODE body[M];
```

```
        int n ;
    } CHLDBRTH
```

带父结点域的子_兄弟表的类 C 语言表示的类型定义代码可以是如下形式。

类型定义 4.9

```
#define M 100
Typedef struct            /* 定义数组元素结构* /
    { char data ;
        int child,nextbrother,father ;
    } TREENODE
Typedef struct            /* 定义子_兄弟表* /
    { TREENODE body[M];
        int n ;
    } CHLDBRTHFTH
```

(2)几个算法

下面给出求结点和求父结点的算法。

1)求结点:求结点操作的功能是,根据给定数据 x 查找与 x 有相等值的第 1 个结点,并返回结点位置号;若找不到这样的结点就返回 −1。

算法 4.30 (根据子_兄弟表)求结点。

```
GetTreeNode ( T,x)
{ int i ← 0;
  While(i≤T. n −1 且 T. body[i]. data = x)        /* 查找结点* /
        i←i +1;
    if( i ≥ T.n )
        return −1;                                /* 失败* /
    else
        return i;                                 /* 成功* /
    }
```

2)求父结点:求父结点操作的功能是,根据给定结点 d 查找 d 的父结点,并返回父结点位置号;若找不到这样的结点就返回 −1。

算法 4.31 (根据带父结点域的子_兄弟表)求父结点。

```
GetTreeParent(CHLDBRTHFTH T,d )
{ int i ← 0;
  While(i≤T. n −1 且 T. body[i]. data = d )        /* 查找父结点* /
        i ← i +1;
    if( i ≥ T.n )
        return −1;                                /* 失败* /
    else
        return T. body[i]. father;                /* 失败* /
}
```

4.3.2 二叉树

二叉树是一种特殊的树,是一种重要的、常用的树形结构。二叉树的主要特点是,任何一个结点最多只能有两个子结点。

4.3.2.1 二叉树的定义和主要性质

(1)二叉树的定义

二叉树是 $n(n \geq 0)$ 个结点的有限集合。当 $n = 0$ 时,称为空二叉树。在任意非空二叉树 BT 中,有且仅有一个特定的节点称为根。当 $n > 1$ 时,除根结点以外的其余结点最多分成 2 个不相

交的有限结点集合 T_1、T_2；每个集合也是二叉树；T_1 称为根的左子树，T_2 称为根的右子树。

由定义可见，二叉树是一种施加了限制的树。如结点的度和树的度最多为 2，二叉树的子树有左右之分。一般树的大多名词、术语和特点都能应用于二叉树。

二叉树有 5 种基本形态，即空二叉树（如图 4-32a 所示）、只有根的二叉树（如图 4-32b 所示）、只有左子树的二叉树（如图 4-32c 所示）、只有右子树的二叉树（如图 4-32d 所示）和左右子树皆有的二叉树（如图 4-32e 所示）。

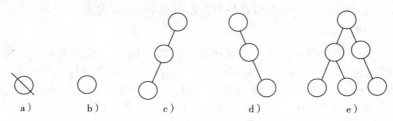

图 4-32　二叉树的基本形态

（2）二叉树的性质

二叉树有许多特殊的、有用的性质。

性质 1　二叉树第 i 层上的结点个数最多为 $2^{i-1}(i \geq 1)$。

因为二叉树的任何结点最多只能有 2 个子结点；非空二叉树只有 1 个根。第 1 层上的结点数为 2^0；第 2 层最多为 2^1；第 3 层最多为 2^2 等。可以得到第 i 层最多为 2^{i-1} 结点。

性质 2　深度为 k 的二叉树，最多有 2^k-1 个结点（$k \geq 1$）。

深度为 k 的二叉树有 k 层。由性质 1 知，最大结点总数 S 计算为

$$S = 2^0 + 2^1 + 2^2 + \cdots + 2^{k-1} = 2^k - 1$$

性质 3　设二叉树有 n_0 个 0 度结点（即叶结点），n_2 个 2 度结点，则有 $n_0 = n_2 + 1$。

设二叉树有 n_1 个 1 度结点，则结点总数为，$n = n_0 + n_1 + n_2$。二叉树中除根外每一个结点都有一个分支指向它，分支总数为 $B = n - 1$。因为 0 度结点发出 0 个分支，1 度结点发出 1 个分支，2 度结点发出 2 个分支；则有 $B = n_0 \times 0 + n_1 \times 1 + n_2 \times 2 = n_1 + 2n_2$；由此得，$n_1 + 2n_2 = n - 1 = n_0 + n_1 + n_2 - 1$；即有 $n_0 = n_2 + 1$。

满二叉树：如果深度为 k 的二叉树有 $2^k - 1$ 个结点，则称其为满二叉树（见图 4-33a）。

完全二叉树：如果在深度为 k 的满二叉树第 k 层上删除最右边连续若干结点但不是全部而形成的二叉树称为完全二叉树（见图 4-33b）。图 4-33c 是非完全二叉树。

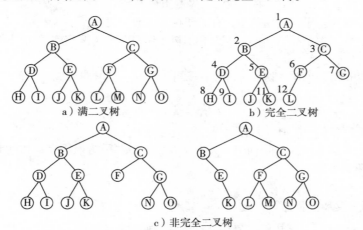

图 4-33　不同结构的二叉树

性质 4　$n(n>0)$ 个结点的完全二叉树的深度设为 k，则 $k = \lceil \log_2 n \rceil + 1$。

性质 5　如果对完全二叉树的结点按这样的次序编号，规定根结点为 1 号，再依次向下对每一层结点按层自左向右连续编号，（见图 4-33b 中结点左上角的编号）。这个编号有如下特点：

1）编号 1 到 $\lfloor n/2 \rfloor$ 的结点都是非叶结点，其余皆为叶结点。

2）若结点编号 $i=1$，则该结点是根。若 $1<i \leq n$，则该结点的父结点编号为 $\lfloor i/2 \rfloor$。

3）若 $i \leq \lfloor n/2 \rfloor$，则 i 的左子结点编号是 $2i$；若有右子结点，则编号是 $2i+1$。

4.3.2.2　二叉树的遍历

二叉树的遍历是一种很重要的操作，是按规则依次访问二叉树的每一个结点，且仅访问一次。遍历的结果得到一个二叉树结点的序列。即将非线性结构的结点排列成一个线性结构。

因为二叉树的特点是除叶外每个结点最多只有 2 个子树，且有左、右之分；因此二叉树由根、左子树和右子树 3 部分组成；分别表示为 D、L 和 R。这 3 部分的次序不同就形成 3 种遍历规则：

1）先根遍历表示为 DLR。

2）中根遍历表示为 LDR。

3）后根遍历表示为 LRD。

如果把左右子树交换，又形成另外 3 种规则 DRL、RDL 和 RLD。而实际应用主要是前 3 种。这 3 种方法的遍历过程简单描述如下：

1）先根遍历：访问根结点 → 先根遍历左子树 → 先根遍历右子树。

2）中根遍历：中根遍历左子树 → 访问根结点 → 中根遍历右子树。

3）后根遍历：后根遍历左子树 → 后根遍历右子树 → 访问根结点。

因为二叉的子树还是二叉树，所以遍历子树时有相同的过程。

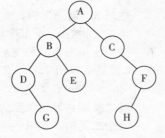

图 4-34　二叉树（BT）示例

如遍历图 4-34 的二叉树的结果分别为：

1）先根遍历的结果为 ABDGECFH。

2）中根次序遍历的结果为 DGBEACHF。

3）后根次序遍历的结果为 GDEBHFCA。

中根遍历应用比较广泛，下面以图 4-34 为示例详细解析一下中根遍历的过程。为简单起见，以根结点称呼二叉树。

1）遍历树 A：A 有左子树 B，右子树 C，先遍历树 B。

2）遍历树 B：B 有左子树 D，右子树 E，先遍历树 D。

3）遍历树 D：D 无左子树，访问 D，有右子树 G，遍历树 G。

4）遍历树 G：G 无左子树，访问 G，无右子树，B 的左子树遍历完，访问 B，遍历 B 的右子树 E。

5）遍历树 E：E 无左子树，访问 E，无右子树，A 的左子树遍历完，访问 A，遍历 A 的右子树 C。

6）遍历树 C：C 无左子树，访问 C，有右子树 F，遍历树 F。

7）遍历树 F：F 有左子树 H，无右子树，先遍历树 H。

8）遍历树 H：H 无左子树，访问 H，无右子树，F 的左子树遍历完，访问 F，C 的右子树遍历完，A 的右子树遍历完。

9）结束。

4.3.2.3　对二叉树的操作

对二叉树的比较实用且常用的主要操作如表 4-7 所示。

表 4-7 对二叉树的常用操作

序号	操作名称	函数表示	操作功能
1	创建二叉树	CreateBiTree( )	建立一个空二叉树，并返回 BT
2	判二叉树空	EmptyBiTree(BT)	若 BT 为空则返回 1，否则返回 0
3	求二叉树高	HeightBiTree(BT)	返回 BT 高度
4	求二叉树结点	GetBiTreeNode(BT, x)	返回 BT 中值等于 x 的结点位置
5	求二叉树根	GetBiTreeRoot(BT)	返回 BT 的根结点位置
6	求父结点	GetBiTreeParent(BT, d)	返回 BT 中结点 d 的父结点位置
7	求左子结点	GetBiTreeLeftChild(BT, d)	返回 BT 中结点 d 的左子结点位置，若无则返回 −1
8	求右子结点	GetBiTreeRightChild(T, d)	返回 BT 中结点 d 的右子结点位置，若无则返回 −1
9	插入左结点	InseartBiTreeLeft(BT, d, x)	把 x 值插入 BT 中成为结点 d 的左子结点
10	插入右结点	InseartBiTreeRight(BT, d, x)	把 x 值插入 BT 中成为结点 d 的右子结点
11	二叉树遍历	TraversalBiTree(BT, Tag)	遍历 BT，返回遍历的结点序列(当 Tag = 0 时为先根遍历，Tag = 1 时为中根遍历，Tag = 2 时为后根遍历)

4.3.2.4 二叉树的顺序存储结构

对于完全二叉树，按性质 5 的编号规则编号，从 1 号开始依次连续存储所有结点，构成二叉树的顺序存储结构。图 4-35 是一个完全二叉树的顺序存储结构示意图。图的下部表示一维数组，数组元素的下标是结点的编号。按照性质 5 中 3 个编号特点建立二叉树的结点的逻辑关系。如要求结点 E 的父结点，因为 E 的编号是 5，$[5/2] = 2$，所以 E 的父结点是 B。再如求 E 的子结点，因为 $2 \times 5 = 10(< 12)$，$2 \times 5 + 1 = 11(< 12)$；所以 E 的左子结点是 J，右子结点是 K。这里的 2、10、11 等都是数组元素的下标值。

对于一般二叉树，未必符合完全二叉树的构造和编号规则，不能直接顺序存储。但是，可以把它"修补"成对应的完全二叉树。修补的方法是填补"虚拟结点"到缺失位置。如图 4-36b 是对图 4-36a 的非完全二叉树修补后的完全二叉树(虚拟结点用双线圆表示)。按修补后的完全二叉树存储为顺序存储结构(见图 4-36c)。虚拟结点数据域存储一个特殊值(如∧)。获取结点值时，如遇特殊值则不视为本二叉树的组成结点。

图 4-35 完全二叉树顺序存储结构

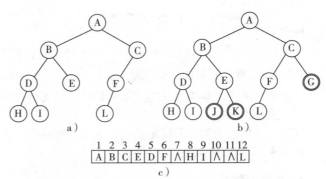

图 4-36 非完全二叉树的顺序存储结构

4.3.2.5 二叉树的链式存储结构

存储每个结点为一个链结点，因为二叉树结点最多只有两个子结点且有左右之分，所以链结点由结点数据域(data)、左指针域(llink)和右指针域(rlink)构成(见图 4-37b)。用头指针变量(如 BT)指向根结点，且标识二叉树。图 4-37d 是二叉树 BT(见 4-37a)的链存储结构，也称为二叉链。二叉链链结点类型的类 C 语言描述可以是如下形式。

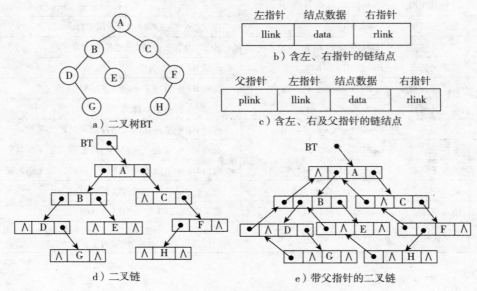

图 4-37 二叉树链式存储结构示意图

类型定义 4.10

```
typedef struct bnode
 {char data;                              /* 定义结点数据域* /
  struct bnode * llink, * rlink;          /* 定义左右子树指针域* /
 } BTNODE ;
```

为便于查找父结点，在链结点上增加一个父指针域指向父结点，如图 4-37c，称为带父指针的二叉链，如图 4-37e 所示，其链结点类型的类 C 语言描述可以是如下形式。

类型定义 4.11

```
typedef struct bnode
{ char data;                              /* 定义结点数据域* /
  struct bnode * llink, * rlink,* flink ; /* 定义左右子树和父指针域* /
}BTNODEOFF ;
```

不难看出，n 个结点的二叉链有 $2n$ 个指针空间，但只有 $n-1$ 个指针被使用。

4.3.2.6 对二叉树的几个算法

下面给出的算法基于二叉链或带父指针的二叉链。

(1)创建二叉树

创建二叉树的功能是根据定义的链结点类型建立一个空二叉树，并返回头指针变量。

算法 4.32 创建二叉树。

```
CreateBiTree()
{ 定义 BTNODE 类型的指针 BT;
    BT ←NULL;
    return BT; }
```

(2)二叉树遍历

二叉树遍历的功能是根据给定遍历规则遍历给定二叉树，若二叉树为空则返回 -1。该算法基于二叉链。

算法 4.33　二叉树遍历。

```
TraversalBiTree( BT,Tag)
{    定义 BTNODE 类型的指针 p;
     if(BT = NULL)
         return −1;
     p ←BT;
     switch( Tag){                    /* 选择遍历规则* /
         case 0:DLROrder(p);break;
         case 1:LDROrder(p);break;
         case 2:LRDOrder(p);break;}
     return;
DLROrder(BTNODE * bt)                 /* 先根遍历* /
{   if(bt ≠ NULL){
     write(bt − > data);             /* 访问根结点* /
     DLROrder(bt − > llink);         /* 先根遍历左子树* /
     DLROrder(bt − > rlink);}        /* 先根遍历右子树* /
}
LDROrder(BTNODE * bt)                 /* 中根遍历* /
{   if(bt ≠ NULL){
     LDROrder(bt − > llink);         /* 中根遍历左子树* /
     write(bt − > data);             /* 访问根结点* /
     LDROrder(bt − > rlink);}        /* 中根遍历右子树* /
}
LRDOrder(BTNODE * bt)                 /* 后根遍历* /
{   if(bt ≠ NULL){
     LRDOrder(bt − > llink);         /* 后根遍历左子树* /
     LRDOrder(bt − > rlink);         /* 后根遍历右子树* /
     write(bt − > data);}            /* 访问根结点* /
}
```

该算法把 3 种遍历算法综合在一个算法中。3 种遍历算法都采用了递归算法设计，简单明了；因为二叉树的子树也是二叉树，且随子树的逐级分解后子树的结点数越来越小，并趋向空；这符合递归算法的收敛条件。关于递归算法的设计要点可参见本书 2.5 节。

4.4　图结构

图是一种比线性表和树更为复杂的非线性数据结构，可以描述各种复杂的数据对象，并被广泛应用于自然科学、社会科学和人文科学的许多学科。现实世界中有很多实例可以用图结构表示。如电路网络的分析、管理与线路铺设、印刷电路板与集成电路的布线等众多直接与图有关的问题。另外像工作的分配、工程进度的安排、课程表的制定、关系数据库的设计等许多实际问题，如果把它们抽象为图来表示，处理更为方便。

4.4.1　图的定义

图是由集合 V 及集合 E 构成的结构，记为 G = (V, E)。其中，V 是顶点(即结点)的非空有穷集合；E 是边的集合；边是连接顶点的连线。

图 4-38 是两个图的实例 G_1 和 G_2。v_i 表示顶点，顶点对(v_i, v_j)表示边。在图 G_1 中，边没有方向，即顶点对(v_i, v_j)和(v_j, v_i)表示同一条边，并称 G_1 为无向图。在图 G_2 中，边有从一个顶点指向另一个顶点的方向；即顶点对 <v_i, v_j> 和 <v_j, v_i> 表示不同的边；为区别用尖括号表示，并称其为"弧"，用弧构造的图称为有向图。图的顶点集合和边集合也可表示为 V(G)和 E(G)。由此，图 G_1 = (V, E)；其中

$$V = V(G_1) = \{v_1, v_2, v_3, v_4, v_5\}$$

$$E = E(G_1) = \{(v_1, v_2), (v_1, v_4), (v_2, v_3), (v_3, v_4), (v_3, v_5), (v_4, v_5)\}$$

图 $G_2 = (V, E)$；其中

$$V = V(G_2) = \{v_1, v_2, v_3, v_4\}$$

$$E = E(G_2) = \{<v_1, v_2>, <v_2, v_3>, <v_3, v_1>, <v_4, v_3>\}$$

下面举两个图的例子。

例 4.7 城市间的通航线路可用图表示。图 4-39 即表示我国 5 个城市间的通航线路图。其中城市用顶点表示而通航关系则用边表示。

例 4.8 程序间的调用关系可用图表示。其中程序可用顶点表示而调用关系则可用边表示。图 4-40 即表示了 5 个程序间的调用关系图。

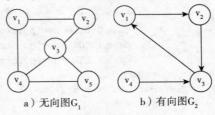

a）无向图 G_1 b）有向图 G_2

图 4-38 图的示例

图 4-39 城市间的通航图

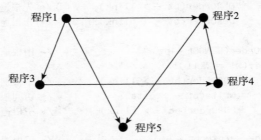

图 4-40 5 个程序间的调用关系图

4.4.2 图的几个术语及基本性质

下面给出图的几个术语及其相关概念。

邻接顶点：图中边或弧连接的顶点互为邻接顶点。在有向图中，弧 $<v_i, v_j>$ 的顶点又 v_i 称为弧尾或始点；v_j 称为弧头或终点。

顶点的入度、出度和度：对有向图，以顶点 v 为弧头的弧的数目称为 v 的入度值，记为 $ID(v)$。以顶点 v 为弧尾的弧的数目称为 v 的出度，记为 $OD(v)$；v 的入度和出度之和称为 v 的度，记为 $TD(v)$，即 $TD(v) = ID(v) + OD(v)$。对无向图，以顶点 v 为邻接顶点的边的数目称为顶点 v 的度，记为 $TD(v)$。

路径和简单路径 从顶点 v 出发，如果能顺沿边或弧到达顶点 u，则称 v 到 u 的一条路径，用途经的顶点序列 $(v, v_1, v_2, \cdots, v_i, u)$ 表示。路径经过的边或弧的数目称为路径长度。在一条路径中，若除第一个顶点和最后一个顶点外的其余顶点在路径中不重复出现，则称为简单路径。

回路和简单回路：第一个和最后一个顶点为同一个顶点的路径称为回路或称为环。第一个顶点和最后一个顶点为同一个顶点的简单路径称为简单回路或称为简单环。

子图：设图 $G = (V, E)$ 和 $G' = (V', E')$，若 V' 是 V 的子集，E' 是 E 的子集，则 $G' = (V', E')$ 称为 $G = (V, E)$ 的一个子图。图 4-41a 中的 4 个图都是图 4-38 中 G_1 的子图。图 4-41b 中的 4 个图都是图 4-38 中 G_2 的子图。

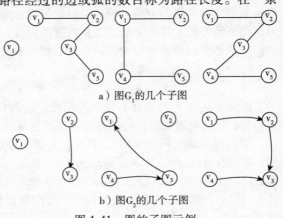

a）图 G_1 的几个子图

b）图 G_2 的几个子图

图 4-41 图的子图示例

子图的实质是取一个图中部分顶点和边构成的图。特别地，一个图是其自身的子图。

连通图和连通分量：对无向图，如果任意两个顶点 v_i 和 v_j 存在一条路径，则该图称为连通图；否则称为非连通图。无向图的极大连通子图称为它的连通分量。任何连通图的连通分量只有一个，即其自身；而非连通图有多个连通分量。例如，图 4-42a 中的 G_4 是非连通图，图 4-42b 是它的三个连通分量。

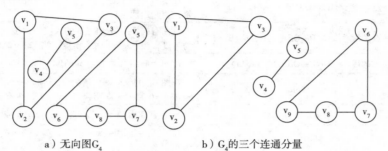

a）无向图 G_4 b）G_4 的三个连通分量

图 4-42 无向图的连通分量

强连通图和强连通分量：对有向图，如果任意一对顶点 v_i 和 v_j 之间均有从 v_i 到 v_j 和从 v_j 到 v_i 的路径存在，则称为强连通图，否则称为非强连通图。如图 4-43 的 G_5 是强连通图。有向图的极大强连通子图称为该图的强连通分量。强连通图只有一个强连通分量，即其自身；非强连通图有多个强连通分量。例如图 4-38b 中的 G_2 不是强连通图，但它有两个强连通分量，见图 4-44。

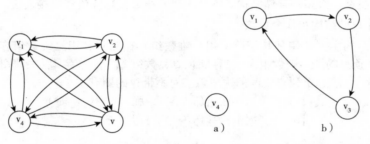

图 4-43 图 G_5 图 4-44 图 G_5 的两个强连通分量

带权图：对图的边或弧标注一个数就构成带权图，又称为网。相关联的数称为权，表示某种数量特征，如表示一个顶点到另一个顶点的路程、时间、代价等。图 4-45c 是一个带权图的实例。无向带权图又称为无向网，有向带权图又称为有向网。

性质1 n 个顶点的无向图最多有 $n(n-1)/2$ 条边。n 个顶点的有向图最多有 $n(n-1)$ 条弧。如果 n 个顶点的无向图有 $n(n-1)/2$ 条边，则称之为无向完全图。如果 n 个顶点的有向图有 $n(n-1)$ 条边，则称之为有向完全图（如图 4-43 所示）。若图中边或弧的数目很少，则称为稀疏图。反之，若边或弧的数目接近完全图，则称为稠密图。

性质2 n 个顶点的无向连通图最少有 $(n-1)$ 条边。如果 n 个顶点的无向连通图只有 $(n-1)$ 条边，则该图不存在回路；如果边数大于 $(n-1)$，则必存在回路；如果边数小于 $(n-1)$，则是非连通图。

4.4.3 对图的基本操作

对图的比较实用且常用的主要操作如表 4-8 所示。

表 4-8 对图的常用操作

序号	操作名称	函数表示	操作功能
1	创建图	CreateGraph(G, V, E)	根据顶点集合 V 和边(或弧)集合 E 创建图 G,并返回图 G
2	查找顶点	LocateVertex(G, x)	在图 G 中查找 x 标识的顶点,并返回其位置;否则返回 −1
3	查找邻接顶点	LocateAdjVertex(G, u)	在图 G 中查找顶点 u 的所有邻接顶点,并返回它们的位置;否则返回 −1
4	求有向图顶点的度	GetDegOfDig (G, u, Tag)	返回有向图 G 中顶点 u 的入度、出度或度。当 Tag = 0 时为入度,当 Tag = 1 时为出度,当 Tag = 2 时为度
5	求无向图顶点的度	GetDegOfUndig(G, u)	返回无向图 G 中顶点 u 的度
6	插入顶点	InsertVertex(G, x, u, Tag)	在图 G 中插入一个值为 x 新顶点 v,并插入边(u, v)。当 Tag = 0 时为无向图,当 Tag = 1 时为有向图
7	删除顶点	DeleteVertex(G, u)	删除图 G 中顶点 u 及其相关联的边或弧
8	插入边(或弧)	InsertEdge(G, u, v, Tag)	在图 G 中添加一条从顶点 u 到 v 的边或弧,当 Tag = 0 时为无向图,当 Tag = 1 时为有向图
9	删除边(或弧)	DeleteEdge(G, u, v)	在图 G 中删去从顶点 u 到 v 的边或弧
10	深度优先遍历	DFSGraph(G, v)	从顶点 v 出发深度有限遍历图 G
11	广度优先遍历	BFSGraph(G, v)	从顶点 v 出发广度有限遍历图 G

4.4.4 图的存储结构

图的结构比较复杂,有多种存储结构。本节主要介绍邻接矩阵法和邻接表法。

4.4.4.1 顺序存储结构及几个算法

图的顺序存储结构主要使用邻接矩阵,用一维数组存储顶点;用二维数组存储边。设 $G = (V, E)$ 是一个 n 个顶点的图。则数组 $V[n]$ 存储顶点,数组 $E[n, n]$ 存储边,即邻接矩阵。矩阵元素 $E[i, j]$ 表示第 i 与第 j 个顶点之间的边或弧。对不带权的图有

$$E[i, j] = \begin{cases} 1 & (当存在边(v_i, v_j)或弧 <v_i, v_j> 时) \\ 0 & (当不存在边(v_i, v_j)或弧 <v_i, v_j> 时) \end{cases}$$

对带权的图有

$$E[i, j] = \begin{cases} w_{ij} & (当存在边(v_i, v_j)或弧 <v_i, v_j> 时) \\ \infty & (当不存在边(v_i, v_j)或弧 <v_i, v_j> 时) \end{cases}$$

其中,w_{ij} 为边或弧上的权,∞ 为无穷大。

图 4-45a 和图 4-45b 分别是不带权的无向图和有向图的邻接矩阵法存储结构的示意图;图 4-45c 是带权有向图的邻接矩阵法存储结构的示意图。从邻接矩阵法容易看有如下特点:

1)无向图的邻接矩阵是一个对称矩阵;有向图未必如此。

2)无向图顶点 v_i 的度是邻接矩阵中第 i 行(或第 i 列)中"1"的个数。

3)有向图顶点 v_i 的出度是邻接矩阵中第 i 行中"1"的个数;入度是第 i 列中"1"的个数。

设图 $G(V, E)$ 最多有 20 个顶点,则类 C 语言表示的类型定义代码可以是如下形式。其中,$Vn(\leqslant M)$ 和 En 分别为实际顶点个数和实际边或弧的条数。

类型定义 4.12

```
#define M 20
typedef struct
    {   char v[M];              /* 定义一维数组存储顶点* /
        int e[M,M];             /* 定义二维数组存储邻接矩阵* /
        int Vn,En;
    }MGRAGH;
```

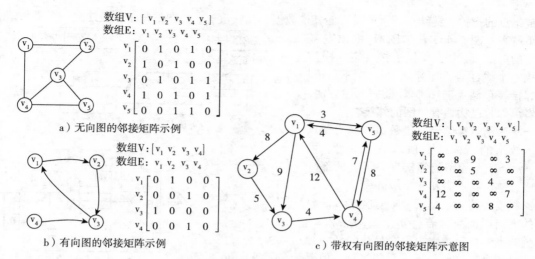

图 4-45　图的邻接矩阵示例

下面给出基于不带权无向图的邻接矩阵存储结构的查找顶点和求无向图顶点的度两种操作的算法。

（1）查找顶点

查找顶点的操作功能是，根据查找值 x，在给定图中查找具 x 值的顶点，并返回该顶点的位置号。该算法只对数组 V 操作。

算法 4.34　查找顶点。

```
LocateVertex(G,x)
{   int i;
    for(i=1;i≤G.Vn且G.v[i]≠x;i←i+1)
    if i≤G.Vn
        return i;
    else
        return -1;
}
```

（2）求无向图顶点的度

求无向图顶点的度的操作功能是根据给定顶点计算该顶点的度。实现方法是，先查找已知顶点的位置，再计算数组 E 该行或列上"1"的个数。

算法 4.35　求无向图顶点的度。

```
GetDegOfUndig(G,u)
{   i←LocateVertex(G,u);
    if(i ≠ -1)
        {   S ←0;
            for(j=1;j≤G.Vn;j←j+1)
                s←s+ G.E[i,j];}
}
```

4.4.4.2　链式存储结构及几个算法

图的链式存储结构主要使用邻接表，基本思想是为每个顶点建立一条带头结点的单链表，存储顶点数据及其相关边或弧；再把所有单链表的头结点存储为一个表，所以称为邻接表。无向图的邻接表又称为边表；有向图的邻接表又称为出边表。

头结点的构造如图 4-46a；链结点的构造如图 4-46b，存储邻接顶点在邻接表中的位置及下一链结点的指针；链结点还可能要存储其他数据，如权值等。为图的每个顶点建立一个带头结点的单链表；图 4-46c 是为图 G_7 中顶点 v_3 建立的单链表。n 个单链表按一定次序排列成一个线性表，即邻接表，如图 4-46d 的邻接表存储无向图 G_7。根据上述方法，读者可以自己构造有向图的邻接表。

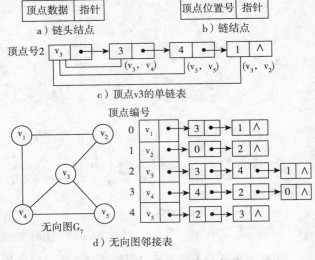

a）链头结点　　　　b）链结点

c）顶点v3的单链表

d）无向图邻接表

图 4-46　无向图的邻接表示意图

把头结点存储为一维数组，称为顶点表。数组的下标即是顶点的位置号。可见，n 个顶点的图的邻接表表示有两部分构成，链头结点表和 n 个单链表。

邻接表的特点是，对 n 个顶点和 m 条边的无向图而言，需要 n 个头结点和 $2m$ 个链结点；在邻接表中很容易找到任一顶点的第一个邻接点和下一个邻接点；但要判定任意两个顶点（v_i 和 v_j）之间是否有边或弧，则需要搜索第 i 个或第 j 个链表。

设图 $G(V,E)$ 最多有 20 个顶点，则类 C 语言表示的类型定义代码可以是如下形式。其中，$Vn(\leq 20)$ 和 En 分别为实际顶点个数和实际边或弧的条数。

类型定义 4.13

```
#define M 20
typedef struct vnode              /* 定义链结点* /
{    int vexno;
     struct vnode * next;
}LNODE;
typedef struct Vnode              /* 定义头结点* /
    { char vertex;
      LNODE * link;
}HEADNODE;
typedef struct                    /* 图的连接表* /
    { HEADNODE adjlist[M];
      int Vn,En;
}ADJGRAPH;
```

下面给出基于不带权无向图的邻接表存储结构的查找顶点和求无向图顶点的两种操作的算法。

（1）查找顶点

查找顶点的操作功能是，根据查找值 x，在给定图中查找具 x 值的顶点并返回该顶点位置号。该算法只对头结点数组 adjlist 操作。

算法 4.36　查找顶点。

```
LocateVertex(G,x)
{    int i;
     for(i =1;i ≤G. Vn 且 G. adjlist [i]. vertex≠x;i←i +1)
     if i ≤G. Vn
         return i;
     else
         return -1;
}
```

（2）求无向图顶点的度

求无向图顶点的度的操作功能是根据给定顶点计算该顶点的度。实现方法是，先在邻接表中查找已知顶点的单链表，再在单链表上计数链结点个数。

算法 4.37 求无向图顶点的度。

```
GetDegOfUndig(G,u)
{   S ←0;
    i ←LocateVertex(G,u);
    if(i ≠ -1)
    {   p ←G.adjlist[i].link;
        while(p≠NULL)
            s ←s + 1;}
    return s;
}
```

4.4.5 图的遍历

从图的某个顶点出发，访问图中每个顶点且只访问一次，称为图的遍历。图的遍历方式有深度优先遍历和广度优先遍历。广度优先遍历一般用于无向图，深度优先遍历一般用于有向图。

4.4.5.1 深度优先遍历

深度优先遍历是从某个顶点出发，沿着一条路径不断深入地访问图上的顶点，并按访问的次序输出所有顶点。

深度优先遍历算法的基本思想是，设图 G 是 n 个顶点的连通图或强连通图，且从顶点 v 出发遍历 G。预先定义一个一维数组 visited[n]，每一个数组元素对应一个顶点，初始值都为 0，表示所有顶点均未访问过。首先访问顶点 v，并使 visited[v]=1，标记为"已被访问"。然后搜索 v 的一个未被访问的邻接点 w。如果 w 未访问过，则访问并标记它。接着再从 w 出发点继续上述过程。如果某顶点的所有邻接顶点都已访问过，则需回退到上一顶点继续搜索未访问过的顶点，直至访问完图的所有顶点。

若图 G 为非连通图，则遍历了它的一个连通子图后需另选一个尚未访问的顶点作为新出发点再进行遍历，直至图中所有顶点都被访问为止。图 4-47 以无向连通图为例，从顶点 A 出发深度优先遍历的过程如图中序号标出的次序。遍历的结果为(A，D，G，E，B，C，F，H)。

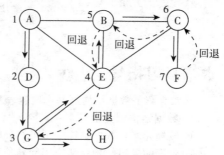

图 4-47 图的深度优先遍历

设有 n 个顶点的连通图或强连通图 G，从顶点 v 出发深度优先遍历 G 的算法的类 C 语言描述如下。

算法 4.38 图的深度优先遍历。

```
定义一维数组 visited[n],初始值为 0,每一个数组元素对应一个顶点;
DFSGraph (G,v)
{   访问 v; visited[v] ←1;
    visite(G,v);}
visite(G,u)
{   W ← u 的下一个邻接顶点;
    if(w 存在 且 visited[w]=0)
    {   访问 w; visited[w] ←1;visite(G,w); }
    }
}
```

4.4.5.2 广度优先遍历

广度优先遍历从图 G 的某顶点 v 出发并访问该顶点；接着访问 v 的所有邻接顶点。然后再分别从这些邻接顶点出发依次重复上述过程，并按访问的次序输出所有顶点。

广度优先遍历算法的基本思想是，设图 G 是 n 个顶点的连通图或强连通图，且从顶点 v 出发遍历 G。预先定义一个一维数组 visited[n] 和一个队列 adjqueue[n]；数组的每一个数组元素对应一个顶点，初始值都为 0，表示所有顶点均未访问过。队列存放访问过的邻接顶点以便向下一层顶点遍历。

若图 G 为非连通图，则遍历了它的一个连通子图后需另选一个尚未访问顶点作为新出发点再进行遍历，直至图中所有顶点都被访问为止。

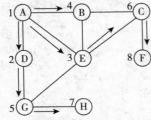

图 4-48 以无向连通图为例。从顶点 A 出发，依次访问 D，E，B，且把它们放入队列。按先进先出原则分别访问 D，E，B 的邻接顶点。如此继续访问所有顶点。广度优先遍历的过程如图中序号标出的次序。遍历的结果为 (A，D，E，B，G，C，H，F)。

设有 n 个顶点的连通图或强连通图 G，从顶点 v 出发广度优先遍历 G 的算法的类 C 语言描述如下。

算法 4.39 图的广度优先遍历。

图 4-48　图的广度优先遍历

```
BFSGraph (G,v)
{    定义一维数组 visited[n],初始值为 0,每一个数组元素对应一个顶点;
     定义一个队列 adjqueue;
     访问 v; visited[v] ←1;InsertQueue (adjqueue,v);
     While(adjqueue 不为空)
     {    u ←GetQueue(adjqueue); DeleteQueue (adjqueue);
          W ← u 的第一个邻接顶点;
          While (w 存在)
          {     if(visited[w]=0)
                {    访问 w; visited[w] ←1; InsertQueue (adjqueue,w);}
                W ← u 的第一个邻接顶点;   }
     }
}
```

本章复习指导

本章介绍了数据结构的基本内容、基本结构和基本算法。

1. 数据结构的基本概念

1) 数据元素：数据结构中不可再分的基本数据单位。

2) 数据的逻辑结构：从应用问题角度组织数据的结构或用户数据视图；主要有线性表、树和图 3 种结构。

3) 数据的物理结构：数据在计算机存储器上存储的结构；主要有顺序存储结构和链式存储结构。

2. 线性结构

1) 线性表：数据元素只有后继和前继关系的数据结构；顺序存储结构存储的线性表称为顺序表；链存储结构存储的线性表称为链表；链表又有单链表、环链表和双向链表等。相关算法主要有插入、删除和查找。

2) 栈：是限制插入和删除只在同一端进行的线性表，又称为后进先出表；顺序存储结构的栈称为顺序栈；链存储结构的栈称为链栈。相关算法主要有压栈、弹栈和读栈等。

3) 队列：是限制插入在一端、删除在另一端进行的线性表；顺序存储结构的队列称为顺序队列；首尾相接的顺序队列称为循环队列；链存储结构的队列称为链队列。相关算法主要有插入和删除。

4) 串：是以单个字符为数据元素的线性表，一般只采用顺序存储结构。相关算法主要有串比较、取子串和串匹配等。

3. 树结构

1) 一般树：是 $n(\geqslant 0)$ 个结点的有限集合；任意非空树 T，有且仅有一个节点称为根。根以外结

点可分成 $m(\geqslant 0)$ 个不相交的有限结点集合 T_1，T_2，…，T_m，且每个集合也是树，称其为根的子树。

2）一般树的术语：结点的度和树的度、父结点、子结点和兄弟结点、结点的层和树的深度、森林。

3）一般树的遍历：先根遍历、后根遍历、层次遍历。

4）一般树的存储结构：子_兄弟表、带父结点的子_兄弟表。

5）一般树的几个算法：求结点、求父结点等。

4. 二叉树结构

1）二叉树：是 $n(\geqslant 0)$ 个结点的有限集合；任意非空二叉树有且仅有一个特定的节点称为根。根以外的其余结点最多分成 2 个不相交的有限结点集合 T_1，T_2；每个集合也是二叉树；且 T_1 称为左子树，T_2 称为右子树。

2）特殊二叉树：满二叉树和完全二叉树。

3）二叉树的性质：性质 1、性质 2、性质 3、性质 4、性质 5。

4）二叉树的遍历：DLR、LDR 和 LRD，及其遍历算法。

5）二叉树的存储结构：顺序存储结构和二叉链。

5. 图结构

1）图的定义：G = (V，E)，V 是顶点的非空有穷集合；E 是边或弧的集合；边或弧是连接顶点的连线；可分为无向图和有向图。

2）图的几个术语：邻接顶点、顶点的入度、出度和度、路径和简单路径、回路和简单回路、子图、连通图和连通分量、强连通图和强连通分量、带权图。

3）图的性质：性质 1 和性质 2。

4）图的存储结构：邻接矩阵和邻接表。

5）图的遍历：深度优先遍历和广度优先遍历。

6. 本章内容重点：

• 线性表

习题 4

4.1 在数据的存储结构中，结点是什么？它涉及哪些信息的存储？

4.2 顺序存储结构和链式存储结构对存储空间各有什么要求？

4.3 设有一个顺序表，从地址 2010 的字节开始存储，结点长度为 50 个字节，则表的第 31 号结点的地址是什么？

4.4 为什么在删除单链表的第 i 个结点时，却要查找到第 i–1 个结点？

4.5 栈是一种具有何种特性的线性表？对顺序栈结构，"栈底"一定要设置在数组的低下标端吗？为什么？

4.6 有 3 个数 1、2、3。1 和 2 已进入栈中，栈顶为 2。则不能得到的数字顺序是什么？

4.7 设有串 S = "abcabcdabcdabcd"，T = "abcd" 则 Len(S) 的结果是什么？Mach(S，T) 的结果是什么？

4.8 二叉树和一般树有什么不同点？一个度为 2 的树是二叉树吗？

4.9 设二叉树有 9 个结点，其中 0 度结点 3 个，则 1 度结点多少个？2 度结点多少个？

4.10 为什么说带权二叉树中哈夫曼树是最优二叉树？

4.11 无向图采用邻接矩阵表示时，如何判断图中有多少弧、任意一个顶点的度是多少？

4.12 具有 n 个顶点的连通图至少有多少条边？具有 n 个顶点的强连通图至少有多少条边？具有 n 个顶点的有向无环图至少有多少条边？

4.13 有 5 个顶点的无向图至少应有多少条边，才能确保图是连通的？

4.14 设有 n 个正整数构成的序列 $I = (I_1，I_2，I_3，…，I_n)$。试设计一个算法，查找并统计出 I 中有多少个元素与 I_1 的值相等（用类 C 语言描述）。

4.15 设有单链表 H，试设计一个算法将单链表 H"逆转"。即结点的原始顺序为

H = $(h_1，h_2，…，h_n)$；执行算法后的顺序为 H = $(h_n，h_{n-1}，…，h_1)$。请用类 C 语言描述，再

用 C 语言编程并运行。

4.16 设有两个顺序栈 A、B，最大长度分别为 m、n，且 $m > n$。已知这两个栈在运行过程中现行长度之和不超过 m。如何设计这两个栈使空间最省？请写出两个栈的压入和弹出操作的算法类 C 语言描述，并编写出 C 语言程序。

4.17 设有一个 $n \times n$ 阶上三角形矩阵，存储为一维数组。试设计出该矩阵元素的地址计算公式。

4.18 应用图邻接矩阵写出计算图的顶点度数的算法（包括无向图和有向图）。

第三篇

系 统 篇

　　软件系统是计算机软件中的实体部分，也是计算机软件的核心部分。软件系统也可简称系统，它由下面几个部分组成：

　　1）系统软件：是面向计算机系统，为整个系统服务的软件并与具体应用无关。它是软件系统的重点。系统软件一般有操作系统、语言处理系统、数据库管理系统三种。

　　2）应用软件、直接面向应用的软件。

　　3）支撑软件：是支撑软件开发与运行的软件。它包括中间件、工具软件与接口软件等。

　　这三部分软件实体可用下面的图表示。

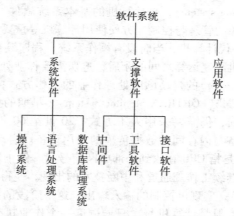

　　在本篇中共分4章，它们分别介绍操作系统、语言处理系统、数据库管理系统以及支撑软件与应用软件四部分内容。

第 5 章

操 作 系 统

操作系统是在计算机硬件上封装的第一层系统软件，从系统角度看，它起着软硬件接口的作用，操作系统的主要功能是管理计算机软、硬件资源，控制程序的执行，提供用户接口以及为用户提供操作服务等。本章从操作系统的基本概念入手，阐述操作系统的基本原理，并重点介绍CPU 管理、存储管理、设备管理、文件管理等核心功能以及用户接口功能，最后介绍常用的三种操作系统。

5.1 基本概念

5.1.1 什么是操作系统

操作系统简称 OS(operating system)，是计算机的基本系统软件。所有计算机均配有操作系统。操作系统承担着系统资源的管理与控制，方便使用计算机等重要职能。

20 世纪 40 年代出现第一代计算机，当时没有操作系统。程序装载、启动完全依靠手工操作完成。手工慢速操作与计算机高速运算之间的矛盾，迫切需要作业处理的自动化。20 世纪 50 年代末，出现利用监督程序(monitor)的自动顺序处理作业的工作方式，称为批处理(batch processing)，典型的批处理系统如 FMS(FORTRAN Monitor System)。早期的批处理主要是完成作业的自动调度，但在输入、输出方面，仍需要采用人工方式。20 世纪 60 年代末出现了通道和中断技术，通道是用于控制 I/O 设备与内存间的数据传输的专用设备。启动后可独立于 CPU 运行，实现 CPU 与 I/O 的并行。中断是指 CPU 在收到外部中断信号后，停止原来工作，转去处理该中断事件，完毕后回到原来断点继续工作。通道和中断技术的出现，使得监督程序可以常驻内存，称为执行系统(executive system)，实现可控制的输入输出。这一阶段的批处理系统虽然具有作业自动调度和输入输出控制功能，但是计算机每次只能调度一个作业执行，因此也称为单道批处理系统，其主要缺点是 CPU 和 I/O 设备使用忙闲不均。为了能够进一步提高系统资源利用率，20 世纪 60 年代中后期，人们将多道程序设计技术引入到批处理系统，形成多道批处理系统。多道批处理系统可同时处理多个作业，当一个作业因为输入输出等原因中断执行时系统自动调入其他作业执行，从而极大提高了 CPU 等关键资源的利用率。与此同时，从方便用户交互角度出发，采取分时技术，逐步形成了分时操作系统。分时技术的核心特征是将 CPU 运行时间划分成微小的时间片，将时间片分配给多个待执行的作业，多个作业轮流使用属于自己的时间片，相对于用户操作，这种时间片轮流使用的时间间隔很短，因此对于用户而言好像在独占计算机，极大地提高了交互能力。分时技术奠定了现代操作系统的基础。UNIX 等操作系统就是典型的分时操作系统。

什么是操作系统？目前较为统一的观点是"操作系统是计算机系统中的一个系统软件，以有效方式管理和控制计算机的硬件资源，合理地控制程序的执行并向用户提供各种接口服务功能，使得用户能够灵活、方便、有效地使用计算机，使整个计算机系统能高效地运行"。

操作系统有三大主要作用：

1)有效管理资源：从硬件角度看，操作系统有效管理计算机的硬件及数据空间资源。

2）合理控制程序：从软件角度看，操作系统为软件配置资源并合理控制程序运行。

3）方便用户使用：从用户角度看，操作系统提供良好的、一致的用户接口，为用户提供多种服务。

5.1.2　操作系统的分类

目前，对于操作系统有多种分类方法，比如从资源配置模式角度考虑，从应用特性或系统组织模式的角度考虑，从使用环境和对用户作业的处理方式角度考虑等。

（1）批处理操作系统

用户提交的工作任务称为作业，若对多个用户提交的作业成批地进行处理，则称为批处理。批处理操作系统是早期计算机使用的操作系统，现代操作系统如 UNIX 等也具有批处理功能。批处理操作系统一般分为单道批处理和多道批处理；也根据处理方式的不同分为联机批处理和脱机批处理。单道批处理系统依次处理用户作业，内存中只装载一个用户作业，资源被该作业独占，在该作业完成后才调入下一个用户作业。采用多道程序设计技术的批处理操作系统称为多道批处理操作系统。该系统允许多个作业同时装入内存，多个作业轮流交替使用 CPU。多道批处理系统的优点是 CPU 和内存资源利用率高，作业吞吐量大；缺点是用户交互性差，整个作业完成后或中间出错时，才与用户交互，不利于调试和修改，另外，作业平均周转时间长，短作业的周转时间显著增加。

（2）分时操作系统

分时操作系统是多道程序设计技术与分时技术结合的产物，是一种联机、多用户、交互式的操作系统。"分时"的含义主要指多个用户分享使用同一台计算机，多个程序分时共享硬件和软件资源。利用分时技术可实现一台计算机与多个终端连接，各终端共享使用该计算机。在 CPU 管理上，采取"时间片"轮转的调度策略，系统依据"时间片"为单位将 CPU 资源分配给每一个联机终端，各终端在其时间片内使用 CPU 资源，终端请求的任务在一个时间片内未完成，则暂时被中断执行，等待下一轮循环再继续执行，而此期间的 CPU 资源分配给下一个终端。相对于用户的操作，时间片是微小的，因此用户好像是独占计算机资源。

（3）实时操作系统

实时操作系统要求计算机对外来信息能以足够快的速度进行处理，并在被控对象允许的时间范围内做出快速响应。其中所谓"实时"，是指能够及时响应随机发生的外部事件、并对事件做出快速处理的一种能力。而"外部事件"，是指与计算机相连接的设备向计算机发出的各种服务请求。

（4）通用操作系统

兼有批处理操作系统、分时操作系统、实时操作系统功能的操作系统称为通用操作系统。

（5）个人操作系统

针对单用户使用的个人计算机进行优化的操作系统。使用方便、支持多种硬件和外部设备。还可以进一步分为单用户单任务操作系统、单用户多任务操作系统等。

（6）网络操作系统

网络操作系统是在通常操作系统功能的基础上，提供网络通信和网络服务功能的操作系统。用于管理网络通信和共享资源，协调各计算机上任务的运行，并向用户提供统一的、有效方便的网络接口的程序集合。

（7）分布式操作系统

分布式操作系统的所有系统任务可在系统中任何处理机上运行，自动实现全系统范围内的任务分配并自动调度各处理机的工作负载。

（8）嵌入式操作系统

嵌入式操作系统是支持嵌入式系统应用的操作系统软件，它是嵌入式系统极为重要的组成部分，通常包括与硬件相关的底层驱动软件。嵌入式操作系统具有通用操作系统的基本特点，但更注重系统实时性，且硬的相关依赖性高。

5.1.3 操作系统的功能

操作系统的核心作用是对计算机的硬件资源及数据资源的管理和提供用户接口。从大类上看，计算机硬件资源主要指处理机（主要指 CPU）、存储器、外围设备、数据资源（主要指各类文件）。因此，从资源管理角度看，操作系统的功能主要被划分为处理器管理、存储管理、设备管理、文件管理这四个方面，此外，还包括用户的接口管理及服务方面的内容。

（1）处理器管理

处理器是计算机的核心资源，对于采用多道程序设计技术和分时技术的操作系统，其重要任务是如何合理地组织管理处理器，实现多个用户程序共享使用 CPU 资源。处理器管理主要围绕如何分配资源，如何回收资源等环节。由于用户程序执行时的动态特性有别于程序本身，因此引入新的概念"进程"，简单说进程就是一段正在运行的程序，进程是操作系统动态执行的基本单元，在传统的操作系统中，进程既是基本的分配单元，也是基本的执行单元。处理器管理的基本对象就是进程，因此，处理器管理也称为进程管理，主要包括进程的控制方法、进程之间的同步与通信、进程的调度策略等。

此外，还引入了"线程"的概念，用它弥补进程的不足。

处理器管理还有一个重要部分是对中断的管理。中断是处理器与外部联系的主要通路，它有"处理器耳目"之称，因此中断管理也是处理器管理的重要内容。

（2）存储管理

计算机中的存储设备包括内部存储器和外部存储器。存储管理主要管理内部存储器。任何程序和运行所需数据都必须占用一定的存储空间，因此，存储管理直接影响系统的性能，其管理目标主要是提高存储器的利用率、方便用户使用、提供足够的存储空间、方便进程并发运行等。其主要任务是存储器的分配与回收、地址重定位及虚拟存储管理等。

（3）设备管理

设备管理主要针对计算机外围设备的管理，包括输入输出设备、外部存储器等。设备管理任务包括有效利用各类设备、设备的分配与回收、实现设备和 CPU 之间的并行工作，解决处理速度不同的设备之间的并行，给用户提供简单而易于使用的接口。

（4）文件管理

文件管理主要针对"软件资源"，它主要指各类程序和数据。文件一般被存储在外部存储设备上，文件管理的任务包括以提高空间利用率和读写性能的文件存储空间管理，以提高检索能力的目录管理和以保障文件安全的读写管理和存取控制等。文件管理把存储、检索、共享和保护文件的手段提供给操作系统本身和用户，以达到方便用户和提高资源利用率的目的。

（5）用户接口管理

除了从资源管理角度将操作系统功能划分上述四个基本类型之外，一般还包括从用户交互性角度考虑的用户接口管理。用户接口管理一般分为人机交互接口和应用程序接口。

此外，有关服务的功能因不同操作系统而大不相同，因此在这里就不作统一介绍。

5.1.4 操作系统的结构

操作系统的体系结构经历了无结构、模块式、层次结构到内核结构的发展变化。

（1）无结构操作系统

无结构操作系统就是一组过程集，各过程可相互调用，也叫整体系统结构。以这种方式组织的程序，过程、代码间存在复杂的逻辑关系，无法有效分割，使得维护起来比较困难。

（2）模块化操作系统

模块化的操作系统一般将具有相对独立的功能分划为不同的模块，如进程模块、内存模块等，它降低了程序不同部分之间的逻辑复杂性，也提高了可维护性。但对于大型的系统而言，模块众多也会造成模块间的复杂逻辑关系。

（3）层次结构操作系统

层次结构操作系统是将操作系统的功能分成不同层次，低层次的功能为紧邻其上的一个层次的功能提供服务，而高层次的功能又为更高一个层次的功能提供服务。有利于系统的维护和系统的可靠性。

（4）内核结构操作系统

内核结构的操作系统将操作系统分成若干分别完成一组特定功能的服务进程，等待客户提出请求。内核是操作系统的内部核心程序称为核心态程序，它向外部提供了对计算机设备的核心管理调用。内核所在的地址空间称为内核空间，外部管理程序与用户进程的程序称为用户态程序，它所占据的地址空间称为用户空间。通常，一个程序会跨越两个空间。当执行到内核空间的一段代码时，称为程序处于核心态（或称为管态）；而当程序执行到外部空间代码时，称为程序处于用户态（或称为目态）。

为保证操作系统的顺利运行，核心态程序具有一定的特权，只有它才能使用硬件中的特权指令。特权指令是计算机硬件中的一些特殊指令，如外设指令、部分内核空间访问指令等。这些指令只能由核心态程序才能使用，以保证操作系统管理与控制资源的权威性。

内核结构还可以进一步分为单内核结构和微内核结构。

单内核结构中操作系统的所有系统相关功能都被封装在内核。它们与外部程序处在不同的内存地址空间中，并通过各种方式防止外部程序直接访问内核中的数据结构。程序只有通过系统调用接口访问内核结构。

微内核结构中操作系统的内核只需要提供最基本、最核心的一部分操作，如进程或线程管理、内存管理等，而其他管理程序包括文件系统等则放在内核以外。微内核结构使操作系统内部结构变得简单清晰。在内核以外的外部程序分别独立运行，其间并不互相关联。这样，可以对这些程序分别进行维护和拆/装，只要遵循已经规定好的界面，就不会对其他程序有任何干扰。

目前常用的操作系统一般都是内核结构操作系统。

5.2　CPU 管理与中断管理

CPU 管理主要是对 CPU 中进程的管理以及中断管理，下面将具体介绍。

5.2.1　进程描述与进程控制

在单道批处理系统或简单单片机中，程序是顺序执行的，程序间没有资源竞争问题，系统资源被执行的程序独占。为了提高对计算机资源，尤其是 CPU 资源的利用率，引入了多道程序设计技术和分时技术，内存中可同时装载多个程序，于是出现程序的并发执行，所谓并发，是宏观上"并行"，微观上"串行"。并发执行的程序其特征是程序间断性地执行，系统资源在多个程序间共享。程序顺序执行的系统可以看做是封闭系统，具有过程的顺序性、执行状态的确定性，因此可以在相同初始条件下再现这一过程。然而在程序可并发执行的系统中，由于系统中资源被多个程序共享和竞争使用，使得逻辑上独立的程序之间产生了相互影响和制约。例如，对共享的内存数据区，若两个程序不加控制地独立读写，则极易造成错误。多道程序并发执行不再是封闭系统，交替使用系统资源打破了程序执行过程的严格顺序使其具有间断性，尤其在多用户环境下更具有执行的随机性，其执行过程不再具有再现性。对于并发执行的程序，其执行时的特征没有办法从程序本身来完全刻画，于是人们引入新的概念——进程（process）来加以描述。

（1）进程及其特征

进程是操作系统的核心概念之一，作为系统资源分配和独立运行的基本单位。进程概念被引入到操作系统中，始见于 20 世纪 60 年代初，最初被称为任务（task）。随着不断研究，人们给出对进程的多种定义。较为公认的提法是"一个具有一定独立功能的程序在一个数据集合上的一次动态执行过程"。

进程与程序既有联系又有区别，程序是静态的，是一组有序指令的集合。进程是动态的，是程序在计算机中执行时发生的活动。进程与程序并非一一对应，进程是程序在某个数据集上的执行，因此一个程序由于数据集的差异可以形成多个不同的进程。同时由于执行时的调用关系，一个进程中可以包含多个不同程序。

一般来讲，进程具有如下特征：

1）动态性。进程是程序一次执行，具有从产生到消亡的生命周期，由"创建"、"状态转化"、"撤销"等动作来描述其活动。

2）独立性。各进程的运行地址空间相互独立，且独立执行，被视为一个独立的实体作为计算资源分配的单元。

3）并发性。依据调度策略，各进程宏观上并发执行，微观上交替执行，从而共享有限的系统资源。

4）结构性。对于一个进程需要由特殊的数据结构来描述。

5）制约性。进程之间的相互制约，主要表现在互斥地使用资源和相关进程之间必要的同步和通信。

（2）进程的状态转换

进程间由于共同协作和共享资源，导致生命期中的状态不断发生变化。一般进程在其生命周期内可经历多个状态，其中，就绪状态、执行状态、阻塞状态这三个状态可描述其基本状态，如图 5-1 所示。

1）执行状态（也称为运行状态）。已经获得 CPU 的进程正在占用 CPU，进程对应的程序段正在依次执行，此种状态称为执行状态。

2）阻塞状态。也称为等待状态、挂起状态、睡眠状态等。进程为了等待某种外部事件的发生，暂时无法运行的状态。外部事件，如等待输入/输出操作的完成或等待另一个进程发来消息等。

3）就绪状态。进程除了未获取 CPU 之外，其他运行所需的一切条件都已具备，而处于等待系统调度其执行的状态。

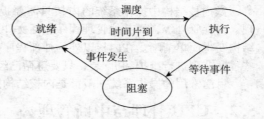

图 5-1　进程基本状态转换

一个正处于运行状态的进程，会由于提出输入/输出请求而使自己的状态变成为阻塞，以便等待输入/输出的完成，这属于进程自身推进过程中引起的状态变化。在输入/输出操作完成后，会使某个进程的状态由阻塞变为就绪。由于被阻塞的进程并不知道它的输入/输出请求何时能够完成，因此这属于由于外界环境的变化而引起的状态变化。

（3）进程描述

在并发系统中，由于多个进程轮流被调度执行，各进程都是间断性活动，因此，需要有专门的存储区域来刻画进程运行时的各种状态，以便在重新调度为运行状态时可以恢复上次活动时的现场，从被打断的位置开始继续执行。这一专门的存储区域称为进程控制块（Process Control Block，PCB）。因此，加上进程对应的程序和数据，一个进程的静态描述包括 PCB、程序和数据这三个部分。

操作系统在 PCB 中记录进程的所有活动状态和参数，以此为基础来管理、控制进程。一般而言，PCB 中需要描述的信息至少包括：

● 进程标识符。与其他进程相区别的标示号，唯一确定某进程。

● 进程控制信息。包括进程所处的状态信息、优先级、程序和数据地址信息，与其他进程之间的通信信息等。
- 进程使用资源信息。包括内存使用信息、使用的输入/输出设备信息、使用文件系统的信息等。
- 处理器状态信息。用于描述进程的现场状态，包括程序计数器、各类寄存器等，也称为进程的上下文。

PCB是随着进程的创建而建立的，随着进程的撤销而取消的，系统是通过PCB来"感知"每一个进程的，PCB是进程存在的唯一标志。根据进程状态，将各进程的PCB用不同队列管理，如就绪队列、阻塞队列、运行队列等，计算机从队列首部提取相应进程的PCB，根据PCB信息管理进程。

（4）进程控制

CPU管理的重点就是进程控制。为了对进程进行有效的管理和控制，操作系统要提供一些基本的操作，来完成创建进程、撤销进程、阻塞进程和唤醒进程等核心控制任务。这类操作是基础性的，操作系统为保证基本操作的正确和完整，将这类操作封装为一个整体，并视为原子操作，即不可分割的，一旦启动就要完整执行，中间不能插入其他执行操作。在操作系统中，把具有这种特性的程序段称为"原语"。为了保证原语操作的不可分割，一般采取屏蔽中断的方法，即在原语执行时关闭中断功能，任务完成后恢复中断功能。下面对创建、阻塞、唤醒、撤销四个原语进行介绍。

1）进程创建。进程可以由系统创建，也可以由其他进程创建。创建其他进程的进程称为父进程（parent process），被创建的进程称为子进程（progeny process）。子进程可以继承父进程的所有资源。对于具有层次性的进程管理系统，通过逐级创建形成进程树，如UNIX系统。在有些内核结构的系统中（如Windows），进程之间没有父子关系。

创建进程一般经过以下步骤：
- 申请一个新的PCB。
- 赋予该进程一个进程标识符。
- 为该进程分配资源。
- 初始化PCB。
- 将新进程插入就绪队列。

2）进程撤销。当进程执行完毕、执行中的进程发生意外错误以及外界干扰中止进程等情况下实施进程的撤销。进程撤销，则系统收回配置给该进程的资源，撤销其PCB，从PCB队列中删除。对于有层次结构，撤销该进程，同时撤销以该进程为根结点的子树上的所有子进程。撤销进程一般经过以下步骤：
- 检查进程树。
- 检查进程状态修改为终止态。
- 检查有无子进程需要终止，若有撤销子进程。
- 归还资源给其父进程或系统。
- 从PCB队列中删除PCB。

3）进程阻塞。执行状态的进程当期待某一事件发生（如等待I/O操作等），而不再继续执行时，进程主动调用阻塞原语，将自己的状态从执行状态转化为阻塞状态。阻塞态的进程当条件具备时转为就绪并继续执行，因此，需要对阻塞时刻的CPU现场进行保护，以便转入运行态时恢复当时情景而继续执行。阻塞进程一般经过以下步骤：

1）中断CPU，保护进程现场。

2）将该进程状态修改为"阻塞"。

3）将该进程PCB插入到阻塞队列中。

4）转CPU调度。

(5)进程唤醒

在阻塞队列中的进程,若期待的事件发生了(如 I/O 操作完成),则等待该事件的进程由事件进程来全部唤醒,从而转入就绪队列。

唤醒进程一般经过以下步骤:

1)取出阻塞队列中将被唤醒的进程。

2)将该进程状态修改为"就绪"。

3)将该进程 PCB 插入到就绪队列。

4)转 CPU 调度。

5.2.2 进程同步、互斥与进程通信

由于多个进程的并发执行,进程之间合作或围绕共享的资源形成相互制约和相互影响。为实现有效的资源共享和相互合作,引入进程同步(synchronism)和进程互斥(mutual exclusion)的概念。

(1)进程同步

进程的同步指系统中一些进程需要相互合作,共同完成一项任务。例如,程序 A 需要打印输出时与打印进程 B 之间的协同,两者共同使用缓冲区,A 进程将需要输出的数据放入缓冲区,B 进程从缓冲区中取数据打印输出,A 进程需要等缓冲区空时写缓冲区,而 B 进程需要在缓冲区满时取数据。因此二者需要协同操作,读写在时间上需要协调,否则将会丢失数据。进程 A 和进程 B 就是一种同步关系。进程同步是进程间为完成共同的任务而发生的直接制约的关系,需要在执行时间次序上按照一定的规律进行。

(2)进程互斥

进程的互斥由于各进程要求共享资源,且在排他性使用资源情况下发生。如进程 A 和进程 B 共享使用某一堆栈,用于临时保存各自的数据,且暂存前后数据一致。若在 A 进程写 – 读期间,B 进程进行了写操作,则势必造成 A 进程数据前后不一致的情况。A 进程与 B 进程之间围绕其共享使用的堆栈资源形成的间接制约关系,就是一种互斥关系。类似这种具有排他使用的共享资源称为临界资源,而进程中访问这一临界资源的代码段称为临界区(critical section)。并发进程对同一临界资源不可以交叉执行临界区代码,否则会造成"时间上的错误"。

(3)信号量及同步互斥控制

1965 年,荷兰学者 E. W. Dijkstra 提出一种可解决并发进程间互斥与同步关系的机制,称为"信号量机制",并具体给出了两个核心原语,称为 P、V 原语(取自荷兰语 passeren 和 verhoog 的第一个字母)。

若多个进程使用某一临界资源,则围绕该临界资源 S 的信号量数据结构 s,至少包括两个部分,一个是整型变量(记为 sem),即为信号量,一个是等待使用该资源的进程队列(queue)。若 P 操作记为 P(S),V 操作记为 V(S),P、V 原语的可描述如下。

P(S)执行两个操作:

1)当前信号量减 1,s. sem = s. sem – 1。

2)若 s. sem < 0,则将当前进程阻塞并在资源队列 s. queue 中排队,直到其他进程执行 V 操作释放资源为止。否则继续执行进程使用资源。

V(S)也执行两个操作:

1)当前信号量加 1,s. sem = s. sem + 1。

2)若 s. sem < =0,则从 s. queue 队列中取出一个进程将其状态置为就绪,然后调用进程继续运行,否则,进程继续执行。

若 s. sem = 1 表示资源空闲可用,则 P(S)操作的意义是,当进程请求使用资源 S 时,执行 s. sem = s. sem – 1 操作后,s. sem < 0 表示资源已经被其他进程占用,且 s. sem 的绝对值 | s. sem |

表示有 | s. sem | 个进程在排队等待使用该资源。V(S)操作的意思是，当进程使用完资源 S 后释放了该资源，执行 s. sem = s. sem + 1 操作后，s. sem < = 0 则表示还有其他进程等待使用该资源，处于阻塞状态，因此，负责从阻塞队列中唤醒一个进程，使其能够使用该资源，反之，s. sem > 0 则表示没有其他进程在等待该资源。

若实现进程互斥，则在进程临界区前后分别使用 P、V 原语即可，例如：

P(S)//进入临界区
使用 S //独占使用
V(S)//退出临界区

由于在进程互斥时使用的信号量是面向所有使用临界资源的进程的，因此是一种公有的信号量。而对进程间同步则一般使用私有信号量，私有信号量的含义指仅对拥有者产生作用，而对其他进程没有作用，因为同步关系仅在需要同步的进程间产生是一种直接关系，不需要约束其他不相关进程，因此没有必要设置为公有信号量。

采用 P、V 操作实现进程同步，关键是找到同步点，并设置 P、V 操作。仍以进程 A 需要打印输出时与打印进程 B 之间的协同为例。为进程 A 和进程 B 分别设立两个私有信号量，分别记为 semA 和 semB，初始时 semB 设置为 0，semA 设置为空缓冲区个数。

则进程 A、B 的基本操作可描述如下：
A 的基本操作包括

P(semA)
从空缓冲区队列中取一个空缓冲区
写缓冲区
将缓冲区插入满缓冲区队列中
V(semB)

B 的基本操作包括

P(semB)
从满缓冲区队列中取一个满缓冲区
读缓冲区
将缓冲区插入空缓冲区队列中
V(semA)

在上述操作中，semA 的作用是控制进程 A 的写的进度，A 进程每次使用一个缓冲区则 semA 减少 1，若无空缓冲区，则 semA < = 0，则通过 P 操作，进程 A 阻塞，直到进程 B，释放缓冲区，进行 V(semA)操作唤醒进程 A。semB 的作用是控制 B 进程的操作，若没有满的缓冲区，则 B 进程的 P 操作使其阻塞，直到由 A 进程的 V(semB)操作来唤醒 B 进程。

(4)进程通信

操作系统中的进程之间总会存在相互之间的信息交换，交换信息则需要"进程通信"。进程通信一般分为低级通信和高级通信，低级通信一般比较简短，主要用于控制，如前面介绍的同步与互斥操作中利用了信号量的通信来实现。如果进程间交换的信息量大，则采取低级的通信方式不仅变成控制复杂，而且效率低下。进程间的高级通信则是利用操作系统提供的高级通信原语实现快速的大量信息交换模式。主要包括消息传递方式和共享存储区方式等。

1)消息传递方式。这种方式分为直接通信方式和间接通信方式两种，直接通信方式通过发送原语(send)和接收原语(receive)实现两个进程之间的消息传递。间接通信方式利用中间数据结构(如缓冲区或邮箱)来间接传递消息。

直接通信方式可采用消息缓冲机制，该机制由 Hansen 于 1973 年提出。其基本原理是消息发送者在自己的内存空间里设置发送区，并填写消息，然后申请一个消息缓冲区，把数据从消息发送区移入消息缓冲区中，在通过发送命令，把该消息缓冲区直接发送到消息接收者的消息队列中。接收者在接收之前也要在自己的内存空间设置接收区，然后从自己的消息队列上摘下消息缓冲区，将消息内容读到自己的消息接收区里，并释放缓冲区。

消息缓冲区一般至少包括以下内容：

- 发送消息的进程标识。
- 发送消息的长度。
- 发送消息的消息内容。
- 指向下一个消息缓冲区的指针。

采取邮箱方式的间接通信，需要在两个通信的进程之间建立公共的邮箱，发送者把消息投递到与接收者相连的邮箱，接收者从该邮箱里接收消息。邮箱由"邮箱头"和"邮箱体"构成。邮箱头描述邮箱名、邮箱大小、存信件指针、取信件指针等信息，邮箱体用来存放消息。采用邮箱方式通信，系统除了发送原语和接收原语之外，还需要提供创建邮箱原语（create）和撤销邮箱原语（release）。

2）共享存储区方式。操作系统在内存数据段中专门开辟一个区域供各进程共享使用。该区域称为共享存储区，利用共享存储区可实现进程间的通信。进程在通信前由系统提出申请（可以是一个或多个分区），系统为其分配共享存储空间，并返回该空间的标识符，当进程申请到共享存储空间，则该空间就如同私有空间一样使用。这种方式效率高但交换信息量不够多。

（5）死锁

并发进程需要共享与竞争使用系统的各类资源，而计算机系统中有很多资源需要独占使用（如打印机等），若在资源使用上不加限制，则可能出现"死锁"的现象。所谓死锁是指两个以上的进程各自排他性地占有着一些资源，同时请求对方所占有的资源，并且在得不到对方资源的情况下不释放自身所占资源，因此，相关进程均处于阻塞状态而无法继续推进。如图 5-2 所示，A 进程占有资源 R_1，B 进程占有资源 R_2，A 进程在不释放 R_1 的情况下请求资源 R_2，B 进程在不释放 R_2 的情况下请求资源 R_1，则 A、B 进程相互等待而处于死锁状态。

产生死锁的原因是不加约束地竞争使用资源。一般形成死锁状态有以下必要条件：

1）互斥。进程独占资源，排他性使用，在未使用完之前，不释放资源。

2）不剥夺。进程占有的资源不能被其他进程抢占，而只能等待占有者使用完毕后自由释放。

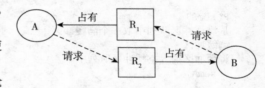

图 5-2　死锁示意图

3）占有持续。进程可以同时占有多个资源，同时可请求其他资源，当在得不到请求的资源的情况下转入阻塞时，仍持续占有已经获得的资源。

4）占有请求环路。存在资源占有－资源请求的循环结构，处于该结构中的所有进程即占有其他进程请求的资源，同时请求其他进程占有的资源。

如果系统能够打破形成死锁状态的 4 个条件之一，则系统就不会出现死锁。如设备管理中使用的假脱机（SPOOL）技术就是一种破坏互斥条件的方法，然而该技术不是对所有独占资源都适用（如共享堆栈）。系统一次性分配进程所需全部资源，若存在其他资源被占用则不分配任何资源，这种方法显然可以防止死锁，但并发性降低且效率不高，且由于无法预知每个进程所需的全部资源，因此无法一次性分配。将不可剥夺改为可剥夺容易造成进程执行的混乱。对于环路的破坏可采用资源统一编号的策略，进程按编号的顺序由小到大提出对资源使用的申请可以防止死锁，但限制了进程对资源的请求，也对新增资源的管理造成困难。

实际上，若能够在分配资源之前，可以判断其结果是否带来死锁，只有在不造成死锁时才分配，则必然不造成死锁。可实现方法如银行家算法等。

5.2.3 线程

线程(thread)是现代操作系统的重要概念。进程解决了多道程序设计中程序的并发问题,进程是资源的拥有者和 CPU 的调度单位。进程创建、撤销,以及进程不同状态之间的转换往往需要付出较大的时间代价,限制了并发执行的效率,为此,引入线程的概念。线程是属于进程中的执行实体,进程是资源的拥有者,而线程与资源分配无关,同一进程的多个线程共享进程的资源,并共同运行在同一进程的地址空间。因此,线程之间的切换不需要复杂的资源保护和地址变换等处理,从而提高了并发程度。在多线程系统中,CPU 调度以线程作为基本调度单位,而资源分配以进程作为基本单位。在多线程系统中,除了有进程控制块 PCB 之外,还需要线程控制表(TCB),用于刻画线程的状态,记录程序计数器、堆栈指针以及寄存器等。

与进程类似,线程也具有三个基本状态:就绪、阻塞、执行。由于线程之间共享数据结构,因此线程之间的同步十分必要,方法与进程同步类似。

线程的实现机制一般包括用户级方式和核心级方式或者是二者结合的混合方式。

(1)用户级线程

用户级线程是由应用程序完成所有线程的管理,线程调度是应用程序统一设定的,调度速度快。用户级线程的 TCB 由用户进程设置,用它来跟踪本进程中各线程的状态。当一个线程转换到就绪状态或阻塞状态时,在该线程 TCB 中存放重新启动该线程所需的信息,与内核在进程表中存放进程的信息完全一样。

(2)核心级线程

核心级线程由核心完成对它的管理。核心维护进程和线程的上下文关系,线程之间的切换需要核心支持,以线程为基础进行调度,核心可以同时调度同一进程的多个线程,阻塞是在线程一级完成。由于线程调度经由内核,速度相对慢。核心级线程的 TCB 由内核管理。

5.2.4 CPU 调度

CPU 是计算机中核心计算资源,对 CPU 的不同调度形成不同的操作系统。CPU 管理的工作主要就是对 CPU 资源进行合理的分配使用,以提高 CPU 利用率和实现各用户公平地得到 CPU 资源。CPU 调度首先明确其调度原因和方法,如已被调度的进程执行完毕或进程由于等待事件而阻塞,则需要从就绪队列中提取一个待执行的进程,而选择哪个进程可以考虑进程的优先级等。

(1)CPU 调度种类

CPU 调度可从调度的对象类别、时间特性等进行划分。从调度对象上看分为作业调度、内外存调度、进程或线程调度。从时间特性上看分为长期调度、中期调度、短期调度。

1)作业调度。也称为"高级调度"或"宏观调度"。从用户工作流程的角度,一次提交的若干个流程,其中每个程序按照进程调度。

2)内外存调度。也称为"中级调度"。从存储器资源的角度,将进程的部分或全部换出到外存上,将当前所需部分换入到内存。指令和数据必须在内存里才能被 CPU 直接访问。

3)进程或线程调度。也称为"低级调度"或"微观调度"。从 CPU 资源的角度执行的单位,时间上通常是毫秒级。因为执行频繁,要求在实现时达到高效率。

(2)CPU 调度算法

CPU 管理的策略主要由 CPU 调度算法体现。

1)先来先服务调度算法。按照进程就绪的先后次序来调度进程。先来先服务调度算法(First Come First Service,FCFS)的基本思想是以到达就绪队列的先后次序为标准来选择占用 CPU 的进程。一个进程一旦占有处理机,就一直使用下去,直至正常结束或因等待某事件的发生而让出 CPU。采用这种算法时,使用队列这种数据结构来管理就绪进程,进入就绪队列的进程插入到队列末尾,而调度程序从队列首部提取进程。该算法的优点是实现简单,缺点是对那些执行时间较短的进程来说，将等待较长的时间，从而降低 CPU 的利用率。在实际操作系统中，FCFS 算法常常和其他算法配合使用。

2）时间片轮转调度算法。（Round Robin，RR）把 CPU 划分成若干时间片，并且按顺序赋给就绪队列中的每一个进程，进程轮流占有 CPU，当时间片用完时，即使进程未执行完毕，系统也剥夺该进程的 CPU，将该进程排在就绪队列末尾。同时系统选择另一个进程运行。一般情况下，每个进程在就绪队列中的等待时间与享受服务的时间成比例。采用这种调度算法时，对就绪队列的管理与先来先服务完全相同。主要区别是进程每次占用处理机的时间由时间片决定，而不是只要占用处理机就一直运行下去。显然，轮转法只能用来调度分配那些可以抢占的资源。可以抢占的资源可以随时剥夺，而且可以将它们再分配给别的进程。CPU 是可抢占的资源的一种。但打印机等是不可抢占的资源。时间片长度的选择是根据系统对响应时间的要求和就绪队列中所允许的最大进程数确定的。

3）优先数调度算法。并发进程依据占有资源的不同或进程所需资源的类型和数量或应用特性（如实时性）不同，应该不同对待，时间片轮转调度将进程当做同一级别对待，比如给予占用 CPU 时间短或内存容量少的进程以较高的优先数，这样可以提高系统的吞吐量。对不同种类的进程赋予不同级别的优先级，优先级最高的进程优先被调度执行是优先级调度的基本思想。优先级的确定方法一般分别为动态法和静态法，静态法根据进程的静态特征，在进程开始之前就确定它们的优先级，一旦开始就不能改变。动态法把进程的静态特征和动态特征结合起来确定进程的优先级，随着进程的执行过程，其优先级不断变化。在算法设计中也要考虑高优先级进程永远使用 CPU，而低优先级的进程得不到 CPU 的问题，可以采用某种动态优先级策略，比如进程使用了一次 CPU 之后优先级等级适当降低。

4）多级反馈轮转调度算法。多级反馈轮转调度（Round Robin with Multiple Feedback，RRMF）是时间片调度算法与优先数调度算法的结合。该方法将处于就绪状态的进程根据不同原因和进程特点进行排队，比如 I/O 繁忙型、CPU 繁忙型等。为每个队列赋予不同的优先级，可以获得不同长度的时间片。系统依次按照队列优先级的高低调度进程，当高优先级队列中进程处理完毕后处理低优先级的队列中的进程。

5.2.5 中断管理

在 CPU 管理中除了对进程作管理与调度外，它还有一个重要的作用是对中断的管理。中断的作用在计算机中是很重要的。如果我们将 CPU 看成是计算机中头部的大脑，那么中断就是头部的五官，它起着 CPU 与外部消息沟通的作用，外部的任何变化都可以通过中断反映给 CPU，以便 CPU 及时处理。有了中断后 CPU 就更加耳聪目明能及时掌握与处理外部变化。

在计算机运行期间，由于各种非预期的事件发生而需要紧急处理，如异常、I/O 请求等，使得 CPU 不得不暂时停止当前的工作而去处理这些事件。这类活动称为中断（interrupt）。简单地说，中断是指 CPU 在正常执行程序的过程中，由于某个外部事件的作用，强迫 CPU 停止当前正在执行的程序，转去为该事件服务，待服务结束后，又自动返回到被中断的程序中继续执行。在中断活动中，引起中断的事件称为中断事件或中断源，发生某个事件时所发出的信号称为中断信号，处理中断信号的工作程序称为中断处理程序。

随着操作系统的发展，中断这一概念也在不断发展，从最初的解决 CPU 与 I/O 的并发性，到只要使得程序正常流程发生改变的异常，均被视为中断技术。

（1）中断的作用

中断技术可以应用到系统的不同层面，运用中断技术可以达到如下作用：

- 高速 CPU 与低速 I/O 设备并行工作。
- 发现并紧急处理硬件故障。
- 处理人机交互任务。

- 多道程序和分时系统中的进程切换。
- 进程或设备间以中断方式传送实时信号。
- 实现应用程序与操作系统的交互。

（2）中断的类型

中断根据发生机制分为硬中断和软中断，其中硬中断根据中断源的差异可划分为外部中断、内部中断。

1）外部中断主要指在 CPU 和内存之外的中断，包括 I/O 设备发出的 I/O 中断、外部信号中断、各种定时器引起的时钟中断以及调试程序中设置的断点等引起的调试中断等。

2）内部中断主要指在 CPU 和内存内部产生的中断，也称为自陷（trap）或异常。通过 CPU 的指令，可预期地改变程序正常执行，包括程序运算引起的各种错误处理，分时系统中的时间片切换等。

3）软中断是进程之间的一种信号通信方式，采取了模拟硬中断的处理过程。接收软中断信号的进程不一定正好在接收时占有 CPU，而相应的处理必须等到该接收进程得到 CPU 之后才能进行。

（3）中断嵌套和中断优先级

在处理一个中断事件时，系统又响应了新的中断事件。称为中断嵌套，对于不同的中断设置优先级，中断优先级是中断响应的优先级别。当多个中断发生时，系统根据优先级决定响应中断的次序，优先响应高优先级的中断，同级中断则按硬件规定的次序响应。中断优先级由高到低的顺序为硬件故障中断、访问内核中断、程序性中断、外部中断、输入/输出中断等。

（4）中断处理过程

中断处理过程通常由中断申请、中断响应、中断处理、中断返回等基本环节完成。处理过程如图 5-3 所示。

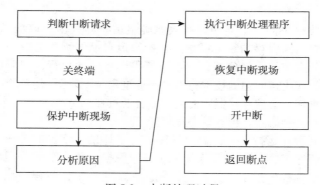

图 5-3　中断处理过程

- 中断申请。对于外部中断，当外设需要中断服务时，由硬件产生一个中断请求信号 INTR 发送给 CPU，CPU 在当前指令结束时检测 INTR，判断是否有中断请求。
- 中断响应。当检测到有中断请求且允许中断时，CPU 给中断请求设备应答，中断请求设备将中断号送上数据总线，系统进入中断响应周期，由硬件完成关闭中断、保存断点、取中断服务的入口地址等一系列操作，而后转向中断服务程序执行中断处理。
- 中断处理。分析原因，调用中断处理子程序。执行中断服务程序中规定的操作。在多个中断请求同时发生时，处理优先级最高的中断源发出的中断请求。
- 中断返回。将压栈的断点从堆栈中弹出，开放中断，恢复被中断进程的现场或调度新进程占据 CPU。CPU 继续执行。

5.3 存储管理

在计算机中有很多存储器，用它来存储程序与数据，它们构成了一个完整的存储空间，主要包括寄存器、高速缓冲存储器、内存储器、外存储器以及后援存储器等，而操作系统则主要管理起关键作用的内存储器和外存储器，其中存储管理主要就是管理内存储器，而外存储器的管理则在设备管理及文件管理中介绍。内存储器是计算机中主要的存储设备，它的特点是程序可以在其上直接运行，数据可以在其上直接被调用，因此内存资源是任何一个进程运行的必要条件。但是内存储器空间有限且不能作持久的保存，故而必须辅以外存储器的支撑才能使计算机的存储成为完整的。

在本节的存储管理中主要是对计算机中的内存储器的管理作介绍，其主要功能是内存分配、地址重定位及虚拟存储管理。

5.3.1 内存分配

内存分配是存储管理首要解决的问题，一个程序在执行时必须占有内存资源，而存储管理的任务是为程序执行分配与回收内存资源。

在内存空间中可划分为两部分，一部分是系统工作区用于存放操作系统，另一部是用户区，用于存放用户进程，进程在用户区中有各自的独立空间，它在进程创建时申请而在进程终止时归还，这就是内存的分配。目前有两种分配方式，一种是固定分配方式，另一种是动态分配方式。在固定分配方式中每个进程分配一个大小固定的内存分区，而在动态分配方式中则按进程实际需要分配内存空间，即分配一个位置、大小均可变的内存分区。这两种方式各存利弊，但目前以后者使用较多。

5.3.2 地址重定位

存储管理接下来要解决的一个问题是有效地确定指令和数据的地址。在多道程序环境下，用户无法事先约定各自占用内存的哪个区域，也不知道自己的程序会放在内存的什么位置，但程序地址如果不反映其真实的存储位置，就不可能得到正确的执行，如何依据程序的逻辑地址转化实际的物理地址，解决该问题的技术称为"地址重定位"技术。地址重定位就是将用户程序指令中出现的相对地址转化为内存储器中的绝对地址的过程。

地址重定位一般分为静态重定位和动态重定位。

1）静态重定位。在程序运行之前，就为程序进行了地址重定位的工作。静态重定位由操作系统中的重定位装入程序来完成的。重定位装入程序根据当前内存的分配情况，按照分配区域的起始地址逐一调整目标程序指令中的地址部分。地址变换工作在程序执行前一次性完成，以后不再改变。这种方式不需要硬件支持，但要求程序的存储是顺序的，因此该方式不利于程序和数据的共享。

2）动态重定位。在程序装载时不需要地址转换，而是在 CPU 访问前转换数据地址。动态重定位需要由硬件地址变换机构实现。这种方式不需要程序段一定是顺序存储的。

5.3.3 虚拟存储器及虚拟存储管理

计算机的内存是有限的，而有些程序的规模可能是很大的，如何在有限的空间里装载比其规模还要大的程序并使其运行。解决该问题的技术称为虚拟存储器技术。

在用户程序编译时，在逻辑上给定一个存储空间，称为虚拟空间。程序中的每个指令和数据均在此虚拟空间中有明确的地址，该地址称为虚拟地址，其地址从 0 开始。由这些虚拟地址组成的虚拟空间称为虚拟存储器（virtual memory）。虚拟存储器不考虑实际的物理存储器的大小和对指令与数据的实际存放地址，而是描述了指令、数据的相对位置。虚拟存储器是一种扩大内存容量的设计技术。

利用虚拟存储器可以管理比实际内存规模还要大的程序。该技术允许把大的逻辑地址空间映射到较小的物理内存上。当进程要求运行时,不是将它的全部信息装入内存,而是将其一部分先装入内存,另一部分暂时留在外存(通常是磁盘)。进程在运行过程中,如果要访问的信息不在内存时,发中断由操作系统将它们调入内存,以保证进程的正常运行。这种方式极大提高了多道程序并发执行的程度,增加了 CPU 的利用率。虚拟存储器的特性包括虚拟扩充、部分装入、离散分配和多次对换等。虚拟存储管理分为页式虚拟存储管理、段式虚拟存储管理和段页式虚拟存储管理。

5.3.3.1 页式存储管理

早期的操作系统使用分区管理技术,如 MS-DOS 等。该技术是为支持多道程序运行而设计的一种最简单的存储管理方式,把内存分为一些大小相等或不等的分区,每个应用进程占用一个或几个分区。操作系统占用其中一个分区。可分为固定分区法和动态分区法。将内存划分成若干固定大小的分区,每个分区中最多只能装入一个作业。当作业申请内存时,系统按一定的算法为其选择一个适当的分区,并装入内存运行。由于分区大小是事先固定的,因而可容纳作业的大小受到限制,而且当用户作业的地址空间小于分区的存储空间时,造成存储空间浪费。可变分区存储管理不是预先将内存划分分区,而是在作业装入内存时建立分区,使分区的大小正好与作业要求的存储空间相等。这种处理方式使内存分配有较大的灵活性,也提高了内存利用率。但是随着对内存不断地分配和释放会引起存储碎片的产生。为了解决碎片,常常进行移动作业和对空闲分区进行合并,这不仅不方便,还增加了系统的开销,而且需要移动和合并的关键原因是该技术需要作业是连续存放的。

(1)页式存储的基本原理

页式存储管理是将分区方法与动态重定位技术结合在一起的一种存储管理方法。页式存储管理将内存储器划分成大小相等的许多分区,每个分区称为内存的物理页面,简称页面(page frame),也称为"物理块"或"块"。操作系统占若干个页面,剩下的页面可分配给用户使用,页面是分配的基本单位。页面连续编号,称为物理页面号,简称页面号。

同时,系统将程序的逻辑空间也按照物理页面大小划分成若干逻辑页面,简称页(page)。程序的各个逻辑页面从 0 开始依次编号,称为逻辑页号或相对页号。每个页内从 0 开始编址,称为页内地址。这样程序中的逻辑地址由两部分组成如图 5-4 所示。

| 页号 | 页内地址 |

图 5-4 程序逻辑地址组成

依据以上设置,操作系统可以将用户程序按页装入内存物理页面中。系统为每个进程建立一张页表,用于记录进程逻辑页面与内存物理页面之间的对应关系。为了记住内存物理页面是否分配,采用"位图"等管理方法,位图表是全局的,记录哪些页面已被分配,哪些页面未被分配。

页式存储管理中,用户程序可分装在不同的内存物理页面内,每一个物理页面内的程序是连续的,而在不同页面内则不需要连续。页式存储管理,有效解决了内存碎片问题,也打破了程序必须连续地装入内存的约束。另外,页式存储管理可以采用请求调页技术实现内外存的信息交换,内存中可以只存放那些经常被执行的或即将被执行的页。而暂时不需要的页存放于外存,当需要时再调入内存。

页式存储管理可分为静态页式存储管理和动态页式存储管理,而动态页式存储管理又分为请求页式存储管理和预调入页式存储管理。

(2)静态页式存储管理

静态页式存储管理是在进程开始执行前将进程的程序段和数据全部装载到内存页面中，并通过页表和硬件地址变换机构实现地址重定位。

1）内存分配。进行内存分配时，首先查看当前空闲的内存物理页面是否是程序及数据的存储需要。若不能满足，则不能装入内存。反之，依据位图查找空闲内存页面，并修改位图标示，将未分配置为已分配。同时，根据位图的位号转换成页面号，再将程序和数据页装入该页面中，为该进程建立页表。

2）地址重定位。每个进程对应一个页表，执行转换时，将其首地址装入页表寄存器。根据页表，找到该页号与物理页面号的对应关系，得到物理页号，从而得到物理地址。

（3）请求页式存储管理

请求页式存储管理是基于页式存储管理的一种虚拟存储器。与页式存储管理相似，该方式也将内存划分成尺寸相同、位置固定的页面，然后按照内存页面的大小，把程序的虚拟地址空间划分成页。但在装载时，仅需要装载目前要用的若干页，其他页则保存在外存储器里。在运行过程中，如果该页已经在内存中，那么就执行，否则称为"缺页"，则请求调入该页。在请求分页式存储管理中，进程附带页表的基本结构如图5-5所示。通过页表中的"缺页标志"位来判断所需要的页是否在内存。缺页标志为1表示该页在内存中，为0表示不在内存中，对不再内存的页进行访问，则产生"缺页中断"。缺页中断处理程序根据"外存地址"找到该页在外存中的位置，并将该页调入内存。

| 页号 | 页面号 | 缺页标志 | 外存地址 |

图 5-5 请求页式存储管理的页表结构

缺页中断的基本处理过程如下：

1）根据当前执行指令中的逻辑地址，形成＜页号，页内地址＞数对，用页号去查页表，判断该页是否在内存储器中。

2）若该页的"缺页标志"为"0"，则产生缺页中断，操作系统的中断处理程序进行缺页中断处理。

3）缺页中断处理程序查找内存储器分配的位图表，寻找一个空闲的内存页面。

4）查页表，得到该页在外存储器上的位置，读磁盘。

5）将磁盘上读出的内容装入到3）中找到的空闲内存页面，将位图标志设置为"1"，表示该内存页面已经分配。

6）将该页在页表中的"缺页标志"设置为"1"。

7）返回"缺页中断"指令位置继续执行。

缺页中断的基本处理过程第三步是寻找一个空闲的内存页面中，有空闲才能调页。若没有空闲的内存页面，那么就需要将占有内存页面的某一页调出内存，为将要调入的页让出内存页面。这一"调出"处理过程称为"页面淘汰"。页面淘汰最好选择不经常使用的页面，这样可以减小发生缺页中断的可能。

页面淘汰中选择要淘汰页面的常见方法有先进先出页面淘汰算法、最久未使用页面淘汰算法、最少使用页面淘汰算法等。

- 先进先出页面淘汰算法。将所有进入内存的页面形成队列，选择最早进入内存的页面作为淘汰的对象。
- 最久未用页面淘汰算法。以页面被访问时间为参数，将最长时间未被访问过的页面作为淘汰对象。
- 最少用页面淘汰算法。选择一个时间间隔，记录每个页面被使用的频度，淘汰时选择频度最小的页面。

页式存储管理明显解决了分区式管理要求的程序必须连续装入的问题，动态的调页处理解决了程序过大而实际内存空间不够的问题。然而该管理模式的缺页中断、页面淘汰一般需要硬件支持，增加了硬件成本。同时，页面的划分方法可能会造成进程最后一页空白空间过大，从而造成浪费，另外也可能由于调页算法造成系统频繁调入与调出所产生的"抖动"现象。

5.3.3.2　段式存储管理

分区存储管理和页式存储管理中要求程序的逻辑地址是连续的。然而对于大型程序，程序一般分为多个逻辑相对独立的部分，运行时往往采用动态链接方式。显然，要求程序逻辑地址完全连续和静态组装的办法不合适。同时，页式管理在划分页时可能将一段完整的程序段或数据分割，这不利于程序和数据的共享。为此引入了分段式存储管理。

（1）段式存储管理的基本原理

段式存储管理将程序、数据划分成不同的段，标记为段号，段号可以不连续。段划分方法主要按照程序的逻辑结构，如将程序分为主程序段、子程序段、数据段等。为了保证每一段的逻辑一致性，段长与内容有关，因此各段不一定等长。段内逻辑地址是连续的。利用段号和段内地址对程序和数据的逻辑地址进行刻画如图 5-6 所示。为了说明逻辑段的各种属性，系统为每一个段建立一个段表，记录段的若干信息，如段号、段起点、段长度和段装入情况等。通过访问段表，判断该段是否已调入主存，并完成逻辑地址与物理地址之间的转换。

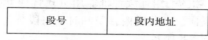

| 段号 | 段内地址 |

图 5-6　段式存储管理的逻辑地址

在段存储管理方式中，由于段的分界与程序的自然分界相对应，所以具有逻辑独立性，易于程序的编译、管理、修改和保护，也便于多道程序共享。但由于段的长度不一，起点和终点不定，使得存储管理困难。

（2）段式存储管理的内存分配

用户程序装入内存时，系统不进行预先划分，而是以段为单位进行内存分配，为每一个逻辑段分配一个连续的内存区（物理段）。逻辑上连续的不同段在内存中不一定连续存放。系统为用户程序建立一张段表，用于记录用户程序的逻辑段与内存物理段之间的对应关系。段表包括逻辑段号、物理段起始地址和物理段长度等内容。用户程序有多少逻辑段，该段表里就登记多少行，且按逻辑段的顺序排列。段式存储管理通过内存分配表分配内存空间。内存分配表包括已分配区和空闲区表。

段式存储管理的内存分配可能存在下述三种情况：

1）查找内存分配表是否存在足够的空闲区，若存在则按照程序的段长分割空闲区，修改内存分配表，修改程序的段表，装入程序，返回。

2）检查分散的空闲区总和是否满足程序装入需要，若满足，合并空闲区，修改内存分配表，修改程序的段表，装入程序，返回。

3）反复采取段淘汰算法，置换出一些段，形成可以容纳当前程序大小的空闲区。修改内存分配表，修改程序的段表，装入程序，返回。

（3）地址重定位

段式存储管理的地址重定位一般也需硬件支持。基本过程如图 5-7 所示。

要访问程序的某段时，首先将段表的起始地址存入段表地址寄存器，根据段表地址寄存器值和程序逻辑地址的段号，从段表中找到程序的物理地址，根据逻辑地址中段内地址找到指定位置。

段式存储管理依据程序的逻辑意义进行划分，有利于共享，易于程序的动态链接，也方便用户。但在内存管理上（尤其是内存碎片处理），与分区管理类似，需要进行合并空闲分区等操作。

这就意味着管理该操作增加了时间代价，同时，段的动态性增加也加大了管理的难度。

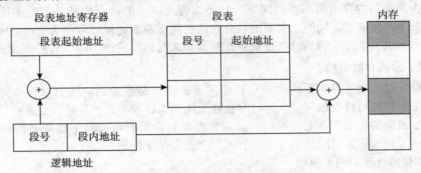

图 5-7　段式存储管理地址重定位示意图

5.3.3.3　段页式存储管理

分页是出于系统管理的需要，分段是出于用户应用的需要。各有优缺点。二者结合的管理方法称为段页式存储管理。

段页式存储管理的基本思路是，用段式管理方法划分用户程序的逻辑关系，形成若干段。每段之内的逻辑地址仍是从"0"开始的一组连续地址。用页式管理方法来分配和管理内存空间，即把内存划分为若干大小相等的页面。在分配内存空间时，将段分为若干页，分页存放。段页式存储管理中程序逻辑地址表述如图 5-8 所示。

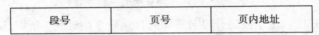

图 5-8　段页式存储管理的逻辑地址

在段页式存储管理中，需要为每一个装入内存的程序建立一张段表，并对每段建立页表。段表的长度由程序分段的个数决定，页表的长度由对应段所分的页面的个数决定。在执行程序时，首先根据逻辑地址中的段号查找段表，得到该段的页表始址，然后根据页号查页表，得到对应的内存页面，再依据页内地址找到程序指令数据的物理存储位置。

5.4　设备管理

设备管理主要管理计算机中的外部设备，其内容包括设备的控制、调度等。

5.4.1　设备管理概述

一般而言，计算机中 CPU 和内存储器称为主机，主机之外的硬件设备称为外部设备。包括常用的输入输出设备、外部存储设备和终端设备等，设备管理主要是对外部设备中的输入/输出设备及外部存储设备的管理。

外部设备一般由电子与机械两部分组成，其中电子部分负责输入/输出的控制，称为设备控制器，而机械部分则负责设备本身的工作，此外还有一个机电接口，负责机械与电子部分的连接。

（1）设备分类

计算机系统配有各种各样的设备，可以从不同的角度去对外部设备进行分类。

1）从设备与系统和用户关系划分。依据设备的隶属关系，可以把系统中的设备分为系统设备与用户设备两类：

- 系统设备主要指操作系统常规包含的设备，如键盘、显示器、磁盘等。
- 用户设备是指用户提供的特殊设备，如手写输入、专用打印机、其他输入输出控制器等。

操作系统不知道这些设备的使用方法，因此设备驱动需要用户提供。

2）从设备的分配特性划分。根据设备在多个进程之间配置的特性，可以把系统中的设备分为独占设备、共享设备和虚拟设备：

- 独占设备是指那些排他性使用的设备，进程开始使用到释放期间独占，其他进程不得剥夺，只有等到使用完毕后再分配给其他进程。如打印机、用户终端等，这些设备大多数低速输入、输出。
- 共享设备是指可以被多个进程并发使用的设备，如磁盘等。可以由几个用户进程交替地对它进行数据的读或写操作。从宏观上看，它们在同时使用，因此这种设备的利用率较高。
- 虚拟设备是利用缓冲技术等实现对独占设备的并发访问，从而提高多进程的并发能力。

3）从设备的使用特性划分。根据设备在使用中的作用和交互性等考虑，可以把系统中的设备分为 I/O 设备和存储设备两类：

- I/O 设备。主要包括键盘、鼠标、打印机、显示器、绘图仪等交互式设备。主要完成输入、输出功能。
- 存储设备。外部存储设备，包括磁盘、软盘、光盘等。

（2）设备管理的基本任务

设备管理主要围绕设备的有效利用、设备和 CPU 之间的并行工作以及方便使用设备等基本任务。外部设备品种繁多，功能各异，对它们管理的好坏，会直接影响到整个系统的效率。下面进行具体介绍。

1）实现主机与设备之间的数据传输与交换。根据一定的算法选择和分配输入/输出设备，以便进行数据传输，并且能够控制 I/O 设备和 CPU（或内存）之间进行数据交换。

2）提高高速低速设备的并发使用效率。主机的运行速度一般远远高于外部设备的运行速度，为了提高外部设备的使用效率，除合理地分配和使用外部设备之外，还要尽量提高主机和外设之间以及外设与外设之间的并行度。

3）提供方便的设备使用接口。为了给用户提供一个友好透明的接口，把用户程序和设备的硬件特性分开，使得用户在编写应用程序时不必涉及具体使用的物理设备，系统就可按用户要求控制设备工作。另外为方便用户开发新的设备管理程序，这个接口还应该为新增加的用户设备提供一个和系统核心相连接的入口。在已经实现设备独立性的系统中，用户编写程序时，一般使用逻辑设备名，而不再使用物理设备名，具体的转换由操作系统通过相应的逻辑设备表实现虚、实对应，而且用户应用程序的运行也不依赖于特定的物理设备，而由系统进行合理地分配。

4）统一管理外部设备。种类繁多的外设其特征各不相同。例如在速度上，键盘输入和光盘输入相差甚远；在传送单位上，有的设备以字符为单位传递信息，如打印机、键盘等，而有的设备则以块为单位传递信息，如磁盘、磁带等。不同设备有着不同的特性和操作方法，如硬盘能随机读写、卡片机不能倒退等。为了方便用户，避免出错，使设备管理系统简单可靠、易于维护，必须将设备的具体特性和处理它们的程序分开，这样就可以使某一类或几类设备共用一个设备处理程序，实现对复杂外设的统一管理。

（3）设备管理的功能

根据设备管理的基本任务，它有如下几个功能：

1）设备控制：主机与设备间数据传输的控制方式。

2）缓冲技术：用以提高数据传输的并行性。

3）设备分配与调度：合理的设备资源分配。

4）SPOOLING 技术：用以提高设备的数据传输速度及并行性。

5）设备驱动程序：控制并实现主机与设备间的数据传送。

6）磁盘管理：用以提高磁盘访问效率。

5.4.2 设备控制技术

设备控制技术讨论主机与设备间数据传输的控制方式。它经历了程序直接控制到中断控制、DMA 控制再到通道控制等多种方式与手段。

(1)程序直接控制

程序直接控制方式的控制者使用户进程、CPU 不断查询 I/O 状态，设备和 CPU 串行工作效率很低。

(2)中断控制技术

为了提高 CPU 与外设的并行工作能力，引入中断技术解决 CPU 或内存与外设之间的交互。中断方式的 CPU 与外设交互时，由进程通过 CPU 发出"启动"指令，来启动外部设备的运行，同时该进程阻塞，CPU 转去处理其他就绪进程。当输入输出完成后，由输入输出控制器向 CPU 发出中断信号。CPU 受到中断信号后转向中断处理程序，完成相应处理，然后调度阻塞进程到就绪队列，再调度执行。

(3)DMA 控制技术

DMA(Direct Memory Access)称为直接存取技术。该技术在 CPU 与外设之间建立直接数据交换的通路。DMA 控制器代替 CPU，实现内存与外设的数据交换。从而减轻了 CPU 的负担。DMA是一种优于中断方式的 I/O 控制方式，其特点是按照数据块作为数据传输的基本单位，CPU 与 I/O 设备之间，每次至少传送一个数据块。所传送的数据是从设备直接送入内存或从内存直接送到设备。仅在传送一个或多个数据块的开始和结束时，向 CPU 发中断信号，请求 CPU 干预，数据块的传送是在 DMA 控制器的控制下完成。

(4)通道控制技术

通道是一种专用的处理器，专门处理 I/O 任务，置于 CPU 和设备控制器之间，将这个 I/O 处理器称为 I/O 通道。I/O 通道控制设备与内存直接进行数据的交换。通道具有执行 I/O 指令的能力，并通过执行通道(I/O)程序来控制 I/O 操作。但 I/O 通道又与一般的处理机不同，由于主要针对 I/O 操作，因此其指令只是与 I/O 操作有关。I/O 通道所执行的通道程序存放在主机的内存中，即通道与 CPU 共享内存。CPU 与通道之间的关系是主从关系，CPU 是主设备，通道是从设备。

当进程要求 I/O 时，由 CPU 向通道发 I/O 指令，通道开始工作，而 CPU 转去处理其他进程。通道接收到 CPU 的 I/O 指令后，从内存中取出相应的通道程序，通过执行通道程序完成 I/O 操作。当 I/O 操作完成后，通道以中断方式中断 CPU 正在执行的进程，CPU 开始接受处理 I/O。

依据不同的外设，通道也有不同类型，一般有以下几种：

- 字节多路通道。每个子通道连接一台 I/O 设备，这些子通道以字节为单位按时间片轮转方式共享主通道。
- 数组选择通道。按成组方式进行数据传送，每次以块为单位传送一批数据，所以传输速度很快，主要用于连接高速外围设备。
- 数组多路通道。多子通道连接多种高速外围设备，以成组方式进行数据传送，多个通道程序、多种高速外围设备并行操作。

I/O 通道方式的发展，既可进一步减少 CPU 的干预，又可实现 CPU、通道和 I/O 设备 3 者的并行工作，从而更有效地提高了整个系统的资源利用率。

5.4.3 缓冲技术

设备管理的重要任务是解决快速的 CPU 与慢速的外设之间的协调工作。CPU 的快速处理和外设的相对慢速不能匹配，造成不能很好地并发执行，降低了资源利用率，于是引入了缓冲技术。引入缓冲技术就是为了能够缓解 CPU 与 I/O 设备间速度不匹配的矛盾，并减少 CPU 的中断频度放宽对中断响应的限制，从而提高 CPU 和 I/O 设备之间的并行性。

（1）缓冲的种类

根据系统设置的缓冲区的个数，可以把缓冲技术分为单缓冲、双缓冲和循环缓冲以及缓冲池几种。

1）单缓冲是在设备和 CPU 之间设置一个缓冲区。当某个进程发出输入/输出请求时，系统在内存中为其分配一个缓冲区，用来临时存放 I/O 数据。它是操作系统提供的一种最简单的缓冲形式。由于单缓冲只设置一个缓冲区，那么在某一时刻该缓冲只能存放输入数据或输出数据，而不能既是输入数据又是输出数据，否则会引起缓冲区中数据的混乱。单缓冲只能解决 CPU 与外设之间处理速度的矛盾，不能解决与外设之间的并行问题。

2）双缓冲指在操作系统中为某一设备设置两个缓冲区，当一个缓冲区中的数据尚未被处理时可使用另一个缓冲区存放从设备读入的数据，以此来进一步提高 CPU 和外设的并行程度。两个缓冲区交替处理输入输出，从而更加缓和了 CPU 和外设之间的速度矛盾，同时它们间的并行程度也进一步提高。

3）多缓冲。系统为同类型的 I/O 设备设置两个公共缓冲队列，一个专门用于输入，一个专门用于输出，这就是"多缓冲"。当输入设备进行输入时，就到输入缓冲首指针所指的缓冲区队列里申请一个缓冲区使用，使用完毕后仍归还到该队列。当输出设备进行输出时，就到输出缓冲首指针所指的缓冲区队列中申请一个缓冲区使用，使用完毕后仍归还到该队列。

4）缓冲池由内存中的一组缓冲区构成。操作系统与用户进程将轮流地使用各个缓冲区，以改善系统性能。缓冲池中多个缓冲区可供多个进程使用，既可用于输出又可用于输入，是一种现代操作系统经常采用的一种公用缓冲技术。

（2）缓冲池管理

缓冲池中的每个缓冲区由两个部分构成，一是缓冲首部，二是缓冲体。缓冲首部包括缓冲区标示、设备号、设备上的数据块号、互斥标示、缓冲队列的连接指针等管理用的信息。缓冲体存放输入输出数据。

系统可根据各缓冲区的使用状态建立队列，包括空闲缓冲区队列、装满输入数据的缓冲区队列、装满输出数据的缓冲区队列。除了这些缓冲区队列外，还包括在操作过程需要的工作缓冲区。包括用于收容输入数据的工作缓冲区，用于提取输入数据的工作缓冲区，用于收容输出数据的工作缓冲区，用于提取输出数据的工作缓冲区。

缓冲池工作主要包括收容输入、提取输入、收容输出和提取输出四种操作：

- 收容输入操作。在输入进程需要输入数据时，从空闲缓冲区队列摘下一个空缓冲区，把它作为收容输入工作缓冲区。然后，把数据输入其中，装满后将该缓冲区插入到装满输入数据的缓冲区队列。
- 提取输入操作。从装满输入数据的缓冲区队列取一个缓冲区作为提取输入工作缓冲区，进程从中提取数据。提取后再将该缓冲区插入到空闲缓冲区队列。
- 收容输出操作。进程需要输出时，从空闲缓冲区队列取一个空缓冲区，作为收容输出工作缓冲区。当其中装满输出数据后，将该缓冲区插入装满输出数据的缓冲区队列。
- 提取输出操作。从装满输出数据的缓冲区队列取一个装满输出数据的缓冲区，作为提取输出工作缓冲区。在数据提取完后，将该缓冲区插入到空闲缓冲区队列。

5.4.4　设备的分配与调度算法

设备分配是对进程使用外设过程的管理。进程首先向设备管理程序提出资源申请，在该设备可用、可分配前提下，由设备分配程序根据相应的分配算法为进程分配资源，进程使用完该资源后系统回收资源，并分配给其他等待进程。进程暂时不能得到该资源则在相应资源等待队列中等待，直到所需要的资源被释放。

（1）设备分配的原则

根据设备的固有属性（独占、共享还是虚拟）、用户要求和系统配置情况决定设备分配方式和方法。设备分配既要充分发挥设备的使用效率，又应避免由于不合理的分配方法造成进程死锁。

设备分配方式有静态分配和动态分配两种。静态分配方式是在用户进程开始执行之前，由系统一次分配给该进程所要求的全部设备、控制器和通道。一旦分配之后，这些设备、控制器和通道就一直被该进程占用，直到该进程被撤销。静态分配方式下不会出现死锁，但设备的使用效率低。

动态分配在进程执行过程中根据执行需要进行分配。当进程需要设备时，通过系统调用向系统提出设备请求，由系统按照事先规定的策略给进程分配所需要的设备、I/O 控制器和通道，一旦用完，便立即释放。动态分配方式有利于提高设备的利用率，但如果分配算法使用不当，则有可能造成进程死锁。

（2）设备分配使用的数据结构

为了实现设备的分配，必须在系统中设置相应的数据结构。包括设备控制表（Device Control Table，DCT）、控制器控制表（Controller Control Table，COCT）、系统设备表（System Device Table，SDT）等。这些数据结构，记录了设备及设备控制器等的状态，以及对它们进行控制所需要的信息。

1）设备控制表。对于每个外部设备，系统均为其设置一张设备控制表。该表用来描述设备特性和状态，包括设备和设备控制器的连接情况以及设备当前的分配使用情况等。一般包括如下信息：

- 设备标识符：用来唯一确定该设备，与其他设备区别。
- 设备类型：用来表示该设备的类别，例如块设备、字符设备等。
- 设备地址：设备访问的物理地址。
- 设备状态：指设备处于空闲还是正在被使用。
- 等待队列指针：等待使用该设备的进程队列的指针。
- 设备控制器指针：指向与该设备相连 I/O 控制器的指针。
- 重复执行次数：发生传输错误时应重复执行的次数。

2）系统设备表。用来描述系统中所有设备的状态，通过该表可知系统中有多少设备，其中有多少是空闲的，而又有多少已分配给了哪些进程。全系统只设置一张这样的表。一般包括如下信息：

- 设备标识和类型标识。
- 指向 DCT 的指针：利用此指针可以找到相应设备的 DCT 表。
- 设备使用者标识：正在使用该设备的进程标识。

3）控制器控制表。为每个设备设置一个控制器控制表。用于描述 I/O 控制器的配置和状态以及与通道的连接情况等。

（3）设备分配的算法

依据设备分配原则，实现对设备的分配。包括先来先服务分配算法、优先级分配算法、时间片轮转分配算法等。

- 先来先服务分配算法：请求设备的进程形成队列，按照先来先服务的原则分配。
- 优先级分配算法：按照进程优先级分配设备。
- 时间片轮转分配：共享型设备采取按照时间片轮转方式分配给各个等待进程。

5.4.5 SPOOLING 技术

输入/输出设备是低速设备，它与高速运行于 CPU 上的多道程序明显不协调与不匹配，为解决此问题，在设备管理中引入了 SPOOLING 技术（也称为假脱机技术），它是将一台物理的输入/输出设备改造成多台逻辑设备的技术。SPOOLING 之所以称为假脱机技术是对脱机输入/输出的一种模拟。具体地说，在 SPOOLING 作输入/输出时其输入/输出设备实际上是一个磁盘区域（称为输入/输出区），每个区域构成一个虚拟设备，这样，一个物理设备可以分解成若干个逻辑设备，而在完成了模拟的输入/输出后，由 SPOOLING 以脱机形式统一调度将每个磁盘区域的数据统一与物理设备作输入/输出。

为完成此项工作，需要有一个 SPOOLING 系统支持，在这个系统中有三部分内容：

1）输入/输出池：这是磁盘中的两个区域，分别称为输入区与输出区用以作为虚拟的设备。

2）输入/输出缓冲区：这是内存的两个区域，分别称为输入缓冲区与输出缓冲区用以作为用户程序与虚拟设备的缓冲区。

3）输入/输出进程：这是 SPOOLING 中的两类进程，分别称为输入进程与输出进程，其中输入进程将用户程序要求的数据从输入设备输入至输入池，再通过输入缓冲区进入用户工作区供用户使用；而输出进程则是将用户程序需输出的数据先从输出缓冲区传送至输出池，再经 SPOOLING 的调度将输出池中的数据最终传送至物理的输入/输出设备中。

一般来讲，一个逻辑设备可以有一个输入/输出进程，它们的出现为实现低速输入/输出设备的数据传送的并行提供了保证。

一个完整的 SPOOLING 系统的结构可如图 5-9 所示。

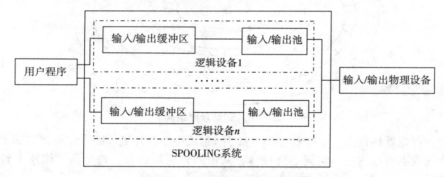

图 5-9　SPOOLING 系统示意图

5.4.6　设备驱动程序

设备驱动程序介于进程和设备控制器之间。设备驱动程序是指驱动物理设备和 DMA 控制器或 I/O 控制器实现 I/O 操作的专门程序，其主要任务是接收设备使用进程发来的读写要求，再把它转换为具体操作后，发给设备控制器并启动设备执行，同时也将由设备控制器发来的信号传送给设备使用进程。

设备驱动程序的一般处理过程包括：

1）将进程使用设备的要求转换为具体操作。

2）检查用户 I/O 请求的合法性。

3）了解 I/O 设备的当前状态。

4）传递有关参数，设置设备的工作方式。

5）发出 I/O 命令，启动分配到的 I/O 设备，完成指定的 I/O 操作。

6）响应控制器或通道发来的中断请求，并调用相应的中断处理程序进行处理。

当进程提出 I/O 请求时，若驱动程序正在执行一个请求，则将新到来的请求插到一个等待队列中。

5.4.7　外部存储器的管理

由于外部存储器在设备中的特殊性，本节主要介绍以磁盘为代表的外部存储器的管理。

　　磁盘是一种容量大、存取速度较快并可以随机访问的共享外部存储器，但是用户程序不能对它作直接访问，也不能在其上执行程序，因此对它的管理与存储管理有明显的不同。磁盘管理主要是提高磁盘访问效率，所采用的方法是磁盘调用及磁盘高速缓存。本节主要介绍磁盘结构及提高访问效率的两种方法。

5.4.7.1　磁盘存储器结构

　　磁盘存储器由磁盘盘片与磁盘驱动器两部分组成。

（1）磁盘盘片

　　磁盘盘片是一种表面上下两层涂以磁性材料的铝片，盘片是一种圆形物体，分上、下两面，以圆心为主轴，将盘片划分成若干个磁道（track），每个磁道是一个半径不等的同心圆，每个磁道又分为若干个扇区（sector），又称为磁盘块（block）。磁盘块是磁盘交换信息的基本单位，通常容量为 512～4096B，每个磁道一般可有若干个磁盘块，每个盘面上一般又有若干磁道，图 5-10 给出了磁盘盘面的结构。

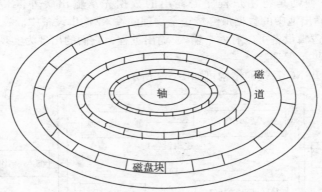

图 5-10　磁盘盘面结构

　　一个磁盘存储器往往由若干个盘片（6～11 片）组成一个盘片组，固定在一个主轴上，以每个盘片磁道为注视点可以构成一组同心圆柱体，从内到外层层相套。每个圆柱体从上到下有若干个磁道围绕其上，构成如图 5-11 所示的结构。

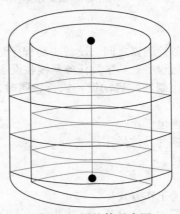

图 5-11　圆柱体示意图

（2）磁盘驱动器

　　磁盘驱动器由活动臂、读/写头等组成，每个盘片有两个臂，分别对应上、下两面，每个臂的尽头是一个读/写头（或称磁头），用它可以读取（或写出）盘片中的数据。一个由 n 个磁盘片所组成的盘片组对应有 $2n$ 个（每个盘片分两面）活动臂，它们组合在一起构成活动臂组合件，这种组合件可以自由伸缩活动,它以磁道为单位往前推进或向后退缩,用它可以对磁道定位,由于它是组合方式以全体活动臂为单位作进退,因此它的推进或后退实际上是对圆柱体定位。

(3)磁盘存储器

一个磁盘存储器是由盘片组以及磁盘驱动器组成,其中盘片组以轴为核心做不间断的旋转,而活动臂组合件则以圆柱体为单位做前进或后退操作。

这样,一个磁盘存储器上的任何一个磁盘块都可由下面三个部分定位。

1)圆柱体号:确定圆柱体(由活动臂移动定位)。

2)读/写头号:确定圆柱体中磁道(由选择组合件中活动臂定位)。

3)磁盘块号:确定磁道中的盘块号(由盘片组旋转定位)。

整个磁盘存储器结构如图 5-12 所示。

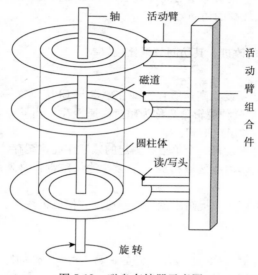

图 5-12 磁盘存储器示意图

(4)磁盘存储器的 I/O 操作

为进行有效管理,系统对磁盘作统一编址,编址按圆柱体号、磁道号及盘块号编码,编码规则如下。

1)圆柱体号:设有 n 个圆柱体则编号自柱面的外层至内层,从 $0 \sim n-1$。

2)磁道号:设一个圆柱体有 m 个磁道,则磁道号统一编码从上到下顺序编号,从 0 号圆柱体至 $m-1$ 号圆柱体共为 $0 \sim (n \times m) - 1$ 个。

3)磁盘块号:设一个磁道有 r 个盘块,则磁盘块号也是统一编码,从 $0 \sim (n \times m \times r) - 1$ 个。

磁盘在投入使用前都要进行格式化,其目的是在各盘块的头部加注该块地址,包括该块所在的圆柱体号,读/写头号及盘块号以及某些状态标志。在具体操作时用户给出磁盘地址,此时活动臂组合件做机械运动并定位于指定圆柱体,同时系统选择指定的读/写头以确定磁道,最终读/写头跟踪旋转的磁道,并读出旋转时每磁盘块的地址。当用户给出的地址与磁盘地址一致时则表示此地址已找到,此时系统就将该地址中的数据读入内存中的磁盘缓冲区(或从磁盘缓冲区将数据写入指定磁盘地址),这就完成了一次磁盘读/写操作或称为 I/O 操作。

5.4.7.2 磁盘存储器的操作

在磁盘存储器中数据存/取单位如下:

1)块(block)。内/外存交换数据的基本单位,它又称为物理块或磁盘块,它的大小有 512B、1024 B、2048 B 等。

2）卷（volume）。磁盘设备的一个盘组称为一个卷。

在计算机所提供的磁盘设备基础上，经操作系统包装可以提供若干原语与语句供用户操作使用，如对磁盘的 Get（取）、Put（存）操作，这是一种简单的存取操作，其中"取"操作的功能是将磁盘中的数据以块为单位取出后放入指定的内存缓冲区，而"存"操作功能则相反。

5.4.7.3　磁盘调度

磁盘是一种共享设备，可以允许多个进程访问磁盘。因此需有一定的调度方法以使其平均访问时间为最小，目前常用的有下面几种：

1）先来先服务方法。先来先服务方法即 FCFS 法，这是一种最简单的算法，它根据进程申请磁盘的先后次序进行调度，体现了调度的公正性。

2）最短等道时间优先法。最短等道时间优先法即 SSTF 法。该算法优先选择当前磁头与磁道距离最近的进程。该算法有较高的访问效率。

3）扫描法

这是一种对 SSTF 方法的改进，其访问效果比较好。

5.4.7.4　高速缓存

为提高磁盘访问速度必须设立高速缓存，即在磁盘与 CPU 设置一个内存区域用于暂时存放从磁盘中读/写的数据，它是一种逻辑磁盘称为磁盘高速缓存。

磁盘高速缓存有以下两种组织形式：

1）固定方式，即在内存中设置一个单独、固定的区域作高速缓存。

2）可变方式，将所有空闲内存区域构成一个缓冲池供磁盘作高速缓存，此时的高速缓存区域大小是可变的。

磁盘高速缓存的设置可以大大提高磁盘的访问速度并使磁盘使用更为方便与灵活。

5.5　文件管理

文件管理主要管理外存储器（包括磁盘、光盘、软盘等）上存储空间资源，它是一种大容量且能持久存储的一种存储资源。其主要内容是文件的组织、存取操作及安全控制管理等。

5.5.1　文件系统及其结构

文件管理是操作系统实现对计算机数据资源的管理。所谓文件就是具有符号名的数据项的集合，或者说，文件是以文件名标识的一组相关数据的集合。文件从其内容组织形式上可分为有结构文件和无结构文件两种。在有结构的文件中，文件由若干个相关记录组成，无结构文件则被看成是一个字符流。

（1）文件系统

文件通常存放在外部存储器中。用户一般依据文件名查找文件，并进行读写操作。为此操作系统提供相应的操作支持，操作系统中与文件操作与控制有关的部分形成相对独立的系统，称为文件系统。

文件系统是操作系统中负责存取和管理文件的机构。它由管理文件所需的数据结构（如文件控制块、存储分配表等）和相应的管理软件以及访问文件的一组操作组成。

从硬件角度看，文件系统是对文件的存储空间进行组织、分配和回收，负责文件的存储、检索、共享和保护。

从软件角度看，文件系统主要是实现"按名取存"，文件系统的用户只要知道所需文件的文件名，就可存取文件中的信息，而无需知道这些文件究竟存放在什么地方。

从数据观点看，文件系统所管理的是半独立型数据，它是持久的、私有的且是海量的数据，此类数据不能直接被程序调用，必须建立一种文件调用接口（也称为文件读、写）才能使用文件，需对文件进行一定的管理，但其管理是不严格的。

从用户观点看，文件系统提供用户使用数据的接口。

可将文件系统描述为三层模型。其最底层是文件对象的管理。最高层是文件系统提供给用户的接口。中间层是对对象进行操纵和管理的软件集合，它可用图 5-13 表示。

图 5-13　文件系统三层模型

文件系统管理的对象主要是文件、目录、外存储器。文件和目录必定占用存储空间，对外存储器的有效管理，不仅能提高外存的利用率，而且能提高对文件的存取速度。

文件系统的接口包括命令接口和程序接口。命令接口是指作为用户与文件系统交互的接口。程序接口是指作为用户程序与文件系统的接口。

对象操纵和管理软件是文件系统的核心部分。文件系统的功能大多是在这一层实现的，一般包括逻辑文件系统、I/O 管理程序、基本文件系统以及 I/O 控制程序。

（2）文件分类

为了便于管理和控制文件而将文件分成若干种类型。由于不同系统对文件的管理方式不同，因而它们对文件的分类方法也有很大差异。

依据文件的性质和用途的不同，可将文件分为系统文件和用户文件。系统文件指由系统软件构成的文件，系统文件只允许用户通过系统调用或系统提供的专用命令来执行它们，以达到某种使用目的。如操作系统的核心文件、数据库系统文件、编译系统文件等。用户文件指由用户的源代码、目标文件、可执行文件或数据文件等。用户将这些文件委托给操作系统来管理。

从文件的存取属性可划分为只读文件和读写文件。只读文件允许用户读内容但不可以修改。读写文件可以允许用户对文件内容的读写操作。

按文件符号格式可划分为文本文件和二进制文件。文本文件中内容以字符形式表示，如源程序文件等。二进制文件中内容以二进制表示，常见的有可执行文件、目标文件、部分动态连接库文件等。

下面，我们从文件的组织结构、目录管理、存储空间管理、存取控制及文件操作五个方面介绍文件系统。

5.5.2　文件的组织结构

文件的组织形式称为文件结构。从用户使用角度组织的文件，称为文件的"逻辑结构"，从系统存储角度组织的文件，称为文件的"物理结构"。文件系统的主要功能之一就是在文件的逻辑结构与相应的物理结构之间建立起一种映射关系，并实现两者之间的转换。

（1）文件的逻辑结构

一个文件的逻辑结构就是该文件在用户面前呈现的结构形式。一般分为记录式文件结构和流式文件结构。

1）记录式文件结构。文件内容被用户组织成为一个个"记录"，记录由多个有关联的数据项构成，文件的存取以记录为单位进行。这种文件的逻辑结构称为"记录式文件"，也称为有结构的文件。根据记录是否定长，还可以进一步分为定长记录文件和变长记录文件。定长记录文件中的每个记录长度相同，变长记录文件的不同记录长度可以不同。

2）流式文件结构。又称为无结构文件，是有序字符的集合，文件的长度等于该文件包含的字符数。流式文件不分成记录，而是直接由一连串信息组成。

（2）文件的物理结构

文件的物理结构也称为文件的存储结构。文件在外存上可以有 3 种不同的存放方式，包括连续存放、链接块存放以及索引表存放。对应地，文件就有 3 种物理结构，分别叫做文件的顺序结构、链接结构和索引结构。

1）顺序结构的文件将逻辑上连续的文件信息依次存放到存储器的连续物理区域内。

2）链接结构的文件将不连续的物理区域利用指针关联。

3）索引结构中系统为每个文件建立一张索引表，表中按照逻辑记录存放的物理地址顺序记录了这些物理块号。

5.5.3 文件的目录管理

计算机系统中一般都要存储大量的各种类型的文件，经常实施各类操作，为了管理的方便和安全，操作系统的文件管理建立文件目录，利用文件目录进行相应的管理和控制。

（1）文件控制块

文件控制块 FCB（File Control Block）是用于表述文件的基本信息，是操作系统与文件的纽带。操作系统依据文件的 FCB 来掌握文件的有关信息，从而对文件实施有效的管理、控制与操作。

文件控制块一般包括如下内容：

1）文件名称，即用户识别文件的符号。

2）文件在外存中的物理地址。指明文件在外存中存放的位置。

3）文件的逻辑结构。明确指明该是流式文件还是记录式文件。若是记录式文件还要指明是固定长度还是变长记录，并描述记录长度。

4）文件建立修改日期及时间。

5）文件存取控制信息。指明用户对文件的存取权限。

实际上文件目录就是把文件的 FCB 集合组成文件。每个文件的 FCB 构成目录文件的一条记录。

为了能对系统中的大量文件施以有效的管理，在文件控制块中，通常应含有三类信息，即基本信息、存取控制信息和使用信息

目录是由文件说明索引组成的用于文件检索的特殊文件。文件目录的内容主要是文件访问的控制信息（不包括文件内容）。

（2）文件目录结构

1）单级目录。将系统中所有文件的 FCB 都登记在一个目录文件中，系统仅拥有一张文件目录，则这种文件目录称为单级目录。在单级目录中，依据文件名直接就可以找到文件目录中该文件的 FCB，从而直接操作文件。单级目录中不允许文件名相同，若系统中文件多则目录文件大，检索困难。

2）二级目录。二级目录结构由主文件目录和用户文件目录两级构成。在主文件目录中，文件的每条记录是每个用户文件目录的标识，包含了用户名和指向该用户的用户文件目录的指针，用户文件目录才是由文件的 FCB 组成的目录。在二级目录结构下，每个用户拥有自己的目录，因此会减少按名查找一个文件的时间。另外，在这样的结构下，不同的用户也可以给文件取相同的名字。

3）树形目录。树形目录结构是一种目录的层次结构。在这种结构中，它允许每个用户可以拥有多个自己的目录，即在用户目录的下面可以再有子目录，子目录的下面还可以有子目录。这

样就形成了树形结构，其中根结点称为主目录或根目录，叶子结点为文件，中间结点为子目录。从根目录经由子目录到文件构成文件的路径，称为绝对路径。如果指定了某个子结点的当前目录，则从该结点到文件的路径称为相对路径。

5.5.4 文件的存储空间管理

（1）外部存储设备

常见的外部存储设备包括磁盘、磁带、光盘等。磁盘分为硬盘和软盘。磁盘是一种直接存取设备。磁盘由多个柱面构成，每个柱面被划分为多个磁道和扇区。因此，一个物理存储区可由柱面、磁道、扇区来确定，与物理块号对应。

（2）空闲块管理

物理存储设备一般分成若干个大小相等的物理块，存储空间管理以物理块为基本单位，如何管理好空闲的物理块是有效地管理和分配文件存储空间的基础。常用的空闲块管理方法包括空闲区表法、位图法、空闲块链法等。

1）空闲区表。用空闲区表来管理文件存储空间，系统设置一张全局的文件，称为空闲区表。如图 5-14 所示。

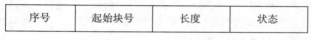

| 序号 | 起始块号 | 长度 | 状态 |

图 5-14 空闲区表结构

表中存放当前存储器中的空闲块信息，表的每一条记录用于描述一个空闲区信息，空闲区是由多个连续的空闲块组成。空闲区信息包括第一个空闲块号，空闲块号，空闲块个数等。

操作系统为文件分配存储空间时，首先扫描空闲区表，找到可容纳文件的空闲区，分配给文件。分配之后，将已被使用的空闲区在空闲区表做出标记。如果一个文件大小超出一个空闲区的容量，则再分配空闲区表中其他空闲区。

当一个文件被删除时，系统将文件占有的存储区域设置为空闲区。

2）位图法。由于磁盘被分块后，每一块的大小相同，块数固定，所以可以采用位图法来管理磁盘的存储空间。系统根据存储器的大小开辟若干个字节来刻画存储器的物理块的使用状态。每个物理块对应一个比特位，可以用"0"、"1"表示物理块是否使用。如该位为"0"表示对应的物理块是空闲的，如果是"1"表示该物理块已经被分配。利用位图表分配，则首先查找位图表，找到空闲的物理块实施分配。

3）空闲块链。所谓空闲块链，即在存储器的每一个物理空闲块中设置一个指针，指向另一个物理空闲块，从而所有的空闲块形成一个链表，于是形成描述存储器空闲块的"空闲块链"。当需要为文件分配物理块时，从链表头摘取空闲块，并调整链表首指针。当删除文件时，将文件对应的物理块，插入到链表中。

5.5.5 文件的存取控制

文件的存取控制主要指文件的使用授权。按照用户所拥有的权限，如读、写、不可访问等，实施用户操作文件的控制。可以采用存取控制矩阵、存取控制表、权限表和口令等方法来实施管理控制。

（1）存取控制矩阵

存取控制矩阵是一个二维表，整个系统只有一张。二维表中一维是用户，另一维是文件。矩阵元素就是用户对该文件的读、写等操作的权限，包括只读、可写、可执行等，若空白则表示用户对该文件不可操作。

当文件系统接收到来自某用户对某个文件的操作请求后，根据用户名和文件名，检查存取控制矩阵，用以检验用户是否具有请求的操作权限。如果用户操作类别与矩阵中的限定不符，则出错，转而进行出错处理。只有在用户操作类型与其拥有的权限符合时才允许其进行该操作。

显然，存取控制矩阵的不利的地方是，当用户和文件较多时，该表变得庞大，同时系统每次扫描矩阵的时间也会加大。

（2）存取控制表

若将用户按照某种关系进行分组，同时规定该组对文件的一致权限，则存取控制矩阵的存储量可有效减少。所有用户组对不同文件的操作权限的集合就形成存取控制表。存取控制表作为文件的说明存在，每个文件都有相应的存取控制表。

（3）口令

口令是一种验证手段，也是最广泛采用的一种认证形式。口令的设置有两种，一种是登录口令，用于判断用户是否是合法的系统使用者。控制用户是否可以进入系统。另一种是在文件层面的口令，当用户为文件设置使用口令时，则口令作为文件说明的一部分，任何用户使用该文件首先提供口令，当符合要求时才允许操作。

5.5.6 文件的操作

文件系统提供的基本文件操作，它亦是文件的用户接口。一般包括如下几类：

1）创建文件。创建一个空白的文件，系统为其分配一个存储区，作为创建文件的FCB。将文件名、创建日期等保存到有该文件的FCB中。

2）删除文件。将文件从文件系统中删除，系统收回该文件所占用的存储空间，收回该文件的FCB。

3）打开文件。在使用一个文件之前，为后面的访问做好准备工作。系统将该文件的FCB调入内存。

4）关闭文件。在使用完一个文件后，释放该文件使用的内存资源。

5）读文件。从文件中读取数据。系统需要为其分配一个读取缓冲区。将文件内容放置到缓冲区中。

6）写文件。向文件中写入数据。系统需要为其分配一个写缓冲区。

5.6 操作系统的用户接口

操作系统是计算机系统中最重要的一种系统软件，它与众多用户关系紧密，因此需有丰富的接口以便操作与使用操作系统，因此，操作系统的用户接口是有效发挥操作系统能力，扩展操作系统的支持范围的重要手段。近年来，各种类型的操作系统均致力于接口的扩充与发展，使得用户接口成为操作系统的亮点与特色。

在操作系统用户接口中主要介绍三种常用接口，它们是联机命令、可视化图形接口及系统调用。

5.6.1 操作系统的用户接口分类

在操作系统中一般有两类用户，一类是操作员，他直接使用操作系统，与操作系统交互，另一类是用户程序，即以用户形式出现的程序，它们需使用操作系统，此时须调用操作系统内部的一些程序，这称为系统调用。

在操作员用户中传统的接口是直接与操作系统连接的联机命令或简称命令。这种方式虽有效但操作不够方便与直观，因此微软的Windows致力于此方面的改革，并领头推出了可视化的图形接口方式，此种方式目前已成为操作员用户使用的主要方式。

在操作员用户中与操作系统接口的部分是操作系统的外层。在用户程序中主要是使用系统调用，在系统调用中操作系统的内核可供调用的程序均以函数形式组织，使用户程序使用极为方便。图 5-15 给出了用户接口的分类结构图。

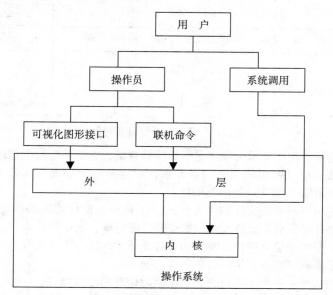

图 5-15　用户接口分类结构图

5.6.2　三种接口方式介绍

下面我们介绍三种接口方式。

（1）联机命令

联机命令是操作系统的最基本接口方式，它一般分为下面几种：

1）系统访问命令：此类命令包括系统的注册命令及系统退出命令等最基本的命令。

2）磁盘操作命令：此类命令包括磁盘拷贝命令、磁盘格式化命令等有关磁盘操作的命令。

3）文件目录操作命令：此类命令包括建立与删除文件子目录的命令、显示目录及目录结构的命令以及改变当前文件目录等有关文件目录操作的命令。

4）文件操作命令：此类命令包括文件的打开、读/写、关闭等，也包括文件的拷贝、删除等命令以及文件重命名等文件操作命令。

5）作业控制命令：此类命令主要用于批处理方式中控制作业流程的命令。

6）其他命令：此类命令包括输入/输出类命令、过滤命令以及访问时间命令等。

联机命令的一般形式是：

命令名：参数 1，参数 2，…，参数 n，结束符。

其中命令名是命令的标识符，接下来的是若干个参数，最后用统一的结束符以标识命令的终结。

在使用时，操作员在联机终端打入命令，此时，操作系统的终端处理程序接受命令，并将它显示于屏幕上，然后将其转送给命令解释程序。命令解释程序对命令作分析后转至相应的命令处理程序。其整个处理流程可见图 5-16。

（2）可视化图形界面

可视化图形接口也称为可视化图形界面，是以图形化接口为主要特征以完成人机交互的一种形式，其使用的主要元素是图标、窗口、菜单及对话框等，它们在桌面上形成一种视觉效果好、使用便利、直观易懂的操作环境，为用户操作员提供了良好的操作方式。目前的操作系统大都采用此种方式作为用户操作员的操作方式，而联机命令已成为一种辅助的操作方式。

可视化界面中的图形元素与背景主要包括：

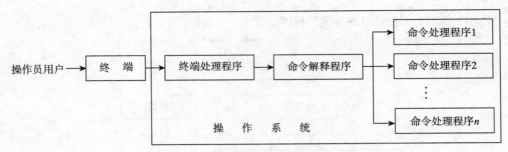

图 5-16　联机命令处理流程图

1）桌面：桌面是一种用于显示可视化图形的屏幕背景，它是系统的工作区域。

2）图标：图标是一种可视化的基本图形元素，它是显示于桌面或窗口中的一种图的标志，一般分为文件夹与应用程序（文档）等两类图标。

3）窗口：窗口是用户与系统交互的主要形式，用户通过窗口访问系统，系统通过窗口为用户提供服务。窗口中有很多基本图形元素，如按钮、滚动条、鼠标指针等。

4）菜单：菜单主要用于输入用户对系统的服务需求（类似于联机命令），它包括菜单名与菜单项等组成内容，而菜单项则表示相应的命令与功能。

5）对话框：对话框是一种用于人机交互给出临时信息的临时窗口。

可视化图形界面的主要操作工具是鼠标，所采用的是事件驱动方式。当用户点击鼠标时，系统即产生一个事件，事件以消息形式表示，此后即进行消息队列排列等候处理，接着系统从队列中取出一条消息，确定目的窗口，并将消息送入创建该窗口的应用程序队列中，然后，应用程序通过其消息队列接收输入，将它发送至相应窗口作相关处理。

（3）系统调用

系统调用是用户程序直接调用操作系统内核中一些程序的方式，这些程序大多以函数形式出现，因此系统调用实际上就是函数调用。之所以不用函数调用的名称是为了区别一般函数调用与此种调用的本质不同，因为系统调用的是操作系统内核中的核心程序的内容。

系统调用内核中的内容一般包括如下几种：

1）进程控制与通信：此类调用包括进程创建、进程终止以及发送、接收消息等内容。

2）文件操作：此类调用包括文件的创建、打开、读/写、关闭、删除以及文件目录创建、删除等内容。

3）磁盘操作：此类调用包括磁盘的读、写操作等内容。

4）信息维护：此类调用包括日期、时间设置、版本号及磁盘空间使用状况信息获取等内容。

系统调用的过程一般是在用户程序中设置系统调用函数并给出相应参数，进入系统后作一般性分析并转至不同的程序进行处理，处理完毕后返回至原用户程序继续执行。

＊5.7　常用操作系统介绍

世界上已有多种操作系统，但目前常用的主要有 Windows、UNIX 及 Linux 三种，下面对它们作简要介绍。

5.7.1　Windows 操作系统

Windows 操作系统是由美国微软公司从 1985 年起开发的一个系列的视窗操作系统产品，目前流行的是 Windows XP。下面我们重点介绍 Windows XP。（如不作说明，在提到 Windows 时我们指的就是 Windows XP）。

5.7.1.1　Windows 的特色

Windows 是目前最为流行的操作系统之一。之所以流行与它明显的特色有关。Windows 的特色有如下几点：

1）Windows 是一种建立在 32 位微机上的操作系统，由于微机的广泛流行而使得它也成为使用最广的操作系统。

2）Windows 是一种集个人（家用）、商用于一体的多种功能的操作系统，同时还有 Windows CE 可作为嵌入式操作系统。

3）Windows 具有友好的用户接口与多种服务功能，其可视化图形界面功能目前是引领操作系统的潮流。

4）以 Windows 为中心，微软公司还开发出一系列相应配套的软件产品，如 Office 、VB、VC、C ++ 、IE、Outlook、SQL Server 等。

5.7.1.2　Windows 的功能

Windows 具有现代操作系统的所有功能，同时还具有其独有特色功能，具体介绍如下。

（1）资源管理功能

Windows 具有管理软硬件资源的所有功能，包括 CPU 管理、存储管理、设备管理以及文件管理等。

（2）友好的接口功能

Windows 提供了以可视化图形界面为主的用户操作员接口以及以 API 函数为特色的用户程序接口。

（3）服务功能

Windows 为用户提供了多种服务功能，其中包括有强大功能的库函数以及多种图形化操作服务等。

（4）网络的嵌入式功能

Windows 还具有多种扩充功能，它包括与网络的接口功能以及嵌入至各类设备中的嵌入式功能，从而使 Windows 成为一种既通用的又有一定专门用途的（网络操作系统与嵌入式操作系统）操作系统。

5.7.1.3　Windows 结构

作为一种操作系统，Windows 在其系统结构上也有其一定的特色，Windows 在结构上融合了层次结构与微内核核两种方式，在该结构中除了系统的内核是核心态外，还将部分系统组件放入核心态运行，以组成一个具有一定层次的系统结构。在系统内部按结构分为核心态与用户态两个部分。在核心态中运行的组件主要包括硬件抽象层、内核、设备驱动程序及执行体等几个部分。在用户态中运行的主要包括系统支持库、系统支持进程、服务进程、应用程序以及环境子系统等。它们构成了如图 5-17 所示的结构。

在 Windows 的核心态中包括的四个部分的具体内容是：

1）硬件抽象层：硬件抽象层是将操作系统的内核，设备驱动及执行体与硬件分隔的一种虚拟实体层，使它们能与多种硬件平台接口。

2）内核：内核是操作系的基本核心层，它包括了 Windows 的最基础的功能，如线程调度、中断处理、多处理器同步以及一组基本例程与对象。

3）设备驱动程序：设备驱动程序包括各类外部设备的驱动程序以及文件系统的驱动程序等内容。

4）执行体：执行体包括了 Windows 中的主要资源管理功能，如进程管理、线程管理、虚存管理、设备管理、文件管理等内容。

此外，核心态还包括了用户接口中的图形驱动程序及 API 调用接口等内容。

在 Windows 的用户态中的四部分的具体内容是：

1）系统支持进程：它包括支持操作正常运行的一些必要进程，如 Windows 登录、安全验证、会话管理等进程。

2) 服务进程：为操作系统服务的一些必要的进程，如假脱机、Sevchost 以及 Winmgmt 等进程。

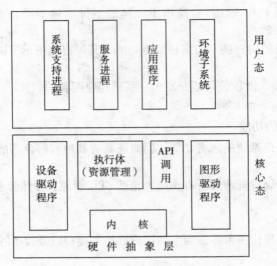

图 5-17 Windows 系统结构

3) 应用程序：它包括用户的应用程序及相应的一些系统程序，如 Windows 浏览器、任务管理器等。

4) 环境子系统：环境子系统是用以支持 Windows 正常运行的一些环境，包括 Win32、POSIX 及 OS/2。

此外，还包括一个支持 Windows 运行的支持库 Ntdll，dll。

5.7.1.4 Windows 的资源管理功能

Windows 的资源管理功能有如下特点。

(1) CPU 管理

在 Windows 的 CPU 管理中分两级管理，它们是进程管理与线程管理，其中进程是源分配的基本单位而线程则是调度的基本单位。

在 Windows 中一个进程可以包含一个线程(称主程)或多个线程。进程和线程都用面向对象方式构造，即进程和线程都用对象表示，每个对象有一个对象标识符，同时包括一组数据称为对象属性以及封装一组相应的操作或服务。

在 Windows 进程中具有一般进程的同步、互斥及进程通信等功能，在 Windows 线程中可用线程作调度，它采用基于优先级的抢占式多处理器调度策略，即每个线程都有一个优先级，而线程的调度策略是首先执行那些优先级最高的就绪线程。在其中进程仅作为提供资源的对象和线程的运行环境，在调度时系统并不考虑调用线程是属于哪个进程，而严格按优先级调度。

(2) 存储管理

Windows 的存储管理包括物理存储管理和虚拟存储管理，具体内容如下：

1) 物理存储管理。物理存储管理是对真实存储器的管理，在物理存储管理中内存按页面组织，它是存储管理的基本单位。所有页面组成一个页面数据库，在其中每个页面占一项，称为 PFN，它记录页面的状态，用于系统调用页面，这些状态包括空闲、页框、有效、修改、修改不写入等。

2) 虚拟存储管理。Windows 的虚拟存储管理采用页式管理方法，Windows 的虚拟地址为 32 位，每个进程的最大地址空间为 4GB，在页式管理中采用二级页表结构，其中第一级称为页目录，而第二级则称为页表。一个 32 位的虚拟地址可分为页目录索引(10 位)、页表索引(10 位)和字节索引(12 位)等，其中页目录索引指出虚拟地址中页目录项在页目录中的位置；页表索引则指示页表项在页表中的位置；而最后字节索引则指出页内地址。在 Windows 中每一个页面大小为 4KB。

在 Windows 中页面的调用策略采用请调和予调相结合的方式，即当线程发出缺页中断时存储管理将引发的中断的页面以及后续的少量页一起调入内存。

(3)设备管理

Windows 的设备管理包括输入/输出设备管理与外存设备管理两部分，其具体内容如下：

1)输入/输出设备管理。输入/输出设备管理的功能是当系统接到用户的输入/输出请求时将其转换成为对输入/输出设备的访问。输入/输出设备管理由一些组件及对应设备的驱动程序两部分组成，其中组件内容包括：输入/输出管理器，它将用户应用程序和系统组件连接到设备上，并给出一个支持设备驱动程序的基本架构；即插即用管理器，用于检测硬件资源分配、增加与删除；电源管理器，用于检测设备的不同电源状态的转换；注册表是一个数据表，用于记录各类设备的描述与状态以及相应驱动程序的配置信息；硬件抽象层的输入/输出访问例程等。而设备驱动程序则是为每个设备配置的相应输入/输出接口，用它控制设备以完成输入与输出。

2)外存设备管理。Windows 中的外存设备管理主要体现在磁盘管理中，它可分为基本盘和动态盘，在 Windows 中主要采用动态盘的概念，即允许有多分区卷的出现。在磁盘管理中 Windows 有一个单一集中式的高速缓冲，用它以建立磁盘与用户(内存区)间的中间暂存区域。

(4)文件管理

Windows 文件系统由文件驱动程序 FSD 执行文件的访问，它可分为本地 FSD 和远程 FSD 两种，其中本地 FSD 可以访问本地计算机上数据而远程 FSD 则可以经由网络访问远程计算机上的数据。

Windows 支持 CDFS、UDF、FAT12、FAT16、FAT32 和 NFTS 六种形式的文件系统：

1)CDFS：只读光盘文件系统。

2)UDF：通用磁盘格式。

3)FAT12：簇标识为 12 位二进制数的 FAT 文件。簇表示文件空间的规模，一般在 512 ~ 8KB 之间，而簇标识为 12 位则表示文件中可以最多存储 2^{12} = 4096 个簇。因此 FAT 最多只能存储 32MB。Windows 中的 FAT12 使用的是两种不同规格的软盘标准格式。

4)FAT16：簇标识为 16 位二进制数的 FAT 文件，它的簇大小为 512 ~ 64KB，因此 FAT16 卷的规模为 4GB，而 Windows 则将其限制在 2GB 内。此种格式文件曾被多种 Windows 版本采用过，但目前已逐渐被淘汰。

5)FAT32：这是一种 FAT16 的增强形式，它的簇大小为 4 ~ 32KB，簇标识的有效位数为 28 位，因此 FAT32 的最大允许规模为 8TB，而 Windows 将其限制在 32GB 之内。目前 Windows 中大都采用此种格式。

6)NFTS：也是一种以簇为单位的文件格式，它的簇标识为 64 位二进制数的 FAT 文件，其最大允许规模为 16TB，它是一种最新格式的文件系统，并具有较高的安全性。目前已被多种 Windows 版本采用。

此外，Windows 还有支持 CD-ROM 的 CDFS 文件以及支持 DVD 与 CD-RW 的 VDF 文件系统等。

(5)用户接口

Windows 提供操作页用户的可视化图形接口及应用程序编程接口两种。其中可视化图形接口由核心态中的图形驱动程序执行，而应用程序编程接口则通过用户态中的三个环境子系统建立起应用程序与核心态间的接口，三个环境子系统包括 Win32 子系统、POSIX 子系统以及 OS/2 等。

Windows 的应用程序设计的主要方式是采用：

1）程序代码与界面分开处理。

2）使用事件驱动的程序方式。

3）使用以窗口为主的界面方式。

因此，一个应用程序一般包括程序代码与可视化界面两部分，而其中界面是以各种文件扩展名方式存储于文件中，再与应用程序代码一起构成一个完整的可执行的程序。

5.7.2　UNIX 操作系统

UNIX 操作系统自 1969 年诞生于贝尔（电话）实验室，最初以其简洁及易于移植而著称，经过多年的发展已成为具有多个变种与克隆的产品。其使用范围遍及各种机型与各类应用，成为目前流行的操作系统，特别是在大、中型机上占有绝对优势地位。

5.7.2.1　UNIX 的特色

UNIX 操作系统具有很明显的特色，其主要是：

1）UNIX 是跨越微型计算机到中、小型以及大型机的具有全方位能力的操作系统，特别是在大、中、小型机中（即非微型计算机中）有着绝对的使用权威性。

2）UNIX 有着多个变种与克隆产品，如 SUN Solaris、IBM AIX、HP UX 等。

3）UNIX 的历史悠久、用户众多，目前操作系统产品的基础框架与基本技术都来源于它。

5.7.2.2　UNIX 组成与功能

UNIX 具有如下的几个组成部分。

（1）进程控制子系统

UNIX 的进程控制子系统由处理器及存储器两个管理组成，它们的功能是：

1）处理器管理：主要功能是以进程为单位的管理，包括进程控制、进程通信以及进程调度等功能。

2）存储管理：采用段页式虚存方法，在 UNIX 中内存空间可划分成若干个区，它相当于段，然后再在每个区中划分成若干个页，在虚存管理中以页为单位作调用。

（2）文件子系统

UNIX 的文件子系统由设备管理与文件管理两部分组成，它们的功能是：

1）设备管理：在 UNIX 中设备管理分为输入/输出设备管理及外部存储设备管理，其中输入/输出设备又分为块设备与字符设备，同时有设备驱动程序用以驱动设备进行数据交换，在外部存储设备管理中设有高速缓冲存储，它可以有多个缓冲区，每个缓冲区大小与磁盘块大小相当。

2）文件管理：UNIX 文件可有多种格式，在物理结构上采用混合分配方式，而既可用直接地址方式也可用一级、二级或多级索引方式，而对文件操作则可用一组系统调用实现。

（3）系统接口

UNIX 系统内部有两个接口，它们是硬件控制接口以及 Shell 接口。

1）硬件控制接口。它是 UNIX 核心部分与硬件间的接口，它由一些驱动程序以及一组基本的例程所组成。

2）Shell。Shell 是 UNIX 核心部分与用户间的接口，即是系统调用。

5.7.2.3　UNIX 结构

UNIX 采用微内核结构方式，在 UNIX 中其结构分为四级，它们是硬件级、核心级、用户接口级以及用户级，其结构示意可见图 5-18。

UNIX 的四级内容分别是：

1）硬件级：硬件级是 UNIX 操作系统的底层基础，用以支持整个系统运行的基本硬件平台。

2）核心级：它是 UNIX 的主要部分，它包括进程控制子系统及文件子系统等四个资源管理部分（处理器管理、存储管理、设备管理及文件管理），此外，它还包括与硬件接口的硬件控制部分。

3）用户接口级：它是包括 Shell 在内的系统调用接口。

4）用户级：用户级是用户程序以及操作员用户两部分。

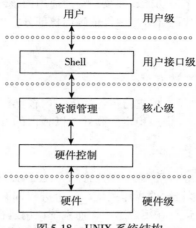

图 5-18　UNIX 系统结构

5.7.3　Linux 操作系统

5.7.3.1　Linux 的发展及 Linux 系统的基本体系

（1）Linux 发展

Linux 操作系统是芬兰赫尔辛基大学的一名叫 Linus Benedict Torvalds 的学生在 1991 年首次创建的。Linus 在最初参考了荷兰教授 Andrew S. Tanenbaum 编写的类 UNIX 的教学、实验用的操作系统 Minix，按照 UNIX 的模式进行设计开发 Linux。因此，Linux 也被称为类 UNIX 的多用户、多任务操作系统。

Linux 是一种自由软件，它一直是免费的和原代码公开的，1991 年以后，经全球范围的计算机爱好者志愿参与，Linux 逐步形成一套完善的操作系统。1993 年，大约有 100 余名程序员参与 Linux 内核代码编写/修改工作，到 1994 年发布了 Linux 1.0 版，该版本正式采用 GPL 协议。1996 年 6 月，Linux 2.0 内核发布，此内核大约有 40 万行代码，并可以支持多个处理器。之后各类版本的 Linux 出现，如 Slackware、Red Hat Linux 、SuSE、Ubuntu 、OpenLinux、Turbo Linux、Blue Point 等。

（2）Linux 的基本体系

Linux 采取了内核结构，系统大致可分为硬件层、内核层和用户层。其基本体系如图 5-19 所示。

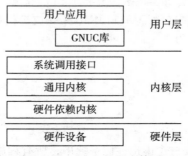

图 5-19　Linux 的基本体系

用户层是用户空间、用户应用执行的地方。GNU C 库提供连接内核的系统调用接口,还提供在用户空间应用程序和内核之间进行转换的机制。用户层之下是内核层,可进一步分为系统调用接口、通用内核和硬件依赖内核。

系统调用接口实现了一些基本的功能,如读、写。通用内核部分,也称为独立于体系结构的内核,面向所有的处理器的通用代码部分。硬件依赖内核部分,也称为体系依赖的内核,它存放与硬件控制相关的内核代码。

5.7.3.2 Linux 内核

(1)Linux 内核结构的特点

Linux 是一个单一内核操作系统,但它与传统的单一内核操作系统有所不同,它可以动态装入和卸载内核中的部分代码。Linux 内核稳定而高效,以独占的方式执行最底层任务,来保证其他程序的正常运行。

(2)Linux 内核的组成

Linux 内核涵盖了进程管理、内存管理、文件管理、设备管理的内容。

1)进程管理。Linux 是一个多进程的操作系统,每个进程都有自己的权限和任务,进程运行在用户态或内核态下。用户程序运行在用户态下,而系统调用运行在内核态下。进程管理程序能够进行进程的创建、激活、运行、阻塞、再运行、释放以及删除。Linux 采用继承的方法来进行资源分配。每个新的进程都必须先从父进程中继承一份系统资源,通过参数的设置决定是否与父进程共享资源,并决定子进程属于高优先级进程还是低优先级进程。

内核程序通过任务向量表对进程进行管理,每个进程在向量表中占有一项。在 Linux 系统中,任务向量表数据结构定义在头文件 include/linux/sched.h 中。该数据结构就是 PCB。当新的进程创建时,进程管理模块从系统内存中分配一个新的任务向量结构,并增加到任务向量表中。为了更容易查找,用 current 指针指向当前运行的进程。

进程状态包括:

- 运行态,进程正在被 CPU 执行或已经准备就绪随时可被调度时处于运行态。
- 可唤醒阻塞态,进程处于可被唤醒的阻塞状态。被唤醒后进程转换到运行态。
- 不可唤醒阻塞态,不可唤醒阻塞态与可唤醒阻塞态类似。不同之处是该进程只有通过使用 wake_up() 函数明确唤醒时,才能转换到运行态。
- 暂停状态,当进程收到信号 SIGSTOP、SIGTSTP、SIGTTIN 或 SIGTTOU 时就会进入暂停状态。可向其发送 SIGCONT 信号让进程转换到可运行状态,正在调试的进程可以处在暂停状态。
- 僵死状态,当进程已停止运行,但其父进程还没有询问其状态时,则称该进程处于僵死状态。

为了能让进程有效地使用系统资源,又能使进程有较快的响应时间,Linux 中采用基于优先级排队的调度策略。核心以分时方式实现多任务共享 CPU 资源。

2)内存管理。内存管理通过内存管理单元 MMU 来完成进程对硬件内存资源的访问控制。

内存管理程序提供以下一些功能:

- 大地址空间访问控制。
- 进程私有空间的保护。
- 内存映射。
- 对物理内存的公平访问。
- 进程间的共享内存。

Linux 采取虚拟存储模型。在一个虚拟存储系统中,所有程序涉及的内存地址均为虚拟内存地址而不是物理地址。内存管理实现虚拟内存地址和物理地址之间的转换。在 Linux 中虚拟存储采用页面方式。

3）虚拟文件系统。Linux 在设计时就考虑到物理设备的兼容性。文件管理采用了虚拟文件系统，虚拟文件系统是 Linux 内核中非常重要的一部分，它为文件系统提供了一个通用的接口抽象。虚拟文件系统在系统调用接口和内核所支持的文件系统之间提供了一个交换层。除了物理设备，Linux 还支持大量其他形式的文件系统。

4）设备管理。Linux 系统支持字符设备、块设备和网络设备。Linux 内核中有大量代码都在设备驱动程序中，它们支持特定的硬件设备。Linux 源码树提供了一个驱动程序子目录，这个目录又进一步划分为各种支持设备。系统和设备驱动程序之间使用标准的交互接口。无论是字符设备、块设备还是网络设备的设备驱动程序，当系统内核请求它们的服务时，都使用同样的接口，这样系统内核可以用同样的方法来使用完全不同的各种设备。

5.7.3.3　嵌入式 Linux

嵌入式 Linux 一般是指对标准 Linux 发行版本进行小型化裁剪处理之后，适合于特定嵌入式应用场合的专用 Linux 操作系统。

嵌入式系统通常是资源受限的系统，无论是处理器计算能力还是内存或其他存储器容量都比较"小"。因此，如何创建一个小型化的 Linux 作为操作系统开发成为首先需要考虑的问题。一个小型的嵌入式 Linux 系统只需要 3 个基本元素，即引导工具、Linux 微内核（包含内存管理、进程管理及事务处理）、初始化进程。如果要增加该系统的功能并同时保持系统的小型化，可为嵌入式 Linux 系统添加相应的硬件驱动程序、应用程序。其他功能可视应用需要灵活添加。

嵌入式 Linux 操作系统实现的基本步骤如下：

1）新编译 Linux 内核，去除不需要的模块。

2）编写用于将系统启动代码读入内存的 Bootloader，并制作 BootROM 以将嵌入式 Linux 装入内存中。

3）重新编写以太网和串/并口等驱动程序。

4）添加必要的嵌入式 Linux 应用程序。

本章复习指导

操作系统是计算机硬件之上封装的第一层系统软件，它起着软硬件接口的作用。

1. 操作系统的作用
- 硬件角度：管理资源
- 软件角度：合理控制程序运行
- 用户角度：提供接口与服务

2. 操作系统功能

1）资源管理：
- CPU 管理
- 存储管理
- 设备管理
- 文件管理

2）提供丰富的用户接口。

3）提供服务。

3. CPU 管理
- 进程管理与中断管理
- 进程控制与进程通信
- 线程
- CPU 调度
- 中断及中断处理

4. 存储管理

1）内存分配

2）地址重定位及虚存管理：

- 页式存储管理
- 段式存储管理
- 段页式存储管理

5. 设备管理

- 设备控制
- 设备分配与调度
- 设备驱动程序
- SPOOLING 技术
- 缓冲技术
- 磁盘管理

6. 文件管理

- 从硬件角度：存储资源管理
- 从软件角度：按名存取
- 从数据角度：半独立数据
- 从用户角度：提供接口

1）文件组织：

- 文件逻辑结构
- 文件物理结构
- 文件目录结构

2）文件的安全性控制：

- 口令
- 存取控制矩阵
- 存取控制表

3）文件操作。

7. 用户接口

- 可视化图形接口
- 系统调用接口

8. 三个常用操作系统

- Windows
- UNIX
- Linux

9. 本章内容重点

- CPU 管理与中断管理

习题 5

5.1 什么是操作系统，操作系统的分类有哪些？

5.2 内核结构的操作系统的基本特征是什么？

5.3 什么是进程，其特征是什么，进程与程序的关系是什么？

5.4 进程阻塞的基本过程是什么？

5.5 什么是线程，它与进程的异同是什么？

5.6 什么是中断？简述中断处理过程。

5.7 什么是地址重定位，地址重定位有哪些种类？

5.8 什么是虚拟存储器？

5.9 简述缺页中断的基本处理过程。

5.10 设备管理的基本任务是什么？

5.11 试比较 DMA 和通道技术。

5.12 简述缓冲池工作的基本操作。

5.13 什么是文件系统，基本模型是什么？

5.14 简述文件控制块的作用。

5.15 什么是空闲区表？

5.16 简述 Windows 的基本结构。

5.17 简述 UNIX 的基本结构。

5.18 简述 Linux 的基本体系。

5.19 简述嵌入式 Linux 的特点。

5.20 试比较 Windows、UNIX 及 Linux 的异同，并说明它们的适用对象。

5.21 试评述操作系统在整个计算机系统中的作用与地位。

第 6 章

程序设计语言与语言处理系统

计算机程序设计语言是一个计算机系统的重要组成部分，也是计算机软件，包括系统软件、支撑软件和应用软件开发的主要工具；因此学习和掌握计算机程序设计语言对计算机专业及相关专业的学生至关重要。本章将就计算机语言及其语言处理系统进行一般性讨论。主要内容包括计算机语言的概念、计算机语言的发展与语言处理程序（系统）三方面的主题。

6.1 概述

任何两个系统（生命的或非生命的）之间无不借助某种媒介实现信息的相互传递。如人与人之间、人与动物之间、动物与动物之间、人与设备（洗衣机、电视机、计算机等）之间都如此。这种媒介通常就称为语言。语言的本质是一种符号的形式系统，符号是语言的基本元素，可以是有形的（如文字），也可以是无形的（如语音）。符号按一定规则构成词汇和语句；规则称为语法。按共同的认知理解词汇和语句表达的意义；认知即是语义。

任何一种语言的主体领域内的个体之间可以运用他们的属地语言无障碍地传递信息；这种语言通常称为本土语言或母语。但是，不同主体领域的语言之间可能存在较大差异，未必能各自运用本土语言向对方传递信息，如汉语与英语人类自然语言与计算机机器语言等。解决的办法通常是"学习"或"翻译"。

计算机系统与人是两个不同的系统，而人使用计算机求解问题就必须与计算机系统相互传递问题信息，同样也要运用语言。由于计算机设计技术的原因，计算机有自己的属地语言，称为指令系统或机器语言。机器语言与人类语言有很大的差别，解决的方法同样是"学习"或"翻译"。而学习是困难的，因此采用接近人类语言的语言即高级程序设计语言（简称高级语言），便是势在必行的事。如今，高级程序设计语言在计算机系统中大行其道、层出不穷、发展势头不减。多种高级语言并存，新的高级语言不断出现，以满足各种不同性质软件开发和计算机应用的需要。如主要用于描述算法的语言，如 BASIC、FORTRAN、C 或 C++ 等；主要用于非数值处理的语言，如 COBOL 等；主要用于数据库管理的语言，如 VisualFoxPro、SQL 等；主要用于网页设计和网络环境的语言，如 HTML、XML、ASP、Java 等；主要用于动态形态系统描述的语言，如 Lisp、JavaScript 等。高级语言是计算机硬件系统不能直接接收的语言，因此，把高级语言"翻译"成机器语言是必需的一个环节，这称为语言处理。能承担语言处理任务的软件系统统称为语言处理系统。

6.2 程序与程序设计语言

据历史记载，20 世纪 40 年代计算机雏形时期，使用计算机的操作人员只能通过控制台等手动操作计算机。首先想到采用程序方式在计算机上求解问题的是德国工程师楚瑟（Konrad Zuse）。当冯·诺依曼提出"存储程序和程序控制"原理之后，程序的思想和方式就被广泛应用，时至今日，仍发展十分迅猛。

6.2.1 程序和程序设计

程序是指"为在计算机上求解给定问题而设计的一系列命令的有序集合"。命令是广义的，可以是执行规定动作或基本功能的指令、命令或语句。有序是重要的，指出计算机执行程序的流程顺序；因为同样一组命令的不同顺序获得的结果确大相径庭，甚至是错误的。

　　程序是程序设计的结果。程序设计是分析问题目标、确定求解方法和步骤、设计求解流程、编写程序代码、纠正程序错误和缺陷等一系列活动的总和，是一个获得程序的工作过程。

　　程序设计需要技术和工具的支持。这就是程序设计技术和程序设计语言。语言提供工具，即能运用哪些命令；技术提供方法，即如何构造程序。许多年来，计算机科学家们做了精心深入的研究，取得了卓越的成果。如结构化程序设计技术、面向对象程序设计技术等。相应地开发了结构化程序设计语言、面向对象程序设计语言等。

　　因此，程序设计技术需要相应程序设计语言的支持，程序设计语言推动程序设计技术的推广和持续发展。

6.2.2　程序设计语言

　　程序设计语言又统称为计算机语言，是一个能完整、准确和规则地表达人类意图并用以指挥或控制计算机工作的"形式系统"。

　　程序设计语言的唯一功能是编写求解问题的程序；计算机执行程序输出期望的结果。在计算机技术发展的不同时期有不同的程序设计语言，它们同时并存。为了提高程序设计的生产效率，也为了能在不同结构的计算机上移植程序，程序设计语言经过了一个从低级到高级的发展过程。

　　(1) 机器语言

　　机器语言是第一代计算机语言，是计算机固有的、最原始的、最基本的程序设计语言，即计算机的指令系统。指令系统是一台计算机的功能体现和唯一的人 - 机接口。在 20 世纪 40 年代的计算机出现初期，程序设计的唯一工具就是机器语言；采用二进制编码表示。例 6.1 中的程序就是用某机器语言编写的。

　　例 6.1

单元地址	指令或数		功 能 说 明
05	3		存储数据 A
06	2		存储数据 B
07	9		存储数据 C
08	5		存储数据 D
09	0		存储中间结果和结果 Y
0A	05	05	取 05 字节单元中的数 A 到寄存器中暂时保存
0C	01	06	用寄存器中的数加上 06 字节单元中的数 B，结果 5 暂存在寄存器中
0E	06	09	把寄存器中的数存入存储器的 09 字节单元中
10	05	07	取 07 字节单元中的数 C 到寄存器中暂时保存
12	02	08	用寄存器中的数减去 08 字节单元中的数 D，结果 4 暂存在寄存器中
14	03	07	用寄存器中的数乘以 09 字节单元中的数，结果 20 暂存在寄存器中
16	06	09	把寄存器中的数存入存储器的 09 字节单元中
18	07	09	把 09 字节单元中的数 (Y) 显示在显示器上
1A	00	00	停止执行指令

　　该程序完成表达式 Y = (A + B) × (C - D) 的计算，并假设计算前有 A = 3、B = 2、C = 9、D = 5。不难看出，这里的指令结构是一地址的；用到的操作码 (假设的) 列表解释如下。

操作码(8 位)	操作名称	操作功能
00	停机	程序执行结束，计算机停止工作
01	加法	用寄存器中的数加上存储器中的数，和存于寄存器中
02	减法	用寄存器中的数减去存储器中的数，差存于寄存器中
03	乘法	用寄存器中的数据乘以存储器中的数，积存于寄存器中
04	除法	用寄存器中的数除以存储器中的数，商存于寄存器中
05	取数	从存储器取出指定单元中的数送到寄存器中暂时保存
06	存数	把寄存器中的数送到存储器的指定单元中保存
07	输出	将存储器中的数送到显示器上显示出来

程序中只出现十六进制数字；实质是二进制数的十六进制表示。机器语言在程序设计上只停留了一个很短暂的时间。

机器语言是计算机的本土语言，有它自己特别的优势，主要是命令结构简单，功能粒度小，构造性强；计算机唯一可以本能地接收、识别和执行的是自己的机器语言程序；程序运行效率极高。但也有两个致命的缺点，其一是，不易于学习、记忆和运用；程序设计难度大，程序烦琐、可阅读性和可理解性最差；因而程序设计的生产效率就必然很低；特别是随着计算机技术的发展，机器语言不断更新、扩展和丰富，学习和使用新的机器语言令人应接不暇；因此，现今已不再有人使用机器语言编程，除非计算机硬件生产商因硬件固化软件的需要而进行少量的程序设计。第二个致命缺点是，机器语言程序没有可移动性。从例 6.1 可以看到，每个数据和指令都固定存储于确定的单元中；程序运行时就只能把它们对应存储在这些单元中，否则必定出错。如果想把程序搬移到另一块内存去运行，就必须首先对所有与地址有关的指令进行调整，这是无法容忍的，也是现代操作系统的程序运行管理功能绝对不能接受的。

(2)汇编语言

汇编语言是第二代计算机语言。为了改善程序设计条件，长期以来人们寻求新的语言形式，希望新的语言形式越来越接近人类自身语言的习惯；再将新语言编写的程序"转换"或"翻译"成机器语言程序提交给计算机运行。这就是所谓的非机器语言。计算机语言科学家们经过长期的研究，并取得了显著的成果。20 世纪 50 年代首先设计开发的是汇编语言。

汇编语言是对机器语言符号化的结果，所以又称它为符号语言，是计算机语言的第一次革命，因此把汇编语言称为第二代语言。开发汇编语言的出发点是，用可助记的符号表示指令中的操作码和地址码，而不再用很不直观的二进制编码。为了增强语言的表达能力，还对汇编语言进行了改进和扩充，形成了称为宏汇编的汇编语言(MASM)。

汇编语言的基本语句等价于机器语言的指令。具体而言，用英文符号或单词缩写表示"操作码"，例如，用 GET(GET) 表示取数，用 PUT(PUT) 表示存数，用 ADD(ADD) 表示加法，用 SUB(SUBTRACT) 表示减法，用 MUL(MULTIPLAY) 表示乘法，用 DIV(DIVIDE) 表示除法，用 DIS(DISPLAY) 表示显示，用 STP(STOP)表示停机等。同时，也用符号表示数据的存储地址，如用 A 表示一个单元的地址，则 A + 1 表示它的下一个单元的地址。这样，前面计算 $Y = (A + B) \times (C - D)$ 的算式的汇编语言程序片段就可以编写如下(见例 6.2)。

例 6.2

```
A:    3
      2
      5
      9
      0
GET   A
ADD   A + 1
```

```
PUT   A + 4
GET   A + 2
SUB   A + 3
MUL   A + 4
PUT   A + 4
DIS   A + 4
STP
```

其中，A、A+1、A+2 等表示存储单元的地址。显然，程序存储在从单元 A 开始的连续一组单元中；第 1 条指令存储在 A+5 单元中。

不难看出，汇编语言程序看起来比机器语言程序要舒服、直观多了；至少在符号记忆方面比较有利；但与计算机硬件之间拉开了小小的距离。汇编语言的另一个好处是，在编写程序时并未给出程序的确切存储地址，只是用符号表示，如例 6.2 中的"A:"，即 A 仅是一个位置标志。程序中的指令和所有指令中涉及的数据内存地址都相对于 A 排布。因此，只要 A 确定下来，所有指令中的地址也就确定了。不再像例 6.1 的机器语言程序那样必须把内存位置一次性地固定在从地址 05 开始那一块内存上程序才能正确运行，而随意装入任意内存地址开始的连续单元就可以正确运行了。我们把前者称为静态定位，而后者称为动态定位。后者是现代操作系统中程序运行管理所必需的。

汇编语言保持了机器语言的优点，具有直接和简捷的特点。但是，汇编语言并没有摆脱机器语言的阴影；它的基本语言元素与构造仍然与计算机指令一一对应；距离人类的自然表述习惯和方法还相差甚远。或者说，汇编语言没有也不可能彻底解决、提高程序质量问题与程序生产率问题。

（3）高级程序设计语言

高级语言号称第三代计算机语言，是计算机语言的一次根本性革命，是一种更接近"人类语言"的计算机语言。高级语言的设计思想是把人类自己的语言，如英语语言、数学语言等进行结合、选择、改造、规范和约束，并形式化为一种专门性语言。早期的高级程序设计语言有如 FORTRAN、COBOL、BASIC、ALGOL 等。很显然，这种语言对程序设计提供了极大的便利，克服了机器语言和汇编语言的许多缺陷，学习和运用已经没有什么困难。以早期的 BASIC 语言为例，只有十多个语句，用英语语句和数学表达式表示命令；连小学生都能在一两天内学会。如例 6.2 的 BASIC 程序可以是如下的例 6.3。

例 6.3

```
10 LET A = 3
20 LET B = 2
30 LET C = 9
40 LET D = 5
50 LET Y = (A + B) * (C - D)
60 PRINT Y
```

其中，每行为一个独立语句，即一条命令；第 1 列为行号。第 10~50 行都是赋值语句，第 60 行为输出语句。稍有一点英语单词和简单数学知识的人不难看懂，也不难写出这些命令。显然，高级语言与人类语言十分相似，但与计算机硬件系统的距离进一步拉大。用 C 语言编写同样功能的程序如例 6.4。

例 6.4

```
main()
    {
        float a = 3, b = 2, c = 9, d = 5;
        y = (a + b) * (c - d);
        pintf("% f", y)
    }
```

　　高级语言的发展已经有五六十年的历史了，其间出现过数以百计的高级语言。据不完全统计，约有三百种以上高级语言应用于不同专业问题领域。这些语言大致分为两类：一类是通用性语言，如 FORTRAN、COBOL、ALGOL、BASIC、PASCAL、C、Java 等；另一类是专用语言，如 APT、LISP、SQL 等。但是，按照优胜劣汰的规律，迄今能广泛流行的高级语言为数不多，VC、Java、SQL 等是其主角的一部分。

　　回顾高级语言的发展，发现其发展的思路主要有三条路线。一条是沿着程序设计技术的发展路线发展高级语言。如从过程式语言到非过程式语言，从面向过程的语言到面向问题的语言，从支持结构化技术的语言到支持面向对象技术的语言。另一条是沿着某语言族的演化路线发展高级语言，如 C 语言族，从 C 经过 Turb C、C + 、C++ 、VISUAL C 到 C#等。又如 BASIC 族，从 BASIC 经过 GWBASIC、True BASIC 到 VISUAL BASIC 等。第三条是适应应用专业领域的路线。有面向公式的语言，如 FORTRAN、ALGOL；面向商用数据处理的语言，如 COBOL；面向系统的语言，如 C；面向数据库的语言，如 SQL 等。

6.2.3　高级语言的文法结构

　　(1)高级语言的语言成分

　　高级语言的基本语言元素包括数据说明、处理描述、流程控制、数据传输等成分，以及程序结构规则。高级语言程序通常包括说明和过程两个部分；前者定义和描述数据，后者描述处理数据的过程。

　　1)数据说明：定义和描述程序中使用到的数据的类型和构造，包括常量、变量、数组、结构甚至文件等。

　　2)处理描述：描述程序中所要执行的运算和处理，包括算术运算、逻辑运算或非数值处理等。

　　3)流程控制：控制程序中命令的执行流程，包括顺序控制、分支控制、多路控制和循环控制等。

　　4)数据传输：描述程序中关于数据的传输，包括数据输入、输出等。

　　5)程序结构规则：不同语言的程序结构是不同的。所谓程序结构是指如何构造一个程序，包括程序的构造框架、数据说明与数据引用关系、语句序列、程序与程序的关系等方面的规则。

　　(2)高级语言的文法结构

　　高级语言是一种以人类自然语言为背景的计算机语言，但又不同于自然语言，它是对自然语言进行规范化和形式化后形成的语言。规范化和形式化的目标有两个，即完备性和无二意性。完备性针对语言的表述功能，无二意性针对语言的语义功能。

　　高级语言的实质是一组记号和一组规则。根据规则将记号构成记号的串，即语句或命令。把一系列语句或命令按问题求解过程的要求构成程序，这就是语言。因此，高级语言是字符集、词法规则、语法规则和语义规则的集合。

　　(1)字符集

　　字符集是语的一组基本符号，运用这些基本符号构造合法的词汇、语句和程序。如 CO-BOL 语言字符集由 26 个英文字母、10 个数字符号和 15 个标点符号组成。又如 C 语言的字符集由 26 个大写英文字母、26 个小写英文字母、10 个数字符号和若干标点符号组成。

　　(2)词法规则

　　词法规则是构造合法词汇的一组规则。高级语言的词汇包括两类：一类称为"保留词"，另一类称为"用户自定义词"。保留词是高级语言的固有词汇、界限符、运算符等，它们有固定的拼写、意义和用法，用户不可随意改变，不可随便滥用。保留词是语言的主体，如高级语言的"命令词"都是保留词；如 C 语言中的 main、int、char、break、case、if、return、for。用户自定义词是用户在编程时按规则为处理对象命名的词汇。如常量、变量名、数组名、结构名、文件名、函数名、类型名等。定义词汇的一般规则主要有可用字符是哪些、最大长度是多少、不能与保留词相同等。

（3）语法规则

语法规则是构造合法语句的一组规则。一般由"格式"和"语法规则"说明两部分构成。格式给出语句的构造框架，如能出现哪些词汇和符号、可出现的位置以及语句的构造框架等。在格式框架中使用了一些格式定义符号进行说明，如 C 语言的开关语句的"格式"可以表示如下：

```
switch(表达式){
    case 值1：语句序列1;[break;]
    [case 值2：语句序列2;[break;]]
    …
    [default：语句序列3;]
}
```

"语法规则"详细说明语句构造的细节、词汇的搭配关系、标点符号的使用等。如上面的开关语句的语法规则可以是：

1）表达式可以是任何类型的表达式。

2）值1、值2、…必须是常量，且互不相同。

3）case：…和 default：出现的次序无关紧要。

4）语义规则：是说明语句执行意义的一组规则，包括执行过程和执行结果。如 C 语言的开关语句的"语义规则"可以是：

1）值1、值2、…的数据类型必须与表达式的结果类型一致。

2）表达式的值并与后面的各 case 值比较，当与某 case 值相等时就执行相应的语句序列；若与所有 case 值都不相等，则执行语句序列3。

3）执行完一个 case 的语句序列后，将继续执行以下的 case。如果要求执行完一个 case 的语句序列后结束这个开关语句，则用 break 语句。

语法规则有多种定义方法。前面的方法称为叙述法，还可以用更精确的方法，如巴科斯－诺尔范式或状态图法。这两种方法对设计语言处理系统软件很有帮助；但现在很少在语言文本中使用，因此这里就不进行叙述了。

6.3　语言处理系统

众所周知，机器语言程序可以在计算机上直接运行；因为只有计算机指令才可以驱动计算机硬件的逻辑部件工作。所有非机器语言的程序，包括汇编语言和高级语言，都不具备这种能力。唯一的方法是把非机器语言程序转换成功能上等价的机器语言程序，这种转换统称为语言处理。实现语言处理的软件称为语言处理程序或语言处理系统。语言处理系统的基本工作原理如图 6-1 所示。

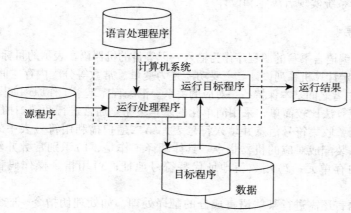

图 6-1　语言处理系统的改造原理

6.3.1 几个有关概念

在具体叙述语言处理系统之前，首先介绍几个相关名词和概念。

（1）源程序

用汇编语言或高级语言编写（或书写）的程序称为源程序，也称为源代码，如 MASM 程序、C 程序、BASIC 程序、Java 程序等。

（2）目标程序

把源程序经过"转换"处理后得到的功能与之等价的程序称为目标程序。目标程序可能是机器语言表示的程序，也可能是汇编语言表示的程序，根据语言处理系统的设计思想确定。

（3）汇编程序

汇编程序是一种语言处理软件，又称为汇编系统，是把用汇编语言编写的源程序转换成机器语言的目标程序的系统程序。要注意区分用汇编语言编写的汇编程序和作为语言处理的汇编程序这两个不同的概念，由于历史的原因，它们都称为汇编程序。

（4）解释程序

解释程序是一种语言处理软件，又称为解释系统，是负责执行高级语言源程序的系统程序。解释程序的工作方式是按源程序语句的执行顺序，逐个语句地进行"转换－执行－结果"的过程，它不生成最终的目标程序。源程序的每一次执行重复着相同的处理过程。因此，程序的每一次执行都是源程序和解释程序同在。

（5）编译程序

编译程序是一种语言处理软件，又称为编译系统，是把用高级语言编写的源程序转换成目标程序的系统程序。编译程序的工作方式是一次性地把源程序翻译成目标程序，执行目标程序就可获得源程序期望的结果。编译方式分为编译阶段（获得目标程序）和运行阶段（执行目标程序获得结果）。因此，编译程序无须与源程序同在；而且如果不修改源程序，则目标程序可以脱离源程序多次执行。

（6）中间语言

中间语言有时也称为中间代码，是在编译或解释过程中使用的一种过渡性语言，不对外提供；只是编译或解释系统为获得目标程序借助的中间桥梁，即中间语言程序或中间代码。一般用符号 L_i 表示中间语言程序，则编译或解释过程可表示为

$$源程序 \rightarrow L_1 \rightarrow L_2 \rightarrow \cdots \rightarrow L_n \rightarrow 目标程序$$

两两相邻的中间语言程序之间都具有等价关系。中间语言也是一种符号系统，它具有统一规范和表示简单的特点。一个编译系统或解释系统是否要借助中间语言，用什么样的中间语言，由编译系统或解释系统实现者决定和设计。

6.3.2 汇编程序

汇编程序以汇编语言书写的源程序作为输入，以等价的机器语言表示的目标程序作为输出。汇编程序一般针对特定计算机系列设计。主要功能是为变量、常数等分配内存空间；将汇编指令"装配"为机器指令；二者之间基本保持一一对应的关系。汇编程序基本工作原理如图 6-2 所示。

汇编程序实现算法比较简单，采用简单化的基本策略。通常进行两趟扫描。第一趟扫描根据符号的定义和使用，收集符号信息并填入符号表；第二趟扫描利用符号表中的信息，将源程序中的汇编指令逐条装配成对应的机器指令。具体翻译工作是，1）识别常数并转换为机器的内部表示，为其分配内存单元；2）用数值地址代替符号地址；3）用指令操作码替代相应的助记操作名。

对于宏汇编语言还需进行某些语言成分的翻译处理，如处理伪指令、收集程序中提供的汇编指示信息并执行相应的功能等。

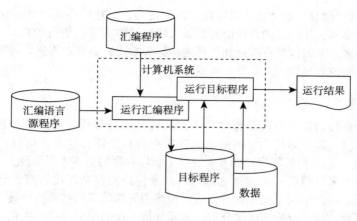

图 6-2　汇编程序基本工作原理

6.3.3　解释程序

　　解释程序以高级语言编写的源程序为输入，并按源程序中指令或语句的动态执行顺序一个语句一个语句地重复着"翻译－运行－结果"的过程，直至程序执行结束为止。因此，可以把解释程序看成是源程序的一个执行控制系统，而不生成独立的目标程序。这犹如常见的语言"口译"（如英语到汉语）方式；演讲人讲一句英语，翻译员当场翻译成等价的汉语，直到演讲完毕，不保留任何翻译文稿。如果同样的演讲再作一次，则需重复上述过程。

　　解释程序的一般结构可以分为解释模块和运行模块两个主要模块。前者的职能是按源程序动态执行顺序逐个输入语句，并对单个语句进行分析和解释，包括语法和语义的正确性检验、生成等价的中间代码或机器语言代码，以及错误信息提供等处理。后者的职能是运行语句的翻译代码，并输出中间结果或最终结果。由于解释程序的设计思想不同，运行模块的执行方式也不同。一种方法是解释模块直接生成源程序语句等价的机器语言代码；通常一个语句生成多条机器指令的代码段。运行模块负责控制这段代码的执行并处理中间结果（保存或输出），见图 6-3a。另一种方法是，解释模块生成语句等价的中间代码（但不是机器语言代码），如程序调用及其参数形式。运行模块负责选择相应功能部分并控制中间代码的执行，并处理相关运行结果，见图 6-3b。图中的 R_i（$i = 1, 2, 3, \cdots, n$）是源程序的语言语句执行程序。

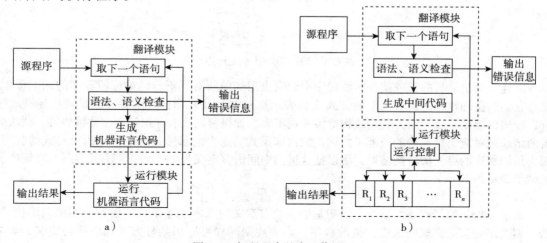

图 6-3　解释程序基本工作原理

由于高级语言的"解释"处理方式具有良好的方便性、交互性和灵活性，且实现算法比较简单，所以，早期许多具交互特征的高级语言常常采用这种方式进行语言处理，如 BASIC、dBASE等。现今，也有许多高级语言兼有编译和解释两种处理方式，解释方式主要运用于源程序的开发阶段，以提高开发期的方便性、灵活性和调试效率。

6.3.4　编译程序

编译程序把用高级语言书写的源程序一次性地转换成目标程序的语言处理程序(或软件)。这样的目标程序是可重运行的程序，即脱离源程序本身和编译程序独立运行。常见的如带扩展名 .exe 的程序都是可重运行的程序。图 6-4 展示了编译程序的基本工作原理。

由于高级语言距离机器语言比较遥远，且其命令构造的复杂度比较高，语言成分的种类和表示方法多种多样，一词多用也比比皆有，所以很难用简单的算法把源程序转换为目标程序。一般要做 5 方面的处理，词法分析、语法分析、语义分析、代码生成和代码优化。

(1)词法分析

一般地，高级语言的词汇都有保留词、标识符、常量、标点符号和运算符等词汇，而抽象地看源程序是一个字符串。语言有严格的构词规则，如 C 语言的标识符的构词规则可用巴科斯 – 诺尔范式表示为

> <标识符> ::= <字母>|<下划线>|<字母>|<标识符><字母>|<标识符><数字>|<标识符><下划线>
> <字母> ::= A|B|C|…|Z|a|b|c|…|z
> <数字> ::= 0|1|2|…|9
> <下划线> ::= ＿＿＿＿

这个范式表示了这样一个词法规则，标识符必须以字母或下划线开头，其后可以跟一个或多个字母、数字和下划线。

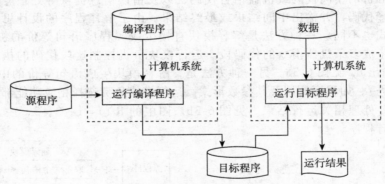

图 6-4　编译程序基本工作原理

因此，词法分析的任务就是在源程序中识别出用到的所有词汇，即构成源程序的词汇单位。检查它们的正确性并用统一规范的方式重新表示这些词汇及其词性。主要方法是顺序地获取字符，按构词规则形成词汇并利用或构造各种词汇表，如保留词表、标识符表、常数表等。词法分析的结果是对应于源程序的规范了的词汇的内部形式。这个内部形式就是中间语言形式的程序。因为是源程序的第 1 次转换结果，所以把这里的中间语言定义为 L_1。设源程序名为 s，则词法分析结果表示为 $L_1(s)$。

(2)语法分析

语法分析是编译程序的核心。语句是语言的有意义的基本表述单位；由若干相关词汇构成；若干相关语句按语言规则构成完整的程序。语法规则同样可以用某种方式加以严格定义，如前面提到的巴科斯 – 诺尔范式。以算术表达式为例，其巴科斯 – 诺尔范式如下。

```
  <算术表达式> ::= <数据项>|<算术表达式> <加法运算符> <数据项>
     <数据项> ::= <初等项>|<数据项> <乘法运算符> <初等项>
      <初等项> ::= <常量>|<标识符>|+ <标识符>|- <标识符>|(<算术表达式>)
  <加法运算符> ::= + |-
  <乘法运算符> ::= * |/
       <常量> ::= <数字>|+ <数字>|- <数字>|<常量> <数字>|<常量>. <数字>
     <标识符> ::= <字母>|<下划线> <字母>|<标识符> <字母>|<标识符> <数字>|
  <标识符> <下划线>
       <字母> ::= A |B |C |… |Z |a |b |c |… |z
       <数字> ::= 0 |1 |2 |… |9
     <下划线> ::= _
```

语法规则还可以用状态图定义，如算术表达式规则的状态图如图 6-5 所示。

语法分析的任务是识别并构造程序中的每一个语句以及各语句之间的关系、检查语句构造和源程序构造的正确性、为变量和常量分配存储空间、生成程序的内部形式。这种内部形式就是应用于语法分析的中间语言代码。如果把这里用到的中间语言定义为 L_2，则语法法分析结果表示为 $L_2(L_1(s))$。

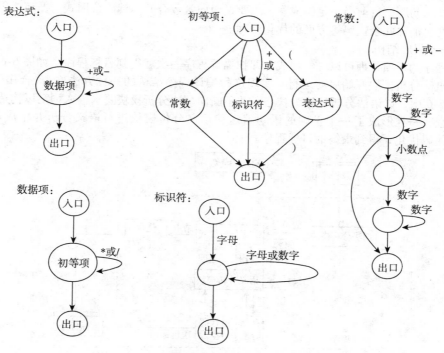

图 6-5　状态图表示表达式语法规则的示例

（3）语义分析

语义分析是进一步检查语句和程序结构的语义正确性，其目的是保证标识符和常数的正确使用，把必要的信息收集和保存到符号表或中间语言程序中，并进行相应的语义处理，因此，语义分析的任务是检查语句和程序意义的合法性，即检查参与运算的数据是否合法、能不能产生确定的结果等。如算术运算 $Y = a + b$，从语法上看是正确的，但必须保证 a 和 b 是两个数值类型的数据才能运算；如果 a 是数值型数据，而 b 是字符型数据，则表达式显然是不能执行的，即为语义错误。产生进一步的内部表示形式。如果把这里用到的中间语言定义为 L_3，则语义法分析结果表示为 $L_3(L_2(L_1(s)))$。因为语义分析过程与语法分析基本相似，仅侧重内容不同，所以常常两者同步进行。

（4）代码生成

代码生成的任务是产生目标程序及其存储分配。方法是顺序加工中间语言程序，并利用符号表和常数表中的信息生成一系列的汇编语言或机器语言指令。如果用 O 表示目标语言，则代码生成的结果表示为 $O(L_3(L_2(L_1(s))))$ 或简单地表示为 $O(s)$。语言 O 可以是机器语言，也可以是汇编语言或自定义的某种语言。

（5）代码优化

高级语言的一个语句常常被编译成一系列目标语言命令，如上面的赋值语句 $Y = a + b$，如果编译成机器语言大约需要 4 到 5 条机器指令，所以称它为瀑布式的。再则，编程者水平高低不等，源程序质量各异。为了提高目标程序质量，采取适当的优化策略是必要的。如有表达式 $a * b + a * c + a * d$，如果直接编译，则要做 3 次乘法和 2 次加法；对应的机器指令大约需要十多条指令。若改为 $a * (b + c + d)$，则只做 1 次乘法和 2 次加法，可以用 4 到 5 条指令就可以完成。再如幂运算 $x \uparrow 3$，无机器指令直接运算，必须调用幂函数程序，需执行几十条指令。如果改成 $x * x * x$，则大约 4 条指令就能完成。诸如此类问题有必要进行优化处理以提高目标程序质量。因此，代码优化的任务是改进代码结构，以减少存储空间和提高目标程序的运行效率。因为优化涉及理论和技术问题，目前尚不足够成熟，主要是面向常数合并、消除公因式、循环代码外提、削减运算强度、消除冗余代码等方面的优化处理。

（6）编译程序结构

编译程序的 5 项处理可以一气呵成，即扫描源程序一次就得到目标程序。如图 6-6 所示，编译过程从语法分析模块开始启动运行。实现这种编译程序结构的一种方法称为"合作子程序"方法。在图 6-6 中，以语法分析模块为核心，并不断向词法分析模块要求输入词汇以构造语句并进行语法检查，一旦形成了一个正确的语句就送往语义分析模块进行语义分析并生成目标代码。最后进行代码优化，得到最终的目标程序。

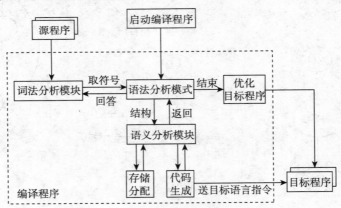

图 6-6 一趟编译程序结构示意图

编译程序也可以采用多趟扫描结构，即后一趟扫描在前一趟扫描完全结束后才开始。所谓"趟"是指对源程序进行一次阶段性编译处理的全过程。如图 6-7 所示，只当对源程序的词法分析阶段全部完成并生成了 L_1 之后才能进入语法分析阶段。

（7）连接编辑

图 6-4 是以生成机器语言目标程序为背景的。事实上，现代的编译程序往往考虑到跨平台应用而不生成机器语言程序。如果编译程序生成的目标程序不是机器语言程序，就不能在计算机上直接运行；因为这种目标程序的运行还要依赖于某些外部函数、库程序或其他程序的支持。这种目标程序通常用扩展名 .obj 标志，必须在将要运行的计算机系统上进行连接编辑处理。连接编辑程序的任务是连接、装配、编辑这些程序以构成一个完整的可运行程序，即用 .exe 标志

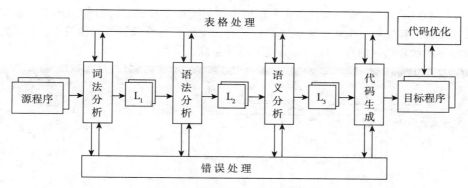

图 6-7 多趟编译程序结构示意图

的程序，如 Java 语言即是如此。在甲类计算机系统上生成的目标程序在甲类计算机系统上执行连接编辑得到可运行的目标程序文件，且在甲类计算机系统上可运行。在甲类计算机系统上生成的目标程序要拿到乙类计算机系统上运行就必须在乙类计算机系统上重新连接编辑得到可在乙类计算机系统上运行的目标程序文件。

6.3.5 语言环境

一台计算机系统上是否可以运行某高级语言的程序的必要条件是这个计算机系统是否安装了这种语言的编译程序。如果安装了 C 语言的编译程序，则就能在其上运行 C 语言程序了。撇开软件开发前期工作不谈，程序设计要经过如下几个步骤：

1）建立源程序：利用文本编辑软件输入或编辑源程序代码。

2）执行编译：产生与源程序等价的目标程序。

3）连接编辑：生成可执行的目标程序。

4）调试程序：向最终正确的程序逼近。

5）执行程序：程序的应用运行。

上述 5 个阶段一般不能截然分开，而是反复交错行进，因为对于一定规模的程序无论如何是不能一次得到的，需要经过一个艰苦的调试、修改的过程，直至获得正确的可执行的目标程序为止。在计算机软件发展的早期，上述关于程序的这些工作过程是各自独立地在不同的软件环境下进行的；用文本编辑软件输入、编辑源程序，用编译程序对源程序进行编译处理、发现源程序中的错误，再用文本编辑程序修正源程序，再编译；若无错误出现就进行连接编辑，连接编辑时也可能发现错误，则又将从源程序的修正开始，如此反复多次地进行着"源程序编辑 – 编译 – 调试 – 连接 – 调试"；而这其中大量的工作是由程序调试引起的。

因此，为高级语言及其程序设计提供一个软件环境是一种迫切的需求，软件技术的发展使之成为可能。语言环境是指由多种相关软件工具集成并支持工程化形成的一个软件体系。因为语言是用于开发软件（应用软件或系统软件）的，所以也可以把语言环境广而言之为软件开发环境的一种。

语言环境是指在基本硬件和宿主软件（如操作系统）的基础上，为支持软件工程化开发和维护而使用的一组软件。它由软件工具和环境集成机制构成。前者用以支持软件开发的相关过程、活动和任务，如包括文本编辑、编译程序、解释程序、连接编辑程序以及相关程序等软件实体；后者为工具集成和软件开发、维护及管理提供统一支持，如调试管理、数据管理、代码共享、版本管理、日志管理等。这样就可以在一个环境下完成软件开发的一切工作。而且有统一的环境用户界面，统一控制环境各部件及工具的使用，统一一致的视觉观感，充分发挥环境的优越性和高效性，减轻用户使用和学习软件工具的负担。随着软件工程技术和软件方法的不断进步，语言环境也不断走向综合和成熟，形成开发平台。

图 6-8 是 VC 语言环境的示例。在这个环境中通过菜单、按钮、命令使用环境中的工具，可以完成源程序输入和编辑、编译、调试、目标运行、编程信息管理等各种相关操作；通过多窗口可以审视程序现状和调试信息，统一、方便、灵活且高效。

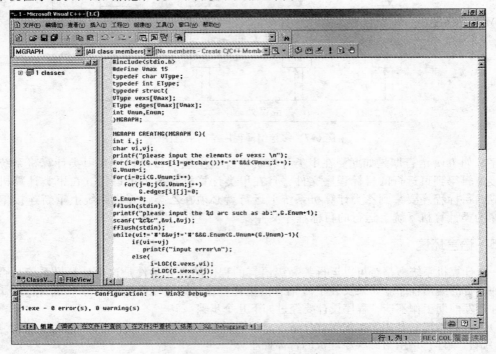

图 6-8　Visual C 语言环境示意图

本章复习指导

本章主要讨论计算机语言和语言处理两个主题。

（1）程序设计语言

程序设计语言是软件系统开发的主要工具。

1）程序、程序设计和程序设计技术的概念：程序，是"为在计算机上求解给定问题而设计的一系列命令的有序集合"。程序设计是分析问题目标、确定求解方法和步骤、设计求解流程、编写程序代码、纠正程序错误和缺陷等一系列活动的总和，是一个获得程序的工作过程。程序设计技术是进行程序设计的方法的总和。

2）计算机语言及其发展，特别是高级语言的概念、意义和特点：计算机语言又称为程序设计语言，是程序设计的必须工具。经历了机器语言、汇编语言、高级语言的发展过程。机器语言的特点是简单、构造性强、能直接在计算机硬件上运行、效率高；但有不易学习记忆、不易运用、可阅读性差、不可移动等缺点。汇编语言是机器语言符号化的语言，优于机器语言的是使用助记符，改善了学习难和可移动的问题。高级语言是计算机语言的主流，是接近"人类语言"的计算机语言，克服了机器语言和汇编语言的诸多缺点，使用非常广泛。

3）高级语言的文法体系：任何高级语言都是由字符集、词法规则、语法规则、语义规则和程序结构所定义。高级语言的基本语言元素包括数据说明、处理描述、流程控制、数据传输等成分。

（2）语言处理

语言处理的职能是把非机器语言程序转换为等价机器语言程序的处理。

1）几个基本概念：源程序、目标程序、汇编程序、解释程序、编译程序、中间语言等。

2）汇编程序：是把用汇编语言编写的源程序转换成机器语言的目标程序的系统程序。

3）解释程序：是用解释的方式执行高级语言源程序的系统程序。解释程序的工作方式是按源程序语句的执行顺序，逐个语句地进行"转换 – 执行 – 给出结果"的过程。

　　4）编译程序：是把高级语言源程序转换成目标程序的系统程序。编译过程经过词法分析、语法分析、语义分析、代码生成和代码优化 5 个阶段。

　　5）编译程序结构：是如何构造编译程序的方式，有一趟扫描方式和多趟扫描方式两种。一趟扫描方式是综合 5 项处理一气呵成，编译过程不严格区分哪项编译处理。多趟扫描方式是每趟扫描只完成一种处理，后一个编译处理必须在前一个处理完成之后开始。

　　6）连接编辑：是把目标程序连接、装配、编辑成一个完整的可运行程序的系统程序；连接编辑程序与它的编译程序相关。

　　7）语言环境：是指在基本硬件和宿主软件（如操作系统）的基础上，为支持软件工程化开发和维护而使用的一组软件。它由软件工具和环境集成机制构成，前者用以支持软件开发的相关过程、活动和任务，如包括文本编辑、编译程序、解释程序、连接编辑程序以及相关程序等软件实体；后者为工具集成和软件开发、维护及管理提供统一支持，如调试管理、数据管理、代码共享、版本管理、日志管理等；可以在一个环境下完成软件开发的一切工作。

习题 6

6.1　能直接在计算机硬件上运行的程序只能是什么语言的程序？为什么？

6.2　机器语言的致命缺点是什么？

6.3　任何一个高级程序设计语言的文法结构都由哪几部分组成？说明它们的具体意义。

6.4　高级程序设计语言发展的路线是什么？

6.5　语言处理程序是对非机器语言的，有哪两种处理方式？这些处理方式的特点各是什么？

6.6　执行程序时，目标程序和编译程序必须要同时在内存中吗？为什么？

6.7　对源程序的编译过程至少经过哪几个主要阶段？并说明每个阶段的职能是什么？

6.8　中间语言在编译或解释过程中有什么重要作用？

6.9　在图 6-7 中，"表格处理"在编译过程中有什么特别的意义？

6.10　连接编辑的功能是什么？连接编辑的意义何在？

6.11　你能举出几个常见语言环境（或平台）的实例吗？

第 **7** 章

数据库系统

数据库系统是研究以数据管理为核心的一门学科，它重点研究关系型数据管理，其内容包括基本概念、关系模型数据库管理系统以及它的数据语言 SQL，最后介绍目前最流行的四种关系数据库产品。

7.1 基本概念

7.1.1 数据库系统概述

数据库系统是一种系统，但它也是一门学科。本章从学科的观点讨论数据库系统，其主要讨论的重点是：

- 数据库系统所提供的服务内容是数据。
- 数据库系统的工作内容是数据管理。
- 数据库系统的应用领域是数据处理。

下面我们将以这三个特征为主轴对数据库系统进行介绍。

（1）数据

数据库系统中的数据是独立型数据，它是一种持久的、海量的、集合量的以及严格管理的数据。它们存储于数据库系统中并为用户提供服务。

（2）数据管理

数据库系统的主要工作内容是从事数据管理（data management）工作，具体有如下几方面。

1）数据组织。为便于数据管理必须对数据进行有序与有机的组织，使其能存储在一个统一的组织结构中，这是数据管理的首要工作。

2）数据定位与查找。在浩如烟海的数据中如何查找到所需的数据是数据管理的重要任务，这种查找的难度可用"大海捞针"来形容，而查找的关键是数据的定位，即找到数据的位置，只有完成定位后数据查找才成为可能。因此数据定位与查找是数据管理的一项艰巨任务。此外，它还包括对数据的修改、删除与增加等工作。

3）数据的保护。数据是一种资源，其中大量的是不可再生资源，因此需对它作保护以防止丢失与破坏。数据保护一般包括以下几个部分：

- 数据语法与语义正确性保护。数据是受一定语法、语义约束的，如职工年龄一般在 18 ~ 60 岁之间，职工工资一般在 1000 ~ 8000 元之间等；又如职工的工资与其工龄、职务均有一定语义关联，任何违反约束的数据必为不正确数据。因此，必须保护其语法、语义的正确性。
- 数据访问正确性保护：数据是共享的，而共享是受限的，过分的共享会产生安全上的弊病，如职工工资，职工自身只有读权限而无写和改的权限，因此数据访问权限是受限的，它仅对正确访问权限是受到保护的。
- 数据动态正确性保护：在多个数据访问并发执行时相互间会产生干扰，从而造成数据的不正确，因此要防止此种现象产生，这称为数据动态正确性保护。

- 最后，是数据动态正确性保护的另一种现象，即在执行数据操作时防止受外界破坏而产生故障，如断电保护等。

4）数据交换。为方便使用数据，必须为不同应用环境的用户提供不同数据访问方式，这种环境包括传统的人机交互环境、单机环境、网络环境、互联网环境等，而不同环境的数据可以有不同的访问方式，它们可统称为数据交换。

这四种数据管理功能可分两个层次进行管理，其中一个层次是低层次管理，主要负责数据管理中简单、常规的管理，它由系统软件，即数据库管理系统进行管理；另一个层次是高层次管理，它由人，即数据库管理员进行管理，主要负责数据管理中复杂、智能性管理。

（3）数据处理

将客观世界中的事物抽象成计算机中的数据后，我们对客观世界的研究即可转化为对计算机中数据的处理，这可称为数据处理（data process）。

数据处理是一种计算机的应用，它以**批量数据多种方式处理**为其特色，主要从事数据的加工、转换、分类、统计、计算、存取、传递、采集、发布等工作。

在数据处理中由于使用大批量数据，因此需要数据管理，因而数据管理的主要应用领域是数据处理。

7.1.2　数据管理

数据管理是数据库系统的核心，在本节中我们对其作重点的介绍。

7.1.2.1　数据管理的变迁

在数据库系统发展的 50 余年历史中，数据管理经历了多个不同阶段与时段，下面进行具体介绍。

（1）人工管理阶段

20 世纪 40 年代自计算机出现至 20 世纪 50 年代，由于当时计算机结构简单，应用面狭窄且存储单元少，对计算机内的数据管理均非常简单，它们由应用程序编制人员各自管理自身的数据，此阶段称为人工管理阶段。

（2）文件管理阶段

文件系统是数据库管理系统发展的初级阶段，它出现于 20 世纪 50 年代，当时计算机中已出现磁鼓、磁盘等大规模存储设备，计算机应用也逐步拓宽，当时计算机内的数据已开始有专门的软件管理，这就是文件系统（file system）。

文件系统能对数据进行初步的组织，并能对数据作简单查找及更新操作，但是文件对数据的保护能力差，同时由于当时应用环境简单，因此接口能力差。由于文件系统的数据管理能力简单，因此它只能附属于操作系统而不能成为独立部分。

（3）数据库管理阶段

自 20 世纪 60 年代起，数据管理进入了数据库管理系统阶段，由于计算机规模日渐庞大，应用日趋广泛，计算机存储设备已出现大容量磁盘与磁盘组，数据存储量已跃至大量与海量级，文件系统已无法满足新的数据管理要求，因此数据管理职能又附属于操作系统的文件系统而脱离成独立的数据管理机构，即数据库管理系统。

在数据库管理系统阶段因不同的数据结构组织而分成三个时段，具体如下：

1）第一代数据库管理——层次与网状数据库管理时段。20 世纪 60 年代以后所出现的数据库管理系统是层次数据库与网状数据库，它们具有真正的数据库管理系统特色，但是它们脱胎于文件系统受文件的物理影响大，因此给数据库使用带来诸多不便。

2）第二代数据库管理——关系数据库管理时段。关系数据库管理系统出现于 20 世纪 70 年代，在 20 世纪 80 年代得到了蓬勃的发展并逐步取代前两种系统。关系数据库管理系统结构简单、使用方便、逻辑性强、物理性少，因此，20 世纪 80 年代以后一直占据数据库领域的主导地位。关系数据库管理系统起源于商业应用，它适合于事务处理领域并在该领域内发挥主要作用。

3）第三代数据库管理——后关系数据库管理时段。在 20 世纪 90 年代以后，数据库逐步扩充至非事务处理领域与数据分析领域，此外，网络与互联网的出现也使传统关系数据库应用受到影响，此时需对关系数据库管理系统作必要的改造与扩充，它包括以下内容：

- 引入面向对象概念建立对象关系数据库管理系统以适应非事务处理领域应用。
- 扩展数据交换能力以适应数据库在网络及互联网环境中的应用。
- 引入联机分析处理概念建立数据仓库以适应数据分析处理领域的应用。

这三种扩充功能目前已成为关系数据库系统发展的主流。

7.1.2.2　数据管理中的几个基本概念

在数据管理中有几个常用的基本概念，下面进行具体介绍。

（1）数据库

数据库（Database，DB）是数据的集合，它具有统一的结构形式，存放于统一的存储介质内，并由统一机构管理，它由多种应用数据集成，并可被应用共享。

在数据库中，数据按所提供的数据模式存放，它能构造复杂的数据结构以建立数据间内在联系与复杂关系，从而构成数据的全局结构模式。

数据库中的数据具有"集成"、"共享"的特点，即数据库集中了各种应用的数据，并对其进行统一的构造与存储，而数据可为不同应用服务与使用。

（2）数据库管理系统

数据库管理系统（Database Management System，DBMS）是统一管理数据库的一种软件（属系统软件），它的功能具体介绍如下。

1）数据模式定义。数据库管理系统负责为数据库构作统一数据框架，这种框架称为数据模式。数据模式规范了数据库的结构形式，而数据模式的构作功能称为数据模式定义。

2）数据操纵。数据库管理系统为用户定位与查找数据提供方便，它一般提供数据查询、插入、修改以及删除的功能。此外，它自身还具有一定的运算、转换、统计的能力。这种功能称为数据操纵。

3）数据控制。数据库管理系统负责数据语法、语义的正确性保护，称为数据完整性控制。数据库管理系统还负责数据访问正确性保护，称为安全性控制。此外，数据库管理系统还负责数据的动态正确性保护，它们分别称为并发控制与故障恢复，所有这些功能统称数据控制。

4）数据交换及其扩展操作。数据库管理系统为不同环境用户提供访问接口，称为数据交换。有了数据交换后可以建立起数据库与数据处理间的接口，从而实现数据处理在不同环境下访问数据库的方式与操作称为数据交换的扩展操作，它包括人机交互扩展操作、嵌入式扩展操作、自含式扩展操作、调用层接口以及 Web 方式扩展操作等。

为完成以上四个功能，数据库管理系统一般提供统一的数据语言（data language），目前常用的语言是 SQL 语言，它原来是一种非过程性的第四代语言，经过不断地发展它已扩展成为一种具多种形式的语言。

SQL 语言是一种国际的标准语言，目前所有主流数据库管理系统产品都采用此种语言，在数据库领域中它具有绝对的影响与地位。

（3）数据库管理员

数据库管理员（Database Administrator，DBA）是统一管理数据库的人，他负责数据库的建立、维护与监视等工作。其主要工作如下：

1）数据库的建立与维护。DBA 的主要任务之一是在数据库设计基础上进行数据模式的建立，同时进行数据加载，此外在数据库运行过程中还需对数据库进行监视与维护，以保证数据库的正常运行。

2）数据控制的管理。DBA 必须对数据库中数据的安全性、完整性、并发控制及系统恢复进行实施与维护。

3）改善系统性能，提高系统效率。DBA 必须随时监视数据库运行状态，不断调整内部结构，使系统保持最佳状态与最高效率。

此外，DBA 还负责与使用数据库有关的规章制度制定、检查与落实以及人员培训、咨询等工作。

DBA 反映了对数据库高层次管理的需求与实施。

（4）数据库系统

数据库系统（Database System，DBS）是一种使用数据管理的计算机系统，它是一种可运行的、向应用提供支撑的系统。

数据库系统由五个部分组成：数据库（数据）、数据库管理系统（软件）、数据库管理员（人员）、硬件平台（硬件）、软件平台（系统软件）。

这五个部分包括数据、软件、人员、硬件及系统软件，它们构成了一个以数据库管理系统为核心的完整的运行实体，称为数据库系统，为简便起见，有时也可称为数据库，这是数据库系统的狭义范畴。

从学科意义上看，我们还可以扩充数据库系统的内涵，将数据处理及相关的研究、构造（如数据模型、数据库设计）等内容也包括在其中，这是数据库系统的广义范畴。

7.1.2.3 数据管理中数据库内部结构体系

数据库在构作时其内部具有三级模式及二级映射，它们分别是概念模式、内模式与外模式，其映射则分别是从概念到内模式的映射以及外模式到概念模式的映射，这种三级模式与二级映射构成了数据库内部的抽象结构体系，如图 7-1 所示。

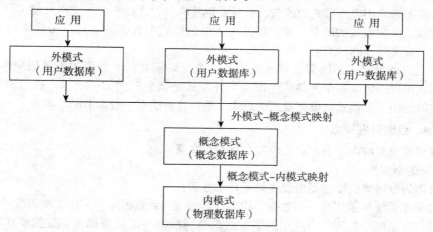

图 7-1 三级模式两种映射关系图

（1）数据库三级模式

数据模式（data schema）是数据库中数据的全局、统一结构形式的具体表示与描述，它反映了数据库的基本结构特性。一般而言，一个数据库都有一个与之对应的数据模式，而该数据库中的数据则按数据模式要求组织存放。

在数据库中数据模式具有不同层次与结构方式，它一般有三层，称为数据库三级模式，这三级模式最早是在 1971 年由国际标准组织数据库任务组（Database Task Group，DBTG）给出，1975 年列入美国 ANSI/X3/SPARC 标准，它是一种数据库内部抽象结构体系并具有对构作系统的理论指导价值，这三级模式结构如下。

　　1)概念模式(conceptual schema)是数据库中全局数据逻辑结构的描述,是全体用户(应用)公共数据视图,此种描述是一种抽象的描述,它不涉及具体的硬件环境与平台,也与具体的软件环境无关。概念模式主要描述数据的类型以及它们之间的关系,它还包括一些数据间的语义约束。

　　2)外模式(external schema)也称为子模式或称为用户模式,它是用户的数据视图,即用户所见到的模式,它由概念模式推导而出,概念模式给出了系统全局的数据描述而外模式则给出每个用户的局部描述。一个概念模式可以有若干个外模式,每个用户只关心与它有关的模式,这样可以屏蔽大量无关信息且有利于数据保护,因此对用户极为有利。

　　3)内模式(internal schema)又称物理模式(physical schema),它给出了数据库物理存储结构与物理存取方法。

　　数据模式给出了数据库的数据框架结构,而数据库中的数据才是真正的实体,但这些数据必须按框架描述的结构组织,以概念模式为框架组成的数据库叫概念数据库(conceptual database),以外模式为框架组成的数据库叫用户数据库(user's database),以内模式为框架组成的数据库叫物理数据库(physical database),这三种数据库中只有物理数据库是真实存在于计算机外存中的,其他两种数据库并不真正存在于计算机中,而是通过两种映射由物理数据库映射而成。

　　模式的三个级别层次反映了模式的三个不同环境以及它们的不同要求,其中内模式处于最低层,它反映了数据在计算机物理结构中的实际存储形式;概念模式处于中层,它反映了设计者的数据全局逻辑要求;而外模式处于最外层,它反映了用户对数据的要求。

　　(2)数据库两级映射

　　数据库三级模式是对数据的三个级别的抽象,它把数据的具体物理实现留给物理模式,使用户与全局设计者不必关心数据库的具体实现与物理背景,同时,它通过两级映射建立三级模式间的联系与转换,使得概念模式与外模式虽然并不物理存在,但是也能通过映射获得其存在的实体,同时两级映射也保证了数据库系统中数据的独立性,即数据的物理组织改变与逻辑概念级改变,并不影响用户外模式的改变,它只要调整映射方式而不必改变用户模式。

　　1)概念模式到内模式的映射。该映射给出了概念模式中数据的全局逻辑结构到数据的物理存储结构的对应关系,此种映射一般由 DBMS 实现。

　　2)外模式到概念模式的映射。概念模式是一个全局模式,而外模式则是用户的局部模式,一个概念模式中可以定义多个外模式,而每个外模式是概念模式的一个基本视图。外模式到概念模式的映射给出了外模式与概念模式的对应关系,这种映射一般由 DBMS 实现。

7.1.2.4　数据管理特点

　　数据管理有很多特点,下面就几个基本特点作介绍。

　　(1)数据的集成性

　　数据管理的数据集成性主要表现在如下几个方面:

　　1)在数据库系统中采用统一的数据结构方式。如在关系数据库中采用二维表统一结构方式。

　　2)在数据库系统中按照多个应用的需要组织全局的统一的数据模式。数据模式不仅建立了整体、全局的数据结构,还建立了数据间的完整语义联系。

　　3)数据库系统中的数据模式是多个应用共同的、全局的数据结构,而每个应用的数据则是全局结构中的一部分,称为局部结构,这种全局与局部的结构模式构成了数据库系统数据集成性的主要特征。

　　(2)数据的高共享性与低冗余性

　　由于数据的集成性使得数据可为多个应用所共享,而数据的共享又可极大地减少数据的冗余性,它不仅可以减少不必要的存储空间,更为重要的是可以避免数据的不一致性。

　　所谓数据的一致性即在系统中同一数据的不同出现应保持相同的值;而数据的不一致性指的是同一数据在系统的不同拷贝处有不同的值。数据的不一致性会造成系统的混乱,因此,减少冗余性避免数据的不同出现是保证系统一致性的基础。

数据的共享不仅可以为多个应用服务，还可以为不断出现的新的应用提供服务，特别是在网络发达的今天，数据库与网络的结合扩大了数据关系的范围，使数据信息这种财富可以发挥更大的作用。

（3）数据独立性

数据独立性即数据库中数据独立于应用程序而不依赖于应用程序，也就是说数据的逻辑结构、存储结构与存取方式的改变不影响应用程序。

数据独立性一般分为物理独立性与逻辑独立性两级。

1）物理独立性是指数据的物理结构的改变不影响数据库的逻辑结构，从而不会导致引起应用程序的变化。

2）逻辑独立性是指数据库总体逻辑结构的改变，不需要修改相应的应用程序。到目前为止数据库管理系统的物理狭义性均能实现而逻辑独立性还无法完全实现。

总之，数据独立性即数据与程序间的互不依赖性。一个具有数据独立性的系统可称为以数据为中心的系统或称为面向数据的系统。

（4）数据统一管理与控制

数据管理不仅为数据提供高度集成环境，同时还为数据提供统一管理与控制的手段，它包括统一的数据模式定义、数据操纵、数据控制及数据交换等。

7.1.3 数据处理

数据处理是数据库的主要应用领域，数据库为数据处理提供数据支撑。在本书中数据处理主要指的是数据库中的数据应用，特别要注意的是，数据处理本身内容并不属于数据库系统范畴，但由于它是数据库应用的主要领域，有必要对它有所了解，因此它是数据库系统广义范畴的一个部分。

7.1.3.1 数据处理环境

在数据处理中用户使用数据是通过访问数据库来实现的。而这种访问是在一定环境下进行的，随着计算机技术的发展，数据应用环境也不断发生变化，迄今为止共有以下四种不同的环境。

（1）人机直接交互式环境

这种环境是用户为操作员，由操作员直接访问数据库中的数据，这是一种最为原始与简单的访问方式，在数据库发展的初期就采用此种方式，在 20 世纪 60～70 年代最为流行。

（2）单机集中式环境

这种环境是用户应用程序，应用程序在计算机内（单机）访问数据库中的数据，这种访问方式在 20 世纪 70～80 年代较为流行，这也是一种较简单的访问方式。

（3）网络分布式环境

在计算机网络出现后，数据访问方式出现了新的变化，在此种环境中数据与用户（应用程序）可分别处于网络不同结点，用户使用数据可采用接口调用的方式，这种方式目前应用广泛。其典型结构是 C/S 结构，如图 7-2a 所示。

在 C/S 结构方式中它由一个服务器 S（Server）与多个客户机 C（Client）组成，它们之间由网络相连并通过接口进行交互。在 C/S 结构中，服务器中存放共享数据而客户机存放并运行应用程序和人机界面并与用户接口。

（4）互联网环境

在当前互联网时代，用户是以互联网中的 XML 为代表，而数据访问方式则是 XML 对数据库的调用。这种方式也是目前广泛应用的方式。其典型结构是 B/S 结构，它是基于因特网上的一种分布式结构方式。它是一种典型的三层结构方式，这三层结构分别是数据库服务器、Web 服务器及浏览器，它们之间由网络相连并通过接口交互。其大致内容可介绍如下：

1）数据库服务器。数据库服务器主要存放与管理共享数据资源。

2）Web 服务器。Web 服务器统一集中存放应用程序、人机界面以及与因特网接口。

3）浏览器。浏览器是 B/S 结构中与用户直接接口的部分，它一般有多个，分别与多个用户接口。

这三层结构通过功能分布构成一个逻辑上完整的系统。浏览器通过 Web 服务器提出处理要求（包括数据处理要求），再通过数据库服务器获得相关数据后，将其转换成 XML 或 HTML 形式传回浏览器。图 7-2b 给出了 B/S 结构方式的示意图。

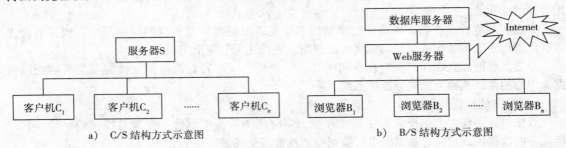

a)　C/S 结构方式示意图　　　　　　　　b)　B/S 结构方式示意图

图 7-2　C/S 和 B/S 结构方式示意图

目前，这四种数据处理环境都普遍存在，它为数据处理提供了多种应用手段。

7.1.3.2　数据交换

为实现不同环境下的数据访问，DBMS 需要设置多种访问接口与操作，它称为数据交换，常用的接口与操作有：

1）人机接口：此种接口用于操作员友好、方便地访问数据库，并设置若干操作。

2）标量与集合量接口：此种接口主要用于应用程序与数据库间的数据交互，由于应用程序的数据是标量而数据库中的数据是集合量，因此有一种接口及相应操作以建立集合量与标量间的转换。

3）应用结点与数据结点间的接口：此种接口主要用于网络中应用程序结点与数据库结点进行数据交换时需建立物理与逻辑连接之用。

7.1.3.3　数据交换扩展操作

通过数据交换可以建立起数据库与数据处理之间的接口，而实现数据处理在不同环境下访问数据的方式与操作称为数据交换扩展操作。目前有以下五种扩展操作方式：

（1）人机交互操作方式

此种方式是人（操作员）与数据的直接交互方式。它是最基本的操作方式。其具体操作时用 SQL 语句直接作人机对话。

（2）嵌入式操作方式

此种方式是将 SQL 与外部程序设计语言（如 C、Java 等）捆绑在一起构成一种新的应用开发方式，称为嵌入式操作方式，它流行于 20 世纪 70 ~ 80 年代。

（3）自含式操作方式

此种方式是嵌入式操作方式的一种扩展，它将 SQL 作适当扩充，引入程序设计语言中的控制成分及其他一些功能，统一于 DBMS 内部构成一种具有访问数据库能力的独立、完整的程序设计语言，称为自含式语言，目前常用的有 T-SQL、PL/SQL 等。而此操作方式称为自含式操作方式。其具体操作是用自含式语言编程以过程形式存储在 DBMS 内，这称为存储过程。在数据处理中如需要时可通过 call 语句调用。

（4）调用层接口操作方式

此种方式是在网络环境中 C/S 结构下的操作方式，它将 C/S 中客户机 C 中的应用程序与服务器 S 中的数据通过一种专用的接口工具将它们连接在一起构成一种应用开发的方式，这称调用层接口操作方式。其具体操作是当应用程序需进行数据交换时可调用相应接口工具，借助于工具以实现数据交换。目前常用的工具有 ODBC、ADO 及 JDBC 等。

（5）Web 操作方式

此种方式是在互联网环境下 B/S 结构中将 XML 与数据间通过一种专用接口工具将它们连接在一起构成一种 Web 方式下的应用开发方式称为 Web 操作方式。其具体操作是当 XML 需与数据库进行数据交换时可调用相应接口工具，借助于工具以实现数据交换。目前常用的工具有 ASP、JSP 及 PHP 等。

7.1.3.4 数据库应用系统

在数据处理中以数据库作为支撑的系统称为数据库应用系统（database applied system），数据库应用系统是数据处理与数据库的结合产物。在本书中我们所说的数据处理指的就是数据库应用系统。

数据库应用系统是一种以数据库系统及相关开发工具为支撑开发出来的一种系统。它属应用软件。

数据库应用系统是需要开发的，其开发内容包括：

- DBA 构作该系统的数据模式并由数据录入员录入、加载数据从而构成数据库。
- DBA 设置完整性、安全性等控制、约束条件。
- DBA 设置系统的运行参数以及索引。
- 系统开发人员编制应用程序、接口及界面。

经过开发后所生成的系统就是数据库应用系统。

数据库应用系统由数据库系统、应用程序及应用界面等组成，具体包括：数据库、数据库管理系统、数据库管理员、硬件平台、软件平台、应用程序、应用界面。这七个部分构成了数据库应用系统。

目前大量的流行的应用系统即属此种系统，它一般也称为信息系统（Information System，IS）。其典型的系统如管理信息系统（MIS）、企业资源规划（ERP）、办公自动化系统（OA）、情报检索系统（IRS）、客户关系管理（CRM）及财务信息系统（FIS）等。

7.2 数据模型

7.2.1 数据模型的基本概念

数据库系统的主要内容是数据管理，而数据管理所要讨论的问题很多、内容丰富，为简化表示、方便研究，有必要将数据管理的基本特征抽取而构成数据模型，为讨论数据管理提供方便，为了解数据管理提供手段。因此，数据模型是数据管理基本特征的抽象。它是数据库的核心与基础。数据模型描述数据的结构、定义在结构上的操纵以及约束条件。它从抽象层次上描述了系统的静态特征、动态行为和约束条件，为数据库管理的表示和操作提供一个框架。

数据模型按不同的应用层次分成三种类型，它们分别是概念数据模型（conceptual data model）、逻辑数据模型（logic data model）及物理数据模型（physical data model）。

概念数据模型又称为概念模型，它是一种面向客观世界、面向用户的模型，它与具体的数据库管理系统无关，与具体的计算机平台无关。概念模型着重于对客观世界复杂事物的结构描述及它们之间的内在联系的刻画，而将与 DBMS、计算机有关的物理的、细节的描述留给其他种类的模型。因此，概念模型是整个数据模型的基础。目前，较为有名的概念模型有 E-R 模型、扩充的 E-R 模型及面向对象模型等。

逻辑数据模型又称为逻辑模型，它是一种面向数据库系统的模型，该模型着重于数据库系统一级的实现。它是客观世界到计算机之间的中介模型，具有承上启下的功能。概念模型只有在转换成逻辑模型后才能在数据库中得以表示。目前，逻辑模型很多，较为成熟并被人们大量使用的有：层次模型、网状模型、关系模型、面向对象模型以及对象关系模型等。

物理数据模型又称为物理模型，它是一种面向计算机物理表示的模型，此模型给出了数据模型在计算机上物理结构实现的表示。

数据模型所描述的内容有三个部分，它们是数据结构、数据操纵与数据约束。

1）数据结构：数据模型中的数据结构主要描述基础数据的类型、性质以及数据间的关联，且在数据库系统中具有统一的结构形式，它也称为数据模式。数据结构是数据模型的基础，数据操作与约束均建立在数据结构上。不同数据结构有不同的操作与约束，因此，一般数据模型均依据数据结构的不同而分类。

2）数据操纵：数据模型中的数据操纵主要描述在相应数据结构上的操作类型与操作方式。

3）数据约束：数据模型中的数据约束主要描述数据结构内数据间的语法、语义联系，它们间的制约与依存关系，以及数据动态变化的规则以保证数据的正确、有效与兼容。

7.2.2　概念模型

概念模型是一个较为抽象、概念化的模型，它给出了数据的概念化结构。概念模型目前有多种，我们选用其中最简单、最实用的 E-R 模型进行介绍。

E-R 模型（entity-relationship model）又称实体联系模型，它于 1976 年由 Peter Chen 首先提出，这是一种概念化的模型，它将现实世界的要求转化成实体、联系、属性等几个基本概念以及它们之间的两种基本关系，并且用一种较为简单的图表示叫 E-R 图（entity-relationship diagram），该图简单明了，易于使用，因此很受欢迎，长期以来作为一种主要的概念模型被广泛应用。

（1）E-R 模型的基本概念

E-R 模型有如下三个基本概念。

1）实体（entity）：现实世界中的事物可以抽象成为实体，实体是概念世界中的基本单位，它们是客观存在的且又能相互区别的事物。凡是有共性的实体可组成一个集合称为实体集（entity set），如学生张三、李四是实体，而他们又均是学生，从而组成一个"学生"实体集。

2）属性（attribute）：现实世界中事物均有一些特性，这些特性可以用属性这个概念表示。属性刻划了实体的特征。属性一般由属性名、属性型和属性值组成。其中属性名是属性标识，而属性的型与值则给出了属性的类型与取值。一个实体往往可以有若干个属性，如实体张三的属性可以有姓名、性别、年龄等。

3）联系（relationship）：现实世界中事物间的关联称为联系。在概念世界中联系反映了实体集间的一定关系，如医生与病人这两个实体集间的治疗关系，官、兵间的上下级管理关系，旅客与列车间的乘坐关系等。

实体集间的联系，就实体集的个数而言可分为以下几种：

1）两个实体集间的联系。两个实体集间的联系是一种最为常见的联系，前面举的例子均属两个实体集间的联系。

2）多个实体集间的联系。这种联系包括三个实体集间的联系以及三个以上实体集间的联系。如工厂、产品、用户这三个实体集间存在着工厂提供产品为用户服务的联系。

3）一个实体集内部的联系。一个实体集内有若干个实体，它们之间的联系称为实体集内部联系。如某单位职工这个实体集内部可以有上下级联系。往往某人（如科长）既可以是一些人的下级（如处长），也可以是另一些人的上级（如本科内科员）。

实体集间联系的个数可以是单个也可以是多个。如官、兵之间既有上下级管理的联系，也有同志间的联系，还可以有兴趣爱好的联系等。

两个实体集间的联系实际上是实体集间的函数关系，这种函数关系可以有下面几种：

1）一一对应（one to one）的函数关系：这种函数关系是常见的函数关系之一，它可以记为 $1:1$。如学校与校长间的联系，一个学校与一个校长间相互一一对应。

2）一多对应（one to many）或多一对应（many to one）的函数关系：这两种函数关系实际上是同一种类型，它们可以记为 $l:m$ 或 $m:1$。如学生与其宿舍房间的联系是多一对应函数关系（反之，则为一多对应函数关系），即多个学生对应一个房间。

3）多多对应（many to many）的函数关系：这是一种较为复杂的函数关系，可记为 $m:n$，如教师与学生这两个实体集间的教与学的联系是多多对应函数关系。因为一个教师可以教授多个学生，而一个学生又可以受教于多个教师。

（2）E-R 模型三个基本概念之间的联接关系

E-R 模型由以上三个基本概念组成，这三个基本概念之间的关系如下。

1）实体集（联系）与属性间的联接关系。实体是概念世界中的基本单位，属性附属于实体，它本身并不构成独立单位。一个实体可以有若干个属性，实体以及它的所有属性构成了实体的一个完整描述。因此实体与属性间有一定联接关系。例如，在人事档案中每个人（实体）可以有编号、姓名、性别、年龄、籍贯、政治面貌等若干属性，它们组成了一个有关人（实体）的完整描述。实体有型与值之别，一个实体的所有属性构成了这个实体的型，（如表 7-1 中人事档案中的实体，它的型是编号、姓名、性别、年龄、籍贯、政治面貌），而实体中属性值的集合（如表 7-1 中 138、徐英健、女、18、浙江、团员）则构成了这个实体的值。相同型的实体构成了实体集。实体集由实体集名、实体型和实体值三部分组成。一般来讲，一个实体集名可有一个实体型与多个实体值。例如，表 7-1 是一个实体集，它的实体集名为人事档案简表，它的实体型为编号、姓名、性别、年龄、籍贯及政治面貌，它有 5 个实体分别是表中的五行。

表 7-1　人事档案简表

编号	姓名	性别	年龄	籍贯	政治面貌
138	徐英健	女	18	浙江	团员
139	赵文虎	男	23	江苏	党员
140	沈亦奇	男	20	上海	群众
141	王　宾	男	21	江苏	群众
142	李红梅	女	19	安徽	团员

联系也可以附有属性，联系和它的所有属性构成了联系的一个完整描述，因此，联系与属性间也有联接关系，如教师与学生两实体集间的教与学的联系尚可附有属性教室号。

2）实体（集）与联系间的联接关系。实体集间可通过联系建立联接关系，一般而言，实体集间无法建立直接关系，它只能通过联系才能建立起联接关系，如教师与学生之间无法直接建立关系，只有通过"教与学"的联系才能在相互之间建立关系。

上面所述的两个联接关系建立了实体（集）、属性、联系三者的关系，如表 7-2 所示。

表 7-2　实体（集）、属性、联系三者的联接关系表

	实体（集）	属性	联系
实体（集）	×	单向	双向
属性	单向	×	单向
联系	双向	单向	×

（3）E-R 模型的图示法

E-R 模型的一个很大的优点是它可以用一种非常直观的图的形式表示，这种图称为 E-R 图。

在 E-R 图中我们分别用不同的几何图形表示 E-R 模型中的三个概念与两个联接关系。

1）实体集表示法。在 E-R 图中用矩形表示实体集，在矩形内写上该实体集的名，如实体集 student（学生）、course（课程）可用图 7-3 表示。

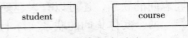

图 7-3　实体集表示法

2）属性表示法。在 E-R 图中用椭圆形表示属性，在椭圆形内写上该属性名，如学生有属性 sno（学号）、sn（姓名）及 sa（年龄），可以用图 7-4 表示。

图 7-4　属性表示法　　　　　图 7-5　联系表示法

3）联系表示法。在 E-R 图中用菱形表示联系，在菱形内写上该联系名，如学生与课程间联系 SC（修读），用图 7-5 表示。

三个基本概念分别用三种几何图形表示，它们间的联接关系也可用图形表示。

4）实体集（联系）与属性间的联接关系。属性依附于实体集，因此它们之间有联接关系。在 E-R 图中这种关系可用联接这两个图形间的无向线段表示。如实体集 student 有属性 sno（学号）、sn（学生姓名）及 sa（学生年龄）；实体集 course 有属性 cno（课程号）、cn（课程名）及 pno（预修课号），此时它们可用图 7-6 联接。

图 7-6　实体集的属性间的联接

属性也依附于联系，它们之间也有联接关系，因此也可用无向线段表示，如联系 SC 可与学生的课程成绩属性 g 建立联接，用图 7-7 表示。

5）实体集与联系间的联接关系。在 E-R 图中实体集与联系间的联接关系可用联接这两个图形间的无向线段表示。如实体集 student 与联系 SC 间有联接关系，实体集 course 与联系 SC 间也有联接关系，因此它们之间可用无向线段相联接，如图 7-8 所示。

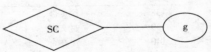

图 7-7　联系与属性间的联接

图 7-8　实体集与联系间的联接关系

有时为了进一步刻画实体间的函数关系，还可在线段边上注明其对应的函数关系，如 1:1、1:n、n:m 等。student 与 course 间有多多函数对应关系，可以用图 7-9 表示。

图 7-9　实体集间的函数关系表示图

实体集与联系间的联接可以有多种，上面所举例子均是两个实体集间的联系叫做二元联系，多个实体集间的联系，叫做多元联系。如工厂、产品与用户间的联系 FPU 是一种三元联系，可用图 7-10 表示。

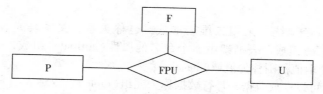

图 7-10　多个实体集间联系的联接方法

一个实体集内部可以有联系，如某公司职工（employee）与上下级管理（manage）间的联系，可用图 7-11a 表示。

实体集间可有多种联系。如教师（T）与学生（S）之间可以有教学（E）联系也可有同志（C）间的联系，可用图 7-11b 表示。

矩形、椭圆形、菱形以及相互间按一定要求相联接的线段构成了一个完整的 E-R 图。

例 7.1　由前面所述的实体集 student、course 及附属于它们的属性和它们间的联系 SC 以及附属于 SC 的属性 g，构成了一个有关学生、课程以及

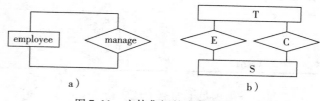

图 7-11　实体集间的多种联系

和他们间的联系 SC 所组成的概念模型，用 E-R 图表示如图 7-12 所示，这是一个称为学生数据库 STUDENT 的概念模型。

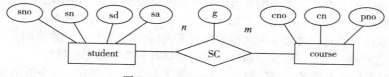

图 7-12　E-R 图的一个实例

7.2.3　逻辑模型

逻辑模型是数据库的模型，该模型着重于数据库一级的构造与操作，它在模型中的地位特别重要，用它构作的数据库管理系统均以该模型命名，如层次模型数据库管理系统、关系模型数据库管理系统等。在逻辑模型中目前最为流行的是关系模型，下面将介绍此模型。

7.2.3.1　关系模型概述

关系模型（relational model）的基本数据结构是二维表，简称表。大家知道，表格方式在日常生活中应用很广，在商业系统中（如金融、财务处理）均以表格形式表示数据框架，如常用的财务账本、单据、凭证等。这给了我们一个启发，用表格作为一种数据结构有着广泛的应用基础。关系模型即是以此思想为基础建立起来的。

关系模型中的操纵与约束也是建立在二维表上的，它包括对一张表及多张表的查询、删除、插入及修改操作，以及相应于表的约束。

关系模型的思想是 IBM 公司的 E. F. Codd 于 1970 年在一篇论文中提出的，在 1976 年以后出现了商用的关系模型数据库管理系统，关系模型数据库由于其结构简单、使用方便、理论成熟而引来了众多的用户，20 世纪 80 年代以后已成为数据库系统中的主流模型，很多著名的系统纷纷出现并占领了数据库应用的主要市场。目前，主要产品有 Oracle、SQL Server、DB2、Sybase 等。

7.2.3.2　关系模型介绍

关系模型由关系、关系操纵及关系中的数据约束三部分组成。

(1)关系

1)关系表。关系模型统一采用二维表形式，也称关系、关系表或表。二维表由表框架（frame）及表元组（tuple）组成。表框架由 n 个命名的属性（attribute）组成，n 称为属性元数（arity），每个属性有一个取值范围称为值域（domain）。

在表框架中按行可以存放数据，每行数据称为元组（tuple），或称表的实例（instance）。元组由 n 个元组分量组成，每个元组分量是表框架中每个属性的投影值。它是表中数据的基本单元。一个表框架可以存放 m 个元组，m 称为表的基数（cardinality）。

一个 n 元表框架及框架内 m 个元组构成了一个完整的二维表，表7-3 给出了二维表的一个例子。这是一个有关学生（S）的二维表。

表7-3 二维表的一个实例

sno	sn	sd	sa
98001	张曼英	Cs	18
98002	丁一明	Cs	20
98003	王爱国	Cs	18
98004	李　强	Cs	21

二维表一般满足下面七个性质：

- 元组个数有限性：二维表中元组个数是有限的。
- 元组的唯一性：二维表中元组均不相同。
- 元组的次序无关性：二维表中元组的次序可以任意交换。
- 元组分量的原子性：二维表中元组的分量是不可分割的基本数据项。
- 属性名唯一性：二维表中属性名各不相同。
- 属性的次序无关性：二维表中属性与次序无关（但属性次序一经确定则不能更改）。
- 分量值域的同一性：二维表中属性列中分量具有与该属性相同值域。

2)关系数据库与关系模式。表框架与元组构成了一个表或关系。一个语义相关的关系集合构成一个关系数据库（relational database）。而语义相关的关系框架集合则构成了关系数据库模式（relational database schema），简称关系模式（relational schema）。关系模式支持子模式，关系子模式是关系数据库模式中用户所见到的那部分数据描述，关系子模式也是二维表结构，关系子模式对应用户数据库称为视图（view）。

3)键。键是关系中的一个重要概念，它具有标识元组、建立元组间联系等重要作用：

- 键（key）：在关系中凡能唯一标识元组的最小属性集称为该关系的键。
- 候选键（candidate key）：关系中可能有若干个键，它们称为该关系的候选键。
- 主键（primary key）：从关系的所有候选键中选取一个作为用户使用的键称为主键，一般主键也简称键。
- 外键（foreign key）：关系 A 中的某属性集是另一关系 B 的键，称该属性集为 A 的外键。

关系中一定有键，因为至少关系中属性全集必为键，因此也一定有主键。

4)空值。空值是关系中的另一个重要概念。在关系的元组分量中经常会出现信息空缺，它称为空值（null value）。空值的物理含义是未知的值或不可能出现的值，如在个人履历表中未婚人士的配偶姓名，又如在火星中水分子含量等。

在数据库中一般允许出现空值，在出现空值的元组分量中可记以 null。但一般禁止在主键中出现空值。

(2)关系操纵

关系模型的数据操纵即是建立在关系上的一些操作，一般有数据查询、数据删除、数据插入及数据修改四种操作。

1)数据查询。用户可以查询关系数据库中的数据，它包括一个关系内的查询以及多个关系间的查询：

- 对一个关系内查询的基本单位是元组分量，其基本过程是先定位后操作，所谓定位包括纵向定位与横向定位，纵向定位即是指定关系中的一些属性（称为列指定），横向定位即是选择满足某些逻辑条件的元组（称为行选择）。通过纵向与横向定位后一个关系中的元组分量即可确定了。在定位后即可进行查询操作，即将定位的数据从关系数据库中取出并放入指定内存。
- 对多个关系间的数据查询则可分为 3 步进行，第 1 步将多个关系合并成一个关系，第 2 步为对合并后的一个关系进行定位，第 3 步为查询操作。其中第 2 步与第 3 步为对一个关系的查询，因此我们只介绍第一步。对多个关系的合并可分解成两个关系的逐步合并，如有 3 个关系 R_1、R_2 与 R_3，合并过程是先将 R_1 与 R_2 合并成 R_4，然后再将 R_4 与 R_3 合并成最终结果 R_5。

2）数据删除。数据删除的基本单位是元组，它的功能是将指定关系内的指定元组删除，它也分为定位与操作两部分，其中定位部分只需要横向定位而无需纵向定位，定位后即是执行删除操作，因此数据删除可以分解为两个基本操作：一个关系内的元组选择和关系中元组删除。

3）数据插入。数据插入仅对一个关系而言，在指定关系中插入一个或多个元组，在数据插入中不需定位，仅需作关系中元组插入操作。因此数据插入只有一个基本操作，即关系中元组插入操作。

4）数据修改。数据修改是在一个关系中修改指定的元组与属性值。数据修改不是一个基本操作，它可以分解为两个更基本的操作，即先删除需修改的元组，然后插入修改后的元组。

5）关系操纵的小结：

- 以上四种操作的对象都是关系，而操作结果也是关系，因此它们都是建立在关系上的操作。
- 这四种操作可以分解为六种基本操作：
  - 一个关系内的属性指定。
  - 一个关系内的元组选择。
  - 两个关系的合并。
  - 一个关系的查询操作。
  - 关系中元组的插入操作。
  - 关系中元组的删除操作。

（3）关系中的数据约束

关系模型允许定义三类数据约束，它包括数据完整性、数据安全性与多用户的并发控制约束。

7.2.4　物理模型

在概念模型与逻辑模型世界中所表示的概念、方法以及数据结构及数据操纵、控制等最终均用计算机中的物理模型表示。它主要表示概念模型与逻辑模型中的数据体的物理实现。

物理模型一般由三个层次组成：

1）数据库层：它是数据物理存储的第一个层次，是在逻辑模型上构作的一种物理结构，并用文件表示。

2）文件层：这是一个中间层次，由它真正过渡到物理介质存储。

3）基础层：它是计算机中的物理介质（特别是磁盘）及相应操作。这是数据体最终存储的物理实体。

图 7-13 给出了数据库物理模型的三个层次。

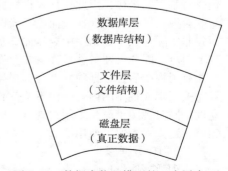

图 7-13　数据库物理模型的三个层次

7.3　关系模型数据库管理系统

关系模型数据库管理系统简称关系数据库管理系统 RDBMS(Relational Database Management System)是目前最为流行的一种数据管理机构,它是一种系统软件,负责管理数据库。

一般认为,关系数据库管理系统的五个优点包括:数据结构简单、用户使用方便、功能强、数据独立性高、理论基础深。

目前 RDBMS 由四个部分组成,包括数据定义、数据操纵、数据控制及数据交换。下面我们主要介绍与数据库管理系统紧密相关的前三个部分。

7.3.1　数据定义功能

关系数据库管理系统可以定义关系数据库中的数据模式,这称数据定义(data definition) 功能。它包括构作关系数据库中的基表、视图与物理数据库的结构等,下面我们分别介绍。

关系数据库

关系数据库(relational database)是关系数据库管理系统中的一个数据共享单位,它与一组相同范围的应用对应,在该组中的任一个应用均能访问此关系数据库,即该关系数据库可以被组内所有应用共享。在一个关系数据库系统平台上一般可以构作多个关系数据库。

一个关系数据库一般是按一定的关系模式结构所组成的数据集合。

按照数据库的内部体系结构,一个关系数据库由一些基表、视图及物理数据库等组成。

(1)基表

关系数据库中的表又称基表(base table),它是关系数据库中的基本数据单位。基表由表结构与表元组组成,在表结构中,一个基表一般由表名、若干个列(即属性)名及其数据类型组成,此外它还包括主键及外键等,而表元组则是实际存在的逻辑数据。它按表结构形式组织存放。

基表结构构成了关系数据库中的全局结构并组成全局数据库,在基表构成中其相互间是关联的,因此一般基表分为三类:

1)实体表:此种表内存放数据实体。

2)联系表:此种表内存放表间的关联数据,即通过外键建立表间关联。

3)实体 – 联系表:此种表内既存储数据实体,也存放表间关联数据。

由这三类基表可以组成一个全局的数据库。基表是面向全局用户并为它们所使用的一种数据体。在一个关系数据库中一般可以有多个基表。

(2)视图

关系数据库管理系统中的视图(view)由基表组成,它由同一数据库中若干基表改造而成,而其元组数据则由基表中的数据经操纵语句构造而成,因此它也称为导出表(drived table)。这种表本身并不实际存在于数据库内,而仅保留其构造,只有在实际操作时,才将它与操纵语句结合转化成对基表的操作,因此这种表也称为虚表(virtual table)。

对视图可作查询操作,而更新操作则受一定的限制。这主要是因为视图仅是一种虚构的表,而并非实际存在于数据库中。然而作更新操作时必然会涉及基表中数据的实际变动,因此就出现了困难。因此仅在特殊条件下才允许对视图进行更新。

有了视图后,数据独立性大为提高,不管基表扩充还是分解均不影响对概念数据库的认识。只需重新定义视图的内容,而不改变面向用户的视图形式,从而保持了关系数据库逻辑上的独立性。同时视图也简化了用户观点,即用户不必了解整个模式,仅需将注意力集中于它所关注的领域,这大大方便了使用。

(3)物理数据库

物理数据库(physical database)是建立在物理磁盘或文件上的数据存储体,它一般在定义基表时由系统自动构作完成,用户不必过问,但为提高查询等操作速度,RDBMS 提供索引功能为改善效率提供服务，同时还提供分区及物理参数配置等功能，为提高数据库效率服务。物理数据库一般不直接面向用户，它仅是基表与视图的物理支撑。

图 7-14 给出了数据定义的示意图。

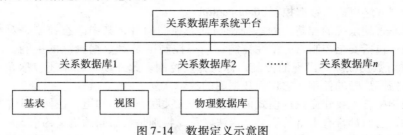

图 7-14　数据定义示意图

7.3.2　数据操纵功能

关系数据库管理系统的数据操纵（data manipulation）具有数据查询、删除、插入及修改的功能，此外还有一些其他功能。

（1）查询功能

关系数据库管理系统查询的最小粒度是元组分量，查询是数据操纵中的最主要的操作，它一般应具有如下功能。

1）单表的查询功能。根据表中指定的列及行条件可查询到表中元组分量的值。

2）多表查询功能。由指定表的已知条件通过表间关联查到另一些表的元组或列。表间关联一般是通过外键连接的。多表查询建立了关系数据库中表间的导航关系并给出了全局性查询环境，打破了数据库内的信息孤岛。

3）单表自关联查询。通过单表内某些列的关联作单表内的嵌套查询。

（2）增加、删除、修改功能

关系数据库管理系统的删除、修改功能的最小粒度是表中元组，而增加功能的最小粒度为表，其实现功能可分为两步。

1）定位。根据需求首先需对操作定位，其定位要求是：

- 增加操作——定位为表。
- 删除操作——定位为表、元组。
- 修改操作——定位为表、元组。

2）操作。根据增加、删除、修改的不同要求作操作，在操作时需给出不同的数据：

- 增加操作——给出所增加的元组以及实施该操作。
- 删除操作——无需给出数据，仅实施该操作。
- 修改操作——给出对数据的修改要求，并实施该操作。

（3）其他功能

1）赋值功能。在数据操纵过程中所产生的一些中间数据，这些数据需要永久保存，此时可以通过赋值语句将它们保留在某些表中以供以后使用。

2）计算功能。在数据操纵中还需一些计算功能：

- 简单的四则运算。它包括在查询过程中可以出现加、减、乘、除简单计算。
- 统计功能。由于数据库在统计中有极广泛的应用，因此提供常用的统计功能，如求和、求平均值、求总数、求最大值、求最小值等。
- 分类功能。由于数据库在分类中有很广泛的应用，因此提供常用的分类功能，如 Group by、Having 等分类功能。

3）输入/输出功能。关系数据库管理系统一般提供标准的数据输入与输出功能。

7.3.3 数据控制功能

从数据模型角度看,数据约束是 RDBMS 的基本内容之一,它具体包括数据约束条件的设置、检查及处理,它也称为数据控制(data control)。

关系数据库管理系统的控制分静态控制与动态控制两种,其中静态控制是对数据模式的语法、语义控制,包括安全控制与完整性控制;动态控制则是对数据操纵的控制,即在多个进程(或线程)作并行数据操纵时出现的控制,称为并发控制。此外动态控制还包括在执行数据操纵时所出现的数据库故障的控制,它称为数据库的故障恢复。

在静态控制中首先要建立数据模式的语法、语义关联,我们知道,任何一个数据模式都是基于应用需求的,它们都含有丰富的语义、语法联系,特别是数据间的语义约束关联。如模式中任何一个基本数据项均有一定取值范围的约束,如数据项间有一定函数依赖约束、有一定的因果约束等,这种约束称为完整性约束或完整性控制,而有一种与安全有关的特殊语义关联,我们称为安全性约束或称安全性控制,这种约束是用户与数据体间的访问语义约束,如学生用户可以读他自己的成绩,但不能修改自己的成绩等。

在动态控制中主要是并发控制与数据库故障恢复,为讨论这两种控制必须首先引出数据操纵中的基本动态操纵单位,即事务。因为动态控制均是以事务为单位进行控制的,所以数据库管理系统的数据控制包括完整性控制、安全性控制、事务、故障恢复及并发控制五个部分。

7.3.3.1 安全性控制

数据的安全性控制(security control)即保证对数据库的正确访问与防止对数据库的非法访问。数据库中的数据是共享资源,必须在数据库管理系统中建立一套完整的使用规则。使用者按照规则访问数据库必然能获得访问权限并可访问数据库,而不按规则访问数据库者必无法获得访问权限,最终无法访问数据库。

在安全性控制中其控制对象分为主体与客体两种,其中主体(subject)即数据访问者,它包括一般的用户程序、进程及线程等,而客体(object)即数据体,它包括表及视图等。而数据库的安全控制是主体访问客体时所设置的控制。

目前常用的安全性控制有如下几种:

(1)身份标识与鉴别

在数据库安全中每个主体必须有一个标志自己身份的标识符用以区别不同的主体,这称为身份标识。当主体访问客体时,RDBMS 中的安全控制部分鉴别其身份并阻止非法访问,这称为身份鉴别。

目前常用的标识与鉴别的方法有用户名、口令等,也可用计算过程与函数,还可以用密码学中的身份鉴别技术等手段。身份标识与鉴别是主体访问客体的最简单也是最基本的安全控制方式。

(2)自主访问控制

自主访问控制(Discretionary Access Control,DAC)是主体访问客体的一种常用的安全控制方式,它是一种基于存取矩阵的模型,此模型由三种元素组成,即主体、客体与存/取操作,它们构成了一个矩阵,矩阵的列表示主体,矩阵的行表示客体,而矩阵中的元素则是存/取操作(如读、写、删除、修改等),在这个模型中,指定主体(行)与客体(列)后可根据矩阵得到指定的操作,存/取矩阵模型如表 7-4 所示。

表 7-4 存/取矩阵模型

客体 ＼ 主体	主体 1	主体 2	主体 3	…	主体 n
客体 1	Read	Write	Write	…	Read
客体 2	Delete	Read/Write	Read	…	Read/Write
…	…	…	…		…
客体 m	Read	Updata	Read/Write	…	Read/Write

在自主访问控制中主体按存/取矩阵模型要求访问客体,凡不符合存/取矩阵要求的访问均属非法访问。在自主访问控制中的存/取矩阵的元素是可以改变的,主体可以通过授权的形式变更某些操作权限。

7.3.3.2　完整性控制

完整性控制(intigrity control)指的是数据库中数据正确性的维护,数据库中任何数据都会由于某些自然或人为因素而受到局部或全局的破坏。因此如何及时发现并采取措施防止错误扩散并及时恢复,这是完整性控制的主要目的。

(1)关系数据库完整性控制的功能

在关系数据库中为实现完整性控制需有三个基本功能:

1)设置功能:需设置完整性约束条件(又称完整性规则),这是一种语义约束条件,它由系统或用户设置,并给出了系统及用户对数据库完整性的基本要求。

2)检查功能:关系数据库完整性控制必须有能力检查数据库中数据是否有违反约束条件的现象。

3)处理功能:在出现违反约束条件的现象时需有即时处理的能力。

(2)完整性规则的三个内容

完整性规则由如下三部分内容组成。

1)实体完整性规则。这条规则要求基表上的主键中属性值不能为空值,这是数据库完整性的最基本要求,因为主键是唯一决定元组的,如为空值则其唯一性就变成不可能的了。

2)参照完整性规则。这条规则也是完整性中的基本规则,它不允许引用不存在的元组:即在基表中的外键要么为空值,要么其关联表中存在相应的元组。如在基表 $S(sno,sn,sd,sa)$ 与 $SC(sno,cno,g)$ 中,SC 的主键为 (sno,cno),S 的主键为 sno,而 SC 的外键为 sno,SC 与 S 通过 sno 相关联,而参照完整性规则要求 SC 中的 sno 的值必在 S 中有相应元组值,如有 $SC(S_{13},C_8,70)$ 则必在 S 中存在 $S(S_{13},\cdots,\cdots,\cdots)$。这条规则给出了表之间相关联的基本要求。

上述两种规则是数据库所必需遵守的规则,因此任何一个 DBMS 必须支持。

3)用户定义的完整性规则。这是针对具体数据环境与应用环境由用户具体设置的规则,它反映了具体应用中数据的语义要求,其功能如下:

- 可对用户定义的完整性规则进行约束条件设置,它包括域约束、表约束及断言。其中域约束可约束数据库中数据域的范围与条件;表约束可定义表中的主键及外键,同时还可以对表内属性间建立约束;断言就是建立表间属性的约束。
- 在完整性条件设置后,在 DBMS 中有专门软件对其进行检查,以保证所设置的条件能得到监督与实施,这就是完整性约束条件的检查。
- 在 DBMS 中同样有专门的软件对完整性约束条件的检查结果进行处理,特别是一旦出现违反完整性约束条件的现象,能作出响应、报警或报错,在复杂情况下可调用相应的处理过程。

7.3.3.3　事务处理

事务处理是数据库动态控制中的一个基本单位。数据库是一个共享的数据实体,多个用户可以在其中做多种操作(包括读操作与写操作),为了保持数据库中数据的一致性,每个用户对数据库的操作必须具有一定的操作连贯性。

事务(transaction)是数据库应用程序的基本逻辑工作单位,在事务中集中了若干个数据库操作,它们构成了一个操作序列,它们要么全做,要么全不做,是一个不可分割的基本工作单位。

一般而言,一个数据库应用程序是由若干个事务组成,每个事务构成数据库的一个状态,它形成了某种一致性,而整个应用程序的操作过程则是通过不同事务使数据库由某种一致性不断转换到新的一致性的过程。

(1)事务的性质

事务具有四个特性,即原子性(Atomicity)、一致性(Consistency)、隔离性(Isolation)以及持久性(Durability)，简称为事务的 ACID 性质。

1）原子性。事务中所有的数据库操作是一个不可分割的操作序列，这些操作要么全执行，要么全不执行。

2）一致性。事务执行的结果将使数据库由一种一致性状态到达了另一种新的一致性状态。

3）隔离性。在多个事务并发执行时，事务不必关心其他事务的执行，如同在单用户环境下执行一样。

4）持久性。一个事务一旦完成其全部操作后，它对数据库的所有更新永久地反映在数据库中，即使以后发生故障也应保留这个事务执行的结果。

事务及其 ACID 性质保证了并发控制与故障恢复的顺利执行，因此在下面的讨论中均以事务为基本执行单位。

（2）事务活动

事务活动一般有三个事务语句控制，即置事务语句（SET TRANSACTION）、提交语句（COM-MIT）以及回滚语句（ROLLBACK）。

一个事务一般由 SET TRANSACTION 开始至 COMMIT 或 ROLLBACK 结束。在事务开始执行后，它不断做 Read 或 Write 操作，但是，此时所做的 Write 操作仅将数据写入磁盘缓冲区，而非真正写入磁盘内。在事务执行过程中可能会产生两种状况：一是顺利执行——此时事务继续正常执行；二是产生故障等原因而中止执行，此种情况称事务夭折（abort），此时根据原子性性质，事务需返回开始处重新执行，此时称事务回滚（rollback）。在一般情况下，事务正常执行直至全部操作执行完成，以后再执行事务提交（commit）后整个事务结束。提交即是将所有在事务执行过程中写在磁盘缓冲区的数据，真正物理地写入磁盘内，从而完成整个事务。因此，事务的整个活动过程可以用图 7-15 表示。

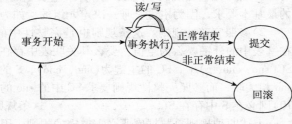

图 7-15　事务活动过程

7.3.3.4　并发控制

在数据库中多个应用以事务为单位执行，一般采用串行、顺序执行的方法，这种方法虽能保证执行的正确性，但执行效率很低。如何能做到既能保证执行的正确性又能保证执行的高效性，这就要采用并发控制技术。

并发控制技术是采用并行执行（也可称并发执行）的方法，它可以极大提高执行的效率，但是可能会引发一些错误；因此须采用严格的控制手段以保证执行的正确性，这种手段即称为并发控制技术。

并发控制技术主要采用封锁的手段，即当事务需对数据对象进行操作时，必须向系统提出申请，在获得成功后，对其操作的数据对象加以封锁（称加锁），以保证其对相应数据的某种专用控制权，此时其他事务不能对加锁数据随意操作。在该事务的相关操作完成后，它可以解除对数据对象的封锁（称解锁），此后其他事务才能访问该数据对象。

采用封锁的方法可能会产生一个后遗症，即"死锁"的出现。死锁是事务间对锁的循环等待，从而造成所有事务均无法执行。目前解决死锁的方法有很多，在本书中我们就不作介绍了。

7.3.3.5　故障恢复

尽管对数据库采取多种严格的防护措施，但是数据库遭受破坏仍是不可避免的，因此，一个关系数据库管理系统除了要有较好的完整性、安全性保护措施以及并发控制能力外，还需要有数据库故障恢复的能力。数据库故障恢复技术是一种被动的方法，而数据库完整性、安全性保护及并发控制技术则是主动的保护方法，这两种方法的有机结合可以使数据库得到有效的保护。

数据库故障恢复技术所采用的主要手段是冗余技术，即采取数据备用副本和日志进行恢复的一种技术，其具体方法是：

（1）数据转储

数据转储是定期将数据库中的内容复制到另一个存储设备中，这些存储的拷贝称为后援副本或备份。转储可分为静态转储与动态转储。静态转储指的是转储过程中不允许对数据库有任何操作（包括存、取与修改操作）。动态转储指的是转储过程中允许对数据库进行操作。

静态转储执行比较简单，但转储事务必须等到应用事务全部结束后才能进行，因此带来一些麻烦。动态转储可随时进行，但是转储事务与应用事务并发执行，容易带来动态过程中的数据不一致性，因此技术上要求较高。

数据转储还可以分为海量转储与增量转储，海量转储指的是每次转储数据库的全部数据，而增量转储则是每次只转储数据库中自上次转储以来所产生变化的那些数据。由于海量转储数据量大，不易进行，因此增量转储往往是一种有效的办法。

（2）日志

日志是系统建立的一个文件，该文件用于系统记录数据库中更改型操作的数据更改情况，其内容有事务开始标记、事务结束标记、事务的所有更新操作。

具体的内容有：事务标志、操作时间、操作类型（增加、删除或修改操作）、操作目标数据、更改前数据旧值、更改后数据新值。

日志以事务为单位按执行的时间次序，且遵循先写日志后修改数据库的原则进行。

（3）数据库故障恢复的实现

数据库故障恢复的实现方法有多种，但最简单、有效的方法就是利用定时拷贝及日志以实现故障恢复，其具体做法是：当出现故障时，即磁盘数据遭到破坏，首先将最新拷贝备份加载到磁盘上，接着用日志将拷贝时刻至数据破坏时刻间的数据作进一步修整，并最终完成数据的恢复。

7.4　关系数据库管理系统标准语言 SQL

7.4.1　SQL 概述

关系数据库管理系统的语言有多种，但在经过 10 余年的使用、竞争、淘汰与更新后，SQL 语言以其独特风格，成为国际标准化组织所确认的标准语言，目前，SQL 语言已成为关系数据库系统使用的唯一语言。一般而言，用该语言所书写的程序大都可以在任何关系数据库系统上运行。

SQL 语言是结构化查询语言（Structured Query Language）的简写，它是 1974 年由 Boyce 和 Chamberlin 提出的，并在 IBM 公司 San Jose 研究实验室所研制的关系数据库管理系统 System R 上实现了这种语言。SQL 语言在 1986 年被美国国家标准化组织 ANSI 批准为国家标准，1987 年又被国际标准化组织 ISO 批准为国际标准，并经修改后于 1989 年正式公布，称为 SQL′89。此标准也于 1993 年被我国批准为中国国家标准。此后 ISO 陆续发布了 SQL′92、SQL′99 及 SQL′03 等版本。其中 SQL′92 又称为 SQL-2，而 SQL′99 又称为 SQL-3。目前，国际上所有关系数据库管理系统均采用 SQL 语言。

SQL 称为结构化查询语言，但它实际上包括查询在内的多种功能，它包括数据定义、数据操纵（包括查询）和数据控制三个方面的功能，它还包括数据交换等功能。

SQL 是一种特色很强的语言，具体如下：

1）SQL 是一种非过程性语言，它开创了第四代语言应用的先例。

2）SQL 是一种统一的语言，它将 DDL、DML 以及 DCL 等以一种统一的形式表示，改变了以前多种语言分割的现象。

3）SQL 结构简洁、表达力强、内容丰富。

SQL 语言一般有两种，一种是标准的语言版本，另一种是方言，即各数据库产品中的 SQL 语言，它们之间存在着一些表示形式上的区别。为不失一般性，在本书中，我们采用标准 SQL，并用其中的 SQL′92 版本。

下面介绍 SQL 的数据定义、数据操纵及数据控制三个主要部分的语句。

7.4.2 SQL 的数据定义语句

7.4.2.1 数据定义语句概述

数据定义语句主要为应用系统定义数据库上的整体结构模式，这种定义可分为若干个层次。

1．上层——模式层

首先需要为整个应用系统定义一个模式，一般讲一个关系数据库管理系统可以定义若干个模式，而每个模式对应一个应用系统。

一个模式由若干个表、视图以及相应索引所组成，它们称为模式元素。模式由"创建模式"定义，并可用"删除模式"取消，模式一旦定义，该模式以后所定义的模式元素均归属于此模式。

2．中层——表结构层

表结构层是对模式层结构的具体定义，它包括基表、视图以及索引。

1）基表：基表是关系数据库管理系统中的基本结构，它可用"创建表"定义表结构，用"修改表"对表结构进行更改，用"删除表"以取消表。

2）视图：视图是建立在同一模式表上的虚拟表，它可由其他表导出，因此又称导出表，视图可用"创建视图"定义，并可用"删除视图"取消。

3）索引：可以用"建立索引"以构作索引，也可用"删除索引"以撤销索引。

3．底层——列定义层

列定义层是对表（特别是基表）中属性的定义，它包括列名以及列的数据类型，它一般在创建表中定义，此外列定义中还可定义有关列的完整性约束条件，例如：

- 列是否为主键、外键。
- 列是否为空值。
- 列间的约束表达式。

上面的三个层次可以用图 7-16 表示。

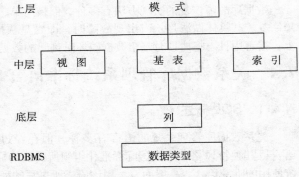

图 7-16 数据定义的三个层次结构

7.4.2.2 SQL 的数据定义语句介绍

在本节中我们首先定义 SQL 中的数据类型，接着用 SQL 定义数据模式、基表及索引。有关视图的定义将在 7.4.6 节中给出，而有关列的完整性约束条件则将在 7.4.7 节中给出。

（1）SQL 基本数据类型

SQL 提供数据定义中的基本数据类型共有 15 种，其具体介绍可见表 7-5。

表 7-5　数据类型

序列	符号	数据类型	备注
1	INT	整数	
2	SMALLINT	短整数	m 表示小数点前位数，n 表示小数点后位数
3	DEC(m, n)	十进制数	
4	FLOAT	浮点数	
5	CHAR(n)	定长字符串	n 表示字符串位数
6	VARCHAR(n)	变长字符串	n 表示最大变长数
7	NATIONAL CHAR	民族字符串	用于表示汉字

（续）

序列	符号	数据类型	备注
8	BIT(n)	位串	n 为位串长度
9	BIT VARYING(n)	变长位串	n 为最大变长数
10	NOMERIC	数字型	
11	REAL	实型	
12	DATE	日期	
13	TIME	时间	
14	TIMESTAMP	时间戳	
15	INTERVAL	时间间隔	

（2）SQL 的模式定义语句

模式一般由 SQL 语句中的创建模式（CREATE SCHEMA）及删除模式（DROP SCHEMA）表示。

1）创建模式。创建模式由 CREATE SCHEMA 完成，其形式为：

CREATE SCHEMA ＜模式名＞ AUTHORIZATION ＜用户名＞；

该语句共有两个参数，它们是模式名及用户名。

模式一旦定义后，该模式后所定义的模式元素即归属于此模式，如学生数据库的模式可定义如下：

CREATE SCHEMA *student* AUTHORIZATION *lin*；

2）删除模式。

删除模式可由 DROP SCHEMA 完成，其形式为：

DROP SCHEMA ＜模式名＞，＜删除方式＞

在参数"删除方式"中共有两种：一种是连锁式或称级联式，即 CASCADE；另一种是受限制，即 RESTRICT。其中 CASCADE 表示删除与模式所关联的模式元素，而 RESTRICT 则表示只有在模式中无任何关联模式元素时才能删除。如删除学生数据库模式如下：

DROP SCHEMA *student* CASCADE；

该语句执行后则删除模式及与其关联的所有模式元素。

（3）SQL 的表定义语句

SQL 的表定义包括创建表、更改表及删除表三个 SQL 语句。

1）表的创建。可以通过创建表（CREATE TABLE）语句以定义一个基表的框架，其形式为：

CREATE TABLE ＜表名＞（＜列定义＞[＜列定义＞]…）[其他参数]；

其中列定义有如下形式：

＜列名＞ ＜数据类型＞；

其中任选项［其他参数］是与物理存储有关的参数，它随具体系统不同而有所不同。

通过表定义可以建立一个关系框架。可以将例 7.1 所定义的学生数据库模式用 CREATE TABLE 定义三个基表如下：

```
CREATE TABLE S(sno CHAR(5),
          sn VARCHAR(20),
          sd CHAR(2),
          sa SMALLINT);
CREATE TABLE C(cnoCHAR(4),
          cn VARCHAR(30),
```

```
                    pno CHAR(4));
CREATE TABLE SC(sno CHAR(5),
                cno CHAR(4),
                g SMALLINT);
```

2）表的更改。可以通过更改表（ALTER TABLE）语句扩充或删除基表的列，从而构成一个新的基表框架，其中增加列的形式为：

ALTER TABLE ＜表名＞ADD ＜列名＞＜数据类型＞；

例如，可以在 S 中添加一个新的列 sex，可用如下形式表示：

ALTER TABLE S ADD sex SMALLINT；

而删除列的形式为：

ALTER TABLE ＜表名＞DROP ＜列名＞；

例如，在 S 中删除列 sa，可用如下形式表示：

ALTER TABLE S DROP sa；

3）表的删除。可以通过删除表（DROP TABLE）语句删除一个基表，包括表的结构连同该表的数据、索引以及由该基表所导出的视图并释放相应的空间。删除表的形式为：

DROP TABLE ＜表名＞；

如果删除关系 S，可用如下的形式：

DROP TABLE S；

（4）SQL 的索引定义语句

在 SQL 中可以对表建立索引。索引就像是书中的目录，建立索引可以加快查询速度。索引的建立可以通过建立索引（CREATE INDEX）语句实现，该语句可以按指定表名、指定列以及指定顺序（升序或降序）建立索引，其形式如下：

CREATE[UNIQUE] INDEX ＜索引名＞ON ＜表名＞(＜列名＞[＜顺序＞][,＜列名＞[＜顺序＞],…])

语句中 UNIQUE 为任选项，在建立索引中若出现 UNIQUE 则表示不允许两个元组在给定索引中有相同的值。语句中顺序可按升序（ASC）或降序（DESC）给出，默认为升序。现举例如下：

CREATE UNIQUE INDEX XSNO ON S (sno)；

此例表示在 S（sno）上建立一个按升序的唯一性的索引 XSNO。

CREATE INDEX XSC ON SC (sno,cno)；

此例表示在 SC 上建立一个按（sno，cno）升序排列名为 XSC 的索引。

在 SQL 中可以用删除索引（DROP INDEX）语句来删除一个已建立的索引：

DROP INDEX ＜索引名＞；

例如，下面的例子表示将已建立的名为 XSNO 的索引删除：

DROP INDEX XSNO；

7.4.3 SQL 的查询语句

7.4.3.1 查询语句概述

SQL 的数据操纵能力基本上体现在查询上，SQL 的一个基本语句是一个完整的查询语句，它给出了如下三个内容：

1）查询的目标属性：r_1，r_2，…，r_m。

2）查询所涉及的表：R_1，R_2，…，R_n。

3）查询的逻辑条件：F。

它们可以用 SQL 中的基本语句——SELECT 语句的三个子句分别表示。SELECT 语句由 SE-LECT、FROM 及 WHERE 三个子句组成，其中 SELECT 子句给出查询的目标属性，FROM 子句给出查询所涉及的表，而 WHERE 子句则给出查询的逻辑条件，它们可以用下面形式表示：

```
SELECT < 列名 > [, < 列名 >]
FROM < 表名 > [, < 表名 >]
WHERE < 逻辑条件 >
```

这种 SELECT 语句在数据查询中表达力很强，而且为了表示简洁与方便，SELECT 语句中的 WHERE 子句还具有更多的表示能力：

1）WHERE 子句中具有嵌套能力。

2）WHERE 子句中的逻辑条件具有复杂的表达能力。

7.4.3.2　SQL 的基本查询语句

SQL 的查询功能基本上是用 SELECT 语句实现的，下面用若干例子说明 SELECT 语句的使用，这些例子仍以前面所述的学生数据库 STUDENT 为背景：

S(sno,sn,sa,sd)
C(cno,cn,pno)
SC(sno,cno,g)

（1）单表简单查询

单表简单查询须给出三个条件：

- 所查询的表名：由 FROM 子句给出。
- 已知条件——给出满足条件的行：由 WHERE 子句给出。
- 目标列名：由 SELECT 子句给出。

单表的简单查询包括：单表全列查询、单表的列查询、单表的行查询、单表的行与列查询。它们可用下面四个例子表示。

例 7.2　查询 S 的所有情况。

```
SELECT *
FROM S
```

其中 * 表示所有列。

例 7.3　查询全体学生名单。

```
SELECT sn
FROM S;
```

此例为选择表中列的查询。

例 7.4　查询学号为 990137 的学生学号与姓名。

```
SELECT  sno, sn;
FROM  S
WHERE sno = '990137'
```

此例为选择表中行的查询。

选择表中行的查询中须使用比较符 θ，它包括 =、<、>、>=、<=、<>、!= 、!< 和 !>。它们构成 AθB 的形式，其中 A 和 B 为列名、列表达式或列的值。AθB 称为比较谓词，它是一个仅具 T/F 值的谓词。

例 7.5　查询所有年龄大于 20 岁的学生姓名与学号。

```
SELECT   sn,sno
FROM   S;
WHERE   sa >20;
```

此例为选择表中行与列的查询。

（2）常用谓词

除比较谓词外，SELECT 语句中还有若干谓词，谓词可以增强语句表达能力，它的值仅是 T/F，在这里我们介绍几个常见的谓词：DISTINCT、BETWEEN、LIKE、NULL。

一般的谓词常用于 WHERE 子句中，但是 DISTINCT 则仅用于 SELECT 子句中。

例 7.6　查询所有选修了课程的学生学号。

```
SELECT DISTINCT   sno
FROM   SC;
```

SELECT 后的 DISTINCT 表示在结果中去掉重复的 sno。

例 7.7　查询年龄在 18 至 21 岁（包括 18 与 21 岁）的学生姓名与年龄。

```
SELECT   sn , sa
FROM   S
WHERE   sa BETWEEN 18 AND 21;
```

例 7.8　查询年龄不在 18 至 21 岁的学生姓名与年龄。

```
SELECT   sn,sa
FROM   S
WHERE   sa NOT BETWEEN 18 AND 21 ;
```

上两例给出了 WHERE 子句中 BETWEEN 的使用方法。

例 7.9　查询姓名以 A 打头的学生姓名与所在系。

```
SELECT   sn , sd
FROM   S
WHERE   sn LIKE 'A%';
```

此例给出了 WHERE 中 LIKE 的使用方法，LIKE 的一般形式是：

```
<列名 > [NOT]LIKE < 字符串常量 >
```

其中列名类型必须为字符串，字符串常量的设置方式为，字符% 表示可以与任意长的字符相配，字符__（下横线）表示可以与任意单个字符相配；其他字符代表本身。

例 7.10　查询姓名以 A 打头，且第三个字符为 P 的学生姓名与系别。

```
SELECT   sn,sd
FROM   S
WHERE   sn LIKE 'A__P%';
```

例 7.11　查询无课程分数的学号与课程号。

```
SELECT   sno,cno
FROM   SC
WHERE   g IS NULL;
```

此例给出了 NULL 的使用方法，NULL 是用来测试属性值是否为空的谓词。NULL 的一般形式是：

```
<列名 > IS[NOT] NULL
```

（3）布尔表达式

在 WHERE 子句中经常需要使用逻辑表达式，它一般由谓词通过 NOT、AND 与 OR 三个连接词构成，称为布尔表达式。

例 7.12 查询计算机系年龄小于等于 20 岁的学生姓名。

```
SELECT   sn
FROM   S
WHERE   sd = 'cs' AND sa < = 20;
```

例 7.13 查询非计算机系或年龄不为 18 岁的学生姓名。

```
SELECT   sn
FROM   S
WHERE  NOT sd = 'cs' OR NOT sa = 18 ;
```

在三个连接词中结合强度依次为 NOT、AND 及 OR，在表达式中若同时出现有若干个连接词且有时不按结合强度要求则需加括号。

（4）简单连接

在多表查询中涉及表间连接，其中简单的连接方式是表间等值连接，它可用 WHERE 子句设置两表不同列间的相等关系，而这些列往往用的是表的外键，因此，在多表查询中需给出四个条件：

- 查询中所涉及的表名：由 FROM 子句给出，它有多个。
- 已知条件：由 WHERE 子句给出。
- 列名：由 SELECT 子句给出。
- 表间连接：由 WHERE 子句给出。

下面用两个例子加以说明。

例 7.14 查询修读课程号为 c_1 的所有学生的姓名。

这是一个涉及两张表的查询，它可以写为：、

```
SELECT   S · sn
FROM   S , SC
WHERE   SC · sno = S · sno AND SC · cno = 'c_1';
```

其中 S · sn、S · sno、SC · sno 及 SC · cno 分别表示表 S 中的属性 sn、sno 以及表 SC 中的属性 sno、cno。一般而言，在涉及多张表查询时需在属性前标明该属性所属的表，但是查询中能区分的属性则其前面的表名可省略。

例 7.15 查询修读课程名为 DATABASE 的所有学生姓名。

这是一个涉及三张表的查询，它可以写为：

```
SELECT   S · sn
FROM   S, SC, C
WHERE   S · sno = SC · sno AND SC · cno = C · cno AND C · cn = 'DATABASE ';
```

（5）自连接

有时在查询中需要对相同的表进行连接，为区别两张相同的表，需对一张表用两个别名，然后再按照简单连接方法实现。下面举例说明。

例 7.16 查询至少修读 S_5 所修读的一门课的学生学号。

```
SELECT   FIRST · sno
FROM SC  FRIST, SC SECOND
WHERE   FIRST · cno = SECOND · cno
AND   SECOND · sno = 's_5 ';
```

它可以用图 7-17 表示。

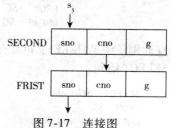

图 7-17 连接图

（6）结果排序

有时，希望查询结果能按某种顺序显示，此时需在语句后加一个排序子句 ORDER BY，该子句具有下面的形式：

```
ORDER BY <列名>[ASC/DESC]
```

其中 <列名> 给出了需排序的列的列名，而 ASC/DESC 则分别给出了排序的升序与降序，有时为方便起见，ASC 可以省略。

例 7.17　查询计算机系所有学生名单并按学号升序顺序显示。

```
SELECT    sno,sn
FROM    S
WHERE    sd = 'cs'
ORDER BY sno ASC ;
```

例 7.18　查询全体学生情况，结果按学生年龄降序排例。

```
SELECT *
FROM    S
ORDER BY    sa DESC
```

（7）查询结果的赋值

在 SELECT 语句中可以增加一个赋值子句，用它可以将查询结果赋值到一个表中，这个子句的形式是：

```
INTO <表名>
```

它一般直接放在 SELECT 子句后。

例 7.19　将学生的学号与姓名保存到表 S_1 中。

```
SELECT    sno,sn
INTO    S₁
FROM    S ;
```

7.4.4　SQL 分层结构查询

SQL 是分层结构的，即在 SELECT 语句的 WHERE 子句中可以嵌套使用 SELECT 语句。

目前常用的嵌套关系是 IN 嵌套。IN 是一种谓词，它表示元素与集合间的属于关系，由于 IN 中必须出现集合，而 SELECT 语句的结果为元组集合，因此在 IN 的使用中允许出现 SELECT 语句，这样就出现了 SELECT 语句的嵌套使用。

例 7.20　查询修读课程号为 c_1 的所有学生姓名。

```
SELECT    S·sn
FROM    S
WHERE    S·sno IN
            (SELECT    SC·sno
            FROM    SC
            WHERE    SC·cno = 'c₁')
```

在此例子中 WHERE 子句具有 x∈S 的形式，其中 S·sno 为元素，IN 为“属于”（∈），而嵌套
ECT 语句：

·sno

·cno = 'c₁'

为集合，它称为一个子查询。

这个嵌套可以用图 7-18 表示。

例 7.21　查询所有成绩都不及格的学生姓名。

```
SELECT   sn
FROM  S
WHERE   sno NOT IN
                    (SELECT sno
               FROM SC
                   WHERE g > =60
```

通过 WHERE 子句中的 IN 可以实现嵌套，这种嵌套可以有多重，下面的例子是三重嵌套，如图 7-19 所示的嵌套形式。

例 7.22　查询修读课程名为 Java 的所有学生姓名。

```
SELECT sn
FROM S
WHERE sno IN
                (SELECT sno
                FROM SC
                WHERE cno IN
                            (SELECT cno
                            FROM C
                            WHERE c = 'Java '));
```

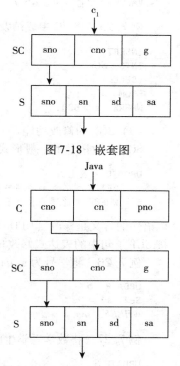

图 7-18　嵌套图

图 7-19　三重嵌套图

7.4.5　SQL 的更新语句

SQL 的更新功能包括删除、插入及修改三种操作。

（1）SQL 的删除功能

SQL 删除语句的一般形式为：

```
DELETE
FROM <基表名>
WHERE <逻辑条件>;
```

其中 DELETE 指明该语句为删除语句，FROM 与 WHERE 的含义与 SELECT 语句中相同。

例 7.23　删除学生 WANG 的记录。

```
DELETE
FROM  S
WHERE   sn = 'WANG ';
```

（2）SQL 的插入功能

SQL 插入语句的一般形式为：

```
INSERT
INTO <表名>[<列名>[, <列名>]…]
VALUES (<常量>[<常量>]…);
```

该语句的含义是执行一个插入操作，将 VALUES 给出的值插入 INTO 所指定的表中。

插入语句还可以将某个查询结果插入指定表中，其形式为：

```
INSERT
INTO <表名>[<列名>[, <列名>]…]
<子查询语句>;
```

例 7.24　插入一个选课记录 $(s_{10}, c_{15}, 5)$。

```
INSERT
INTO  SC
VALUES ('s₁₀','c₁₅',5 )
```

例 7.25 将 SC 中成绩及格的记录插入到 SCI 中。

```
INSERT
INTO  SC₁
(SELECT *
FROM  SC
WHERE  g >60);
```

（3）SQL 的修改功能

SQL 修改语句的一般形式为：

```
UPDATE <表名>
    SET <列名> = 表达式[,<列名> = 表达式]…
    WHERE <逻辑条件>;
```

该语句的含义是修改（UPDATE）指定基表中满足（WHERE）逻辑条件的元组，并把这些元组按 SET 子句中的表达式修改相应列上的值。

例 7.26 将学号为 s_{16} 的学生的系别改为 cs。

```
UPDATE  S
SET  sd = 'cs '
WHERE  sno = 's₁₆';
```

例 7.27 将数学系学生的年龄均加 1。

```
UPDATE S
SET sa = sa +1
WHERE sd = 'ma ';
```

7.4.6 SQL 的统计、计算及分类

可在 SQL 的查询语句中插入计算、统计、分类的功能以增强数据查询能力。

（1）统计功能

SQL 的查询中可以插入一些常用统计功能，它们能对集合中的元素进行下列计算：

1）COUNT：集合元素个数统计。

2）SUM：集合元素的和（仅当元素为数值型）。

3）AVG：集合元素平均值（仅当元素为数值型）。

4）MAX：集合中最大元素（仅当元素为数值型）。

5）MIN：集合中最小元素（仅当元素为数值型）。

以上五个函数叫总计函数（aggregate function），这种函数是以集合为其变域，以数值为其值域，可用图 7-20 表示。

例 7.28 给出全体学生数。

```
SELECT  COUNT (*)
FROM  S;
```

图 7-20 总计函数的功能

例 7.29 给出学生 s_1 修读的课程数。

```
SELECT  COUNT(*)
FROM  SC
WHERE  sno = 's₁';
```

例7.30 给出学生 s_7 所修读课程的平均成绩。

```
SELECT   AVG(g)
FROM  SC
WHERE   sno = 's₇';
```

（2）计算功能

SQL 查询中可以插入简单的算术表达式（如四则运算）功能，下面举几个例子说明。

例7.31 给出修读课程为 c_7 的所有学生的学分级（即学分数 $*3$）。

```
SELECT  sno,cno,g * 3
    FROM  S
    WHERE   cno = 'c₇ ';
```

例7.32 给出计算机系下一年度学生的年龄。

```
SELECT  sn,sa + 1
FROM  S
WHERE   sd = 'cs ';
```

（3）分类功能

SQL 语句中允许增加两个子句。

```
GROUP BY
HAVING
```

这两个子句可以对 SELECT 语句所得到的集合元组分组（用 GROUP BY 子句），并可设置逻辑条件（用 HAVING 子句），下面举几个例子说明。

例7.33 给出每个学生的平均成绩。

```
SELECT  sno ,AVG(g )
FROM  SC
GROUP BY  sno ;
```

例7.34 给出每个学生修读课程的门数。

```
SELECT  sno , COUNT(cno )
FROM  SC
GROUP BY  sno ;
```

例7.35 给出所有超过五个学生所修读课程的学生数。

```
SELECT   cno , COUNT(sno )
FROM  SC
GROUP BY  cno
HAVING COUNT( * ) > 5 ;
```

例7.36 按总平均值降序给出所有课程都及格但不包括 c_8 的所有学生总平均成绩，并存入新表 SAVG 中。

```
SELECT  sno ,AVG(g )
INTO  SAVG
FROM  SC
WHERE   cno! = 'c₈ '
GROUP BY  sno
HAVING   MIN(g ) > =60
ORDER BY AVG(g )desc ;
```

7.4.7 SQL 的视图语句

SQL 中有关视图的语句有"创建视图"与"删除视图"语句,对视图查询则与对基表查询一样,而视图的更新操作则较为复杂与困难,在本书中不予介绍。

(1) 视图定义

SQL 的视图可用创建视图语句定义,其一般形式如下:

```
CREATE VIEW   <视图名>( [<列名>[,<列名>]…])
AS <SELECT 语句>
                [WITH CHECK OPTION];
```

其中 WITH CHECK OPTION 子句是可选的,它表示对视图作增加、删除、修改操作时要保证增加、删除、修改的行要满足视图定义中的逻辑条件。

例 7.37 定义一个计算机系学生的视图。

```
CREATE VIEW CS－S(SNO , SN , SD , SA)
                     AS  (SELECT *
                     FROM S
                     WHERE sd = 'cs ');
```

例 7.38 定义学生姓名和他修读的课程名及其成绩的视图。

```
CREATE VIEW S－C－G(SN,CN,G)
AS(SELECT   S·sn,C·cn,SC·g
FROM   S,SC,C
WHERE   S·sno = SC·sno AND SC·cno = C·cno;)
```

例 7.39 定义学生姓名及其平均成绩的视图。

```
CREATE VIEW S－G(SN,AVG)
AS(SELECT   sn , AVG(g )
   FROM   S,SC
   WHERE   S·sno = SC·sno
GROUP BY   sno );
```

SQL 的视图可以用取消视图语句将其删除,其形式如下:

```
DROP VIEW <视图名>;
```

例 7.40 删除已建立的视图 S—G。

```
DROP VIEW S—G;
```

视图的取消表示不仅取消该视图而且还包括由该视图所导出的其他视图。

(2) 视图查询

对视图可以进行查询。一般在创建视图后可像基表一样对视图进行查询。

例 7.41 用已定义视图 CS—S 进行查询,查询计算机系中年龄大于 20 岁的学生。

```
SELECT  *
FROM   CS—S
WHERE   sa >20;
```

在实际操作中需将此查询转换成为对基表的查询,即用视图 CS—S 的定义将此查询转换成为:

```
SELECT  *
FROM   S
WHERE   sd = 'cs ' AND sa >20;
```

7.4.8　SQL 的数据控制语句

7.4.8.1　数据控制概述

SQL 的数据控制功能有如下几个方面：

（1）安全性控制

在 SQL 中一般能完成基本的安全功能，包括身份标识与鉴别以及自主访问控制（即授权）功能。

（2）完整性控制

在完整性规则的三大内容中，实体完整性及参照完整性一般均由系统内自动完成，而用户自定义完整性则需由 SQL 语句确定。

在 SQL 语句中可以设置各种完整性约束，包括域约束、表约束以及断言等。

（3）事务功能

在 SQL 中能完成事务处理的全部控制功能，包括置事务语句、事务提交语句及事务回滚语句。

（4）并发控制

并发控制功能一般由事务功能完成，无专用 SQL 语句。

（5）故障恢复

在故障恢复中，一般通过系统中拷贝及日志等服务性程序完成，无专用 SQL 语句。

7.4.8.2　SQL 的安全性控制语句

在 SQL 中提供了基本的数据库安全支持，它们是口令及自主访问控制功能。该功能中包括了操作、数据域与用户三部分：

1）操作：SQL 提供了六种操作权限。

- SELECT 权：即查询权。
- INSERT 权：即插入权。
- DELETE 权：即删除权。
- UPDATE 权：即修改权。
- REFERENCE 权：即定义新表时允许使用它表的键作为其外键。
- USAGE 权：允许用户使用已定义的属性。

2）数据域：数据域是用户访问的数据对象的粒度，SQL 包含三种数据域。

- 表：即以表作为访问对象。
- 视图：即以视图作为访问对象。
- 列：即以表中列作为访问对象。

3）用户：即数据库中所登录的用户。

（1）授权语句

SQL 提供了授权语句，它的功能是将指定数据域的指定操作授予指定的用户，其语句形式如下：

```
GRANT < 操作表 > ON < 数据域 > TO < 用户名表 > [WITH GRANT OPTION]
```

其中 WITH GRANT OPTION 表示获得权限的用户还能获得传递权限，即能将获得的权限传授给其他用户。

例 7.42　GRANT *SELECT, UPDATE* ON *S* TO *XU LIN WITH GRANT OPTION*；

表示将表 S 上的查询与修改权授予用户徐林（XU LIN），同时也表示用户徐林可以将此权限传授给其他用户。

（2）回收语句

用户 A 将某权限授予用户 B，则用户 A 也可以在它认为必要时将权限从 B 中收回，收回权限的语句称为回收语句，其具体形式如下：

REVOKE < 操作表 > ON < 数据域 > FROM < 用户名表 > [RESTRICT/CASCADE]；

语句中带有 CASCADE 表示回收权限时要引起连锁回收，而 RESTRICT 则表示不存在连锁回收时才能回收权限，否则拒绝回收。

例 7.43　REVOKE *SELECT* ，*UPDATE* ON *S* FROM *XU LIN CASCADE* ；

表示从用户徐林中收回表 S 上的查询与修改权，并且是连锁收回。

（3）SQL 还提供了角色功能

角色是一组固定的操作权限，之所以引入角色，其目的是为简化操作权限管理。常用角色有 3 种，它们是 CONNECT、RESOURCE 和 DBA，其中每个角色拥有一定的操作权限。

1）CONNECT 权限

该权限是用户的最基本权限，它又称 public，每个登录用户至少拥有 CONNECT 权限，CONNECT 权限包括如下内容：

- 可以查询或更新数据库中的数据。
- 可以创建视图或定义表的别名。

2）RESOURCE 权限

该权限是建立在 CONNECT 基础上的一种权限，它除拥有 CONNECT 的操作权限外，还具有创建表及表上索引以及在该表上所有操作的权限和对该表所有操作作授权与回收的权限。

3）DBA 权限

DBA 拥有最高操作权限，它除拥有 CONNECT 与 RESOURCE 权限外，能对所有表的数据进行操纵，并具有控制权限与数据库管理权限，它又称 SYSTEM。

除了这三种角色外，SQL 还可以定义一些其他的角色。

DBA 通过角色授权语句将用户及相应角色登录，此语句形式如下：

GRANT < 角色名 > TO < 用户名表 > BY < 口令表 >

此语句执行后，相应的用户名及其角色均进入数据库中的数据字典，此后相应用户即拥有其指定的角色。此外，通过此语句还可以赋予用户相应的口令。

同样，DBA 可用 REVOKE 语句取消用户的角色，此语句形式如下：

REVOKE〈角色名〉FROM〈用户名〉；

例 7.44　GRANT *CONNECT* TO *XU LIN* BY *TIGER* ；

此语句表示将 CONNECT 权授予用户徐林。

例 7.45　REVOKE *CONNECT* FROM *XU LIN*；

此语句表示从用户徐林处收回 CONNECT 权限。

7.4.8.3　SQL 完整性控制语句

SQL 完整性控制语句一般用于用户自定义的完整性约束设置，它包括如下内容。

（1）域约束

可以约束数据库中数据域的范围与条件，该约束可用多种方法放在创建表语句中列定义的后面。

1）CHECK 短句

CHECK : < 约束条件 > ；

其中约束条件为一个逻辑表达式，域约束往往定义在 SQL 中创建表语句中列定义的后面。

2）默认值短句

在域约束中还可以定义默认值 DEFAULT 如下：

DEFAULT ＜常量表达式＞；

默认值表示对应列中如为空则选用＜常量表达式＞中的数据。该约束也定义在列后面。

3）列值唯一

可在列定义后给出 UNIQUE 以表明该列取值唯一。

4）不允许取空值

可在列定义后给出 NOT NULL 以表明该列值为非空。

（2）表约束

可以约束表的范围与条件，它包括主键定义、外键定义及检查约束。

1）主键定义：可用 PRIMARY KEY ＜列名序列＞，表示表中的主键，它们一般定义在创建表语句的后面。

2）外键定义：可用下面的形式表示外键定义：

```
FOREIGN KEY ＜列名序列＞
REFERENCE ＜参照表＞ ＜列名序列＞
[ON DELETE ＜参照动作＞]
[ON UPDATE ＜参照动作＞];
```

其中第一个＜列名序列＞是外键，而第二个＜列名序列＞则是参照表中的主键，而参照动作有 NO ACTION（默认值）、CASCADE、RESTRICT、SET NULL 及 SET DEFAULT，分别表示无动作、动作受牵连、动作受限、置空及置默认值等，其中动作受牵连表示在删除（或修改）元组时相应表中的相关元组一起删除（或修改），而动作受限则表示在删除（或修改）时仅限于指定的表的元组。它们一般也定义在创建基表语句的后面。

3）检查约束：用于对表内的属性间设置语义约束，所使用的语句形式如下：

```
CHECK ＜约束条件＞
```

它一般也定义在创建表的语句中。

例 7.46　定义学生数据库中 student 的主键。

```
CREATE TABLE student
(sno      CHAR(5),
sname     VARCHAR (20),
sage      SMALLINT,
PRIMARY KEY (sno ));
```

此例中用创建表语句定义 student，在最后由 PRIMARYKEY(sno) 确定主键为 sno。

例 7.47　定义学生数据库中 SC 的主键与外键。

```
CREATE TABLE SC
(sno   CHAR (5), NOT NULL
cno   CHAR (4), NOT NULL
g    SMALLINT,
PRIMARY KEY (sno,cno ),
FOREIGN KEY (sno ) REFERENCES S(sno)ON DELETE CASCADE );
```

在此例中用创建表语句定义 SC，在所定义的列 sno 及 cno 中设置域约束：NOT NULL，表示 sno 及 cno 均为非空。在定义最后确定有关表的约束，其中：

1）PRIMARY KEY(sno, cno)：确定主键为（sno, cno）。

2）FOREIGN KEY(sno)：确定外键为 sno。

3）REFERENCES DEPT S(sno)：确定其外键所对应的另一表为 S，而所对应的主键为 sno。

4）ON DELETE CASCADE：表示当要删除 DEPT 表中某一元组时，系统也要检查 SC 表，若找到相应元组则将它们也随之删除。

从域约束及表约束中可以看出，完整性控制语句往往附加于创建表语句中，而只有断言语句是独立的。根据这个思想，一个完整的创建表语句需要包括表定义及完整性约束定义两个部分。

下面的例子给出了学生数据库中三个表 S、SC 及 C 的完整定义。

例 7.48 学生数据库 S，SC 及 C 的完整定义可给出如下。

```
CREATE S
(sno CHAR(5),NOT NULL ,
sn VARCHAR(20),
sd CHAR(2),
sa SMALLINT) CHECK sa < 50 AND sa > = 0,
PRIMARY KEY (sno))

CREATE C
(cno CHAR(4) NOT NULL ,
cn VARCHAR(30),
psno CHAR(4),
PRIMARY KEY(cno ));

CREATE SC
(sno CHAR(5) NOT NULL ,
cno CHAR(4) NOT NULL ,
g SMALLINT ,
PRIMARY KEY(sno ,cno ),
FOREIGN KEY(sno ) REFERENCES S(sno),
FOREIGN KEY(cno )REFERENCES C(cno ),
CHECK g > = 1 AND g < 5 );
```

5）断言：当完整性约束涉及多个表（包括一个表）时，此时可用断言来建立多个表间列的约束条件。在 SQL 中，可用创建断言与撤销断言来建立与撤销约束条件，它们是：

```
CREATE ASSERTION < 断言名 > CHECK < 约束条件 > ;
DROP ASSERTION < 断言名 > ;
```

其中约束条件可以是谓词及相关的布尔表达式。

例 7.49 建立三个完整性约束的断言。

```
CREATE ASSERTION student-constraint
    CHECK (sno BETWEEN '90000 'AND '99999 '),
    CHECK(sn is NOT NULL),
    CHECK((sage < 29 ) OR (sd = 'math 'AND sage≤35 ));
```

在此例中是建立了三个完整性约束条件：

1）学号必须在 90000 ~ 99999 之间。

2）学生姓名不能为空值。

3）学生年龄必须小于 29 岁，但数学系学生可放宽至 35 岁。

7.4.8.4 有关事务的 SQL 语句

一个应用由若干个事务组成，事务一般嵌入在应用中，在 SQL 中应用所嵌入的事务由三个语句组成，它们是一个置事务语句与两个事务结束语句。

（1）置事务语句 SET TRANSACTION

此语句表示事务从此句开始执行，此语句也是事务回滚的标志点。在大多数情况下，可以不用此语句，对每个事务结束后的数据库的操作都包含着一个新事务的开始。

（2）事务提交语句 COMMIT

当前事务正常结束，用此语句通知系统，此时系统将所有磁盘缓冲区中的数据写入磁盘内。在不用"置事务"语句时，同时表示开始一个新的事务。

（3）事务回滚语句 ROLLBACK

当前事务非正常结束，用此语句通知系统，此时系统将事务回滚至事务开始处并重新开始执行。

*7.5　主流数据库产品介绍

当前数据库的主流产品均是关系数据库产品，按其规模大致可分为大型、小型及桌面式三种，下面简单介绍这三种数据库的代表性产品，它们分别是 Oracle、SQL Server、VFP 及 Access。

7.5.1　大型数据库产品 Oracle

Oracle 公司成立于 1977 年是一家专营数据库产品的公司，Oracle 数据库产品目前流行的版本是 Oracle v9i 及 v10g，其中 v9i 是 Oracle 的因特网版本，而 v10g 则是 Oracle 的网格版本。Oracle 数据库管理系统是一种大型的 DBMS，其核心功能有完备的数据定义、数据操纵、数据控制及数据交换等。

Oracle 还具有数据交换扩充功能，具体如下：

1）人机交互功能。

2）嵌入式功能：它能嵌入于多种语言如 C、C++、Java 等。

3）自含式功能：它有自含式语言 PL/SQL。

4）调用层接口功能：它有 ODBC、JDBC 等接口，能将 C、C++、Java 等与数据库相连，并在 C/S 结构下运行。

5）Web 功能：它能与 ASP 等接口，并最终与 XML 交互以实现 Web 功能并可在 B/S 结构下运行。

6）XML 数据库：它与 XML 结合构成 XML 数据库。

此外它还有较强的服务功能，能提供图形、报表、曲线、窗口等多种输入/出服务功能。

Oracle 在数据库采用 SQL 语言，以 SQL'99 为主要依据并有所扩充。

该产品在我国主要用于金融、保险及公安、财务等大型系统中。

7.5.2　小型数据库产品 SQL Server

SQL Server 是微软公司推出的数据库产品。目前流行的版本是 SQL Server 2000 及 2005。它是一种小型的数据库管理系统，其核心功能有数据定义与数据操纵的完备功能，有数据交换与数据控制的基本功能。

SQL Server 还具有一定的数据交换扩展能力：

1）人机交互功能：它具有较强的人机直接交互能力，通过企业管理器与查询分析器的可视化界面可完成人机间的直接数据交换。

2）嵌入式功能：它具有嵌入式功能，其宿主语言为 C，但此种功能目前使用者甚少。

3）自含式功能：它具有自含式功能。其自含式语言称为 T-SQL，可用它过程调用及后台开发。

4）调用层接口功能：它具有调用层接口功能，所提供的 ODBC、ADO、ADO.NET 等接口可以在 C/S 结构下与 C 等主语言接口。

5）Web 功能：它具有一定的 Web 功能，通过 ASP 及 ADO 将 XML 与数据库相结合并在 B/S 结构下运行。

6）XML 数据库：它具有初步的 XML 数据库功能

此外，SQL Server 具有 10 余种管理服务功能，多种函数及过程服务，并有 6 种系统数据库作为数据字典提供服务。

SQL Server 使用 SQL 语言，以 SQL'92 为主并有一定的扩充。

SQL Server 是全球流行的小型数据库产品，它具有如下特点：

1）在微软环境下能与多种软件与工具接口，具有极大的开放性。

2）具有多种使用平台方式，包括单机集中式、C/S 及 B/S 等方式。

3）适合于中、小型应用系统的使用。

7.5.3 桌面式数据库产品 Access 及 VFP

（1）Access

Access 数据库是微软公司 Office 软件包的一个组成部分，目前流行的是 Access 2000，它是一种桌面式的数据库管理系统，适用于小型与微型应用中。

Access 2000 具有数据库中的基本核心功能但并不完备，其数据交换扩充功能主要有两种：

1）人机交互功能：在 Access 中可以通过"向导"等工具实现人机直接交互。

2）自含式功能：在 Access 中主要的操作方式是自含式方式，其自含式语言是 VBA，该语言是一种类似于 VB 的语言并且能与数据库接口。

Access 还具有一定的调用层接口功能及 Web 功能并在 C/S、B/S 结构下运行，但这不是它的主要功能。

此外，Access 还有一种面向对象程序设计功能可用于界面等服务开发。Access 使用 SQL 语言，具有 SQL 的基本功能。

它具有如下特点：

1）Access 是在微软平台下的一种桌面式数据库产品。

2）Access 的适合环境是单机集中方式下的人机交互与后台开发。

3）Access 具有较好的服务功能及界面开发能力。

4）Access 适合于小型、微型的应用开发。

（2）VFP

VFP 是 Visual Foxpro 的简写，它是微软的一种桌面式数据库产品，它使用于小型及微型应用中。目前使用的是 Visual FoxproV8.0。此项产品微软已于近年来停止开发并退出市场。Visual Foxpro 具有数据库的基本核心功能，但并不完备。其数据交换扩充功能主要是两种：

1）人机交互功能：在 Visual Foxpro 中可以通过"项目管理"及"向导"等工具与数据库直接交互以实现人机交互。

2）自含式功能：Visual Foxpro 的主要操作方式是自含式方式，其自含式语言即是 Visual Fox-pro 语言，它是一种类似于 VB 的语言并能与数据库接口，它主要用于后台应用开发。

Visual Foxpro 一般仅应用于单机集中式平台中，对 C/S、B/S 结构方式并不适用，此外，它的开放性能不好，与微软及多数其他公司的软件、工具无法接口与交互，这也是它的另一个不足之处。Visual Foxpro 反映了传统的非网络时代的典型的数据库应用。

Visual Foxpro 提供面向对象程序设计工具可用于界面生成及应用开发，这是它的一个优越之处。Visual Foxpro 使用 SQL 语言，具有 SQL 的基本功能。它具有如下的特点：

1）Visual Foxpro 是微软平台下的一种桌面式数据库产品。

2）Visual Foxpro 适合的环境是单机集中方式下的人机交互与后台开发。

3）Visual Foxpro 具有较好的服务功能及应用开发能力，特别是它的项目管理器集成了多个项目管理与开发工具能使用它开发数据库应用。

4）Visual Foxpro 并不具有 C/S、B/S 结构方式的能力，它与其他软件接口能力差，因此是一个封闭式的数据管理软件。

5）目前实际上在国内市场中已很少见有用 Visual Foxpro 开发的应用产品，但它的简单性及可视化开发能力的优势使它作为一种培训样品以及微型应用产品尚有一定价值。

本章复习指导

本章主要介绍数据库系统，它既是一种系统又是一门学科。本章从学科观点讨论数据库系统。

1. 数据库系统主要讨论重点
- 数据库系统所提供服务的内容是数据
- 数据库系统所工作的内容是数据管理
- 数据库系统所应用的领域是数据处理

2. 基本概念
- 数据
- 数据管理
- 数据处理
- 数据管理内部结构体系——三级模式与两级映射
- 数据库 DB
- 数据库管理系统 DBMS
- 数据库管理员 DBA
- 数据库系统 DBS
- 数据库应用系统 DBAS

3. 数据模型
1）数据模型是数据管理的基本特征的抽象。
2）数据模型内容包含数据结构、定义其上的操作及约束条件。
3）数据模型的三个层次：概念模型、逻辑模型及物理模型。
4）概念模型——E-R 模型。
5）逻辑模型——关系模型。
6）物理模型——三个组织层次。
7）本章重点：E-R 模型——关系模型——关系模型数据库管理系统。

4. 关系模型数据库管理系统功能

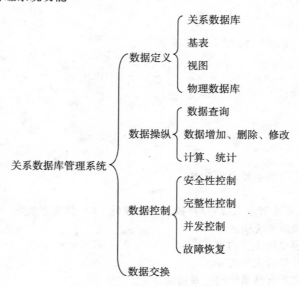

5. SQL 语言

1）SQL 定义语句：

CREATE（DROP）TABLE

CREATE（DROP）VIEW

CREATE（DROP）SCHEMA

CREATE（DROP）INDEX

2）SQL 查询语句：

SELECT

INTO

FROM

WHERE

ORDER BY

GROUP BY

HAVING

3）SQL 更新语句：

INSERT

DELETE

UPDATE

4）SQL 控制语句：

GRAND

REVOKE

CHECK

DEFAULT

UNIQUE

PRIMARY KEY

FOREIGN KEY

CREATE ASSERTION

COMMIT

ROLLBACK

6. 四个主流数据库产品

- ORACLE
- SOLServer
- Access
- VFP

7. 本章内容重点

- 关系模型
- SQL 基本操作

习题 7

7.1　请述数据库系统的主要内容重点。

7.2　请解释下列名词：

1）数据库　2）数据库管理系统　3）数据库管理员　4）数据库系统　5）数据库应用系统

7.3　什么叫数据模型请说明之。

7.4　请说明 E-R 模型的主要内容。

7.5　请说明关系模型的主要内容。

7.6　请给出关系数据管理系统的主要功能。

7.7　请解释基表与视图的含义，并说明其异同。

7.8　什么叫数据控制？请说明其含义。

7.9　请说明事务的含义，并给出它的性质及其活动规律。

7.10　用 SQL 语句定义下面的基表及模式：

今有如下的商品供应数据库：

供应商：S（sno，snme，status，scity）

零件：P（pno，pname，color，wieght）

工程：J（jno，jname，jcity）

供应关系 SPJ：（sno，pno，jno，qty）（注意：qty 表示供应数量）

请用 SQL 定义上面四个基表以及商品供应模式。

7.11　有如图 7-21 所示结构的医院组织。请用 E-R 图表示之及并用 SQL 作模式定义，同时作如下的查询：

1）找出外科病房所有医生姓名。

2）找出管辖 13 号病房的医生姓名。

3）找出管理病员李维德的医生姓名。

4）给出内科病房患食道癌病人总数。

7.12　在本章所定义的学生数据库中用 SQL 作如下操作：

1）查询系别为计算机的学生学号与姓名。

2）查询计算机系所开课程之课程号与课程名。

病房：	编号	名称	所在位置	主任姓名

医生：	编号	姓名	职称	管辖病房号

病人：	编号	姓名	患何种病	病房号

图 7-21　某医院组织结构

3）查询至少修读一门 OS 的学生姓名。

4）查询每个学生已选课程门数和总平均成绩。

5）查询所有课程的成绩都在 80 分以上的学生姓名、学号并按学号顺序排列。

6）删除在 S，SC 中所有 Sno 以 91 开头的元组。

7.13　设有图书管理数据库，其数据库模式如下，请用 E-R 图表示之及并用 SQL 作模式定义：

图书（书号、书名、作者姓名、出版社名称、单价）

作者（姓名、性别、籍贯）

出版社（出版社名称、所在城市名、电话号码）

同时用 SQL 语言表示下述查询：

1）由"科学出版社"出版发行的所有图书书号。

2）由籍贯是"江苏省"的作者所编写的图书书名。

3）图书"软件工程基础"的作者的籍贯及其出版社所在城市名称。

7.14　设有车辆管理数据库的数据模式如下，请用 E-R 图表示之及并用 SQL 作模式定义：

车辆（车号、车牌名、车颜色、生产厂名）

工厂（厂名、厂长姓名、所在城市名）

城市（城市名、人口、市长姓名）

同时用 SQL 语言写出如下查询：

1）查询车牌名为红旗牌轿车的所有车号。

2）查询红旗牌轿车的生产厂家及厂长姓名。

3）查询跃进牌货车的生产厂家及所在城市的市长姓名。

4）查询第一汽车制造厂所生产车辆的颜色。

5）查询武汉生产哪些牌子的车。

7.15　设有一课程设置数据库，其数据模式如下，请用 E-R 图表示之及并用 SQL 作模式定义：

课程 C（课程号 cno、课程名 cname、学分数 score、系别 dept）

学生 S（学号 cno、姓名 name、年龄 age、系别 dept）

课程设置 SEC（编号 secid、课程编号 cno、年 year、学期 sem）

成　绩 GRADE（编号 secid、学号 sno、成绩 g）

其中成绩 G 采用五级记分法，即分为 1，2，3，4，5 五级。

同时用 SQL 作下列查询

1）查询"计算机系"的所有课程。

2）查询"计算机系"在 2003 年开设课程的总数。

3）查询"计算机系"每个学生的学号及总学分成绩并按总学分成绩从高到低顺序输出。

7.16 设有一产品销售数据库，其数据模式如下，请用 E-R 图表示之及并用 SQL 作模式定义：

产品 P（pno、pn、price）

客户 C（cno、cn、ctel、ccity）

产品销售 S（cno、pno、year、month、date、num）

其中 pno、pn、price 分别表示产品编号、产品名及单价；cno、cn、ctel、ccity 分别表示客户编号、客户名、电话及所在城市；而 year、month、date、num 则分别表示销售年、月、日及销售数量。

（1）在上面的基表上定义一个产品销售视图 S-V，它包括产品编号 Pno，名称 Pname，购买产品的客户所在城市 City 以及该产品在该城市的销售总数 P-C-total 和销售总金额 P-C-money，请写出该视图定义语句。

（2）请用 SQL 表示下列查询：

1）购买"熊猫电视机"的客户所在的城市名称。

2）"春兰空调"在"南京市"的月销售情况：月份及当月销售总数量。

3）查询每种产品编号、名称及累计销售数量最高的城市名称（提示：可用本题（1）中建立的视图）。

7.17 设有一关系模式如下，请用 E-R 图表示之及并用 SQL 作模式定义：

顾客 Customers（cid，cname，city）

供应商 Agent（aid，aname，acity）

商品 Product（pid，pname，quantity，price）

订单 Orders（oid，month，cid，aid，pid，qty，dollars）

同时用 SQL 作如下查询：

1）查询购买过"P02"号商品的顾客所在的城市（city）以及销售过"P02"号商品的供应商所在城市（acity）。

2）查询仅通过"a03"号供应商来购买商品的顾客编号（cid）。

7.18 在上题中用 SQL 作如下删、改操作：

1）删除顾客号为"C01"的元组。

2）将供应商号为"a07"的 acity 改为武汉。

7.19 在学生数据库中建立计算机系的视图（包括 S，SC，C）。

7.20 在学生数据库中请修改 S 的模式为 S'（Sno，Sname，Ssex，Sdept）。

第 8 章

支撑软件与应用软件

本章主要介绍软件系统中的两大系统——支撑软件系统（简称支撑软件）与应用软件系统（简称应用软件）以及常用的典型应用软件。

8.1　支撑软件

8.1.1　支撑软件的基本概念

支撑软件是近年来发展起来的一类软件系统，在初期它主要用于支撑软件的开发、维护与运行，因此称为支撑软件。随着软件的发展，支撑软件还包括系统间的接口软件，近年来中间件的出现与发展使得支撑软件的地位与作用大为提升，从而形成了有别于系统软件与应用软件的独立的软件系统。

目前支撑软件大致可分为三类。

（1）支撑软件开发、维护与运行的软件

此类软件主要在软件工程中辅助软件的开发，在软件运行中监督、管理软件的正常运行，在出现故障时用于辅助测试、诊断以及辅助修复及恢复正常运行等，此类软件也称为工具软件。

（2）接口软件

由于软件系统日益庞大，在一个系统内往往会出现多个小系统，而它们之间往往需要接口，这就出现了接口软件，如 ODBC 接口、ADO 接口等。此外，还需要作软件与硬件间的接口，如网络接口软件等。

（3）中间件

中间件是系统软件与应用软件之间的接口软件，由于近年来在一个系统中有多个应用软件，它们需要与系统软件间建立一个统一的应用平台，这就是中间件。目前在大型应用软件系统中都需要有中间件支撑。因此中间件已成为支撑软件的主要组成部分。

8.1.2　中间件

中间件（middleware）是一种独立的软件，它分布于系统软件与应用程序之间，用于管理软件资源与实现资源共享。其主要功能如下：

- 支持分布计算，提供跨网络、跨平台的透明服务。
- 提供标准的协议和接口。
- 提供常用的标准服务（如网络通信服务、接口服务及安全服务等）。
- 为构作共享程序模块提供支撑。

目前的中间件有 J2EE、. NET 及 CORBA 三种中间件，下面分别介绍常用的前两种中间件。

8.1.2.1　J2EE

J2EE 是 Sun Micro 公司发布的一种中间件标准，它是 Java 的一种扩充，J2EE（Java2 platform Enterprise Edition）即 Java2 平台企业版。

J2EE 是多层体系结构，它为企业级服务器端应用开发提供了完整的技术，这些技术使得

Java具备了开发和部署可移植的分布式组件应用程序的能力，并且使应用具有可扩充、可重复使用的优势，其核心内容见表8-1。

表 8-1　J2EE 核心内容

内容	简称
Java Message Service：Java 消息服务，允许分布对象之间的异步通信	JMS
Java Mail：Java 邮件，满足平台无关、协议无关方式的邮件发送	Java Mail
Java Interface Definition Language：Java 接口定义语言，可用于实现 Java 与其他语言接口	Java IDL
Remote Method Invocation：远程方法调用——是一种进程间通信与调用的方法	RMI
Java Servlet：Java 感知对象，可以通过 HTTP 的请求/响应与 Web 客户进行交互，通常用来实现表示逻辑	Servlet
Java Server Page：Java 服务页面，主要用于动态页面生成，实际上也是 Servlet，由 HTML 或 XML 和部分 Java 代码交织编写，也可实现对业务层的直接访问	JSP
Java API for XML Parsing：解析 XML 的 Java 应用接口	JAXP
Enterprise Java Beans：企业级 Java Bean，用于封装业务逻辑的软件组件，通过 EJB 容器来管理 EJB 的生命周期和事务	EJB
Java Database Connerctivity Extension：Java 数据库连接扩展，是 Java 访问关系数据库的连接接口	JDBC

J2EE 的多层应用模型是根据功能把应用逻辑分成多个层次，每个层次支持相应的服务。容器是 J2EE 中具有特色的实体，其作用是管理、控制、发布系统应用组件，使得应用开发者从繁重复杂的服务器资源管理配置中得到解脱，而把精力集中到应用逻辑的构造。容器间通过相关的协议进行通信，实现组件间的相互调用，其主要技术目标可以概括为：为企业应用系统提供一个具有高度的可移植性和兼容性的平台，在这个平台上可以方便、快速地建立融合互联网技术与 Web 技术的应用。J2EE 应用具有标准的、基于组件的结构，并有丰富的开发模式可供选择。

使用 J2EE 开发多层企业 Web 应用通常在逻辑上把系统分为五层，即客户层、Web 层（表示层）、业务层、集成层和资源层，其结构如图 8-1 所示。

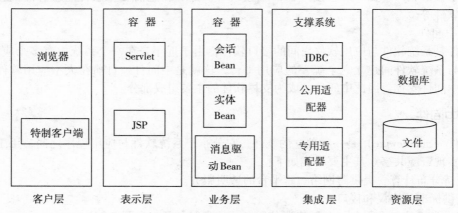

图 8-1　J2EE 多层应用件体系结构

注：图中公用适配器与专用适配器即应用与数据库间的公用与专用接口。

（1）客户层

在分布式应用中，客户层是系统的客户端。在 J2EE 体系中客户端可以是浏览器，也可以是具有特殊要求的定制客户端，如 Java Applet。采用浏览器方式是一般的 B/S 结构中的瘦客户端，客户端不需要安装任何部件。而采用 Java Applet 一般属于胖客户端，即客户端程序具有部分业务逻辑描述，并提供具有 Java 风格的特制的用户交互界面。

客户端与表示层之间通过 HTTP 交互，使用的语言是 XML。对于使用胖客户端的情况，采用的交互手段还可以包括 RMI、JMS，甚至直接利用 JDBC 与数据库连接，即在胖客户端情况下，可以采用传统的 C/S 结构。

（2）表示层

表示层主要是提供交互界面，即供 Web 页面的生成、发布和管理的界面。一般情况下，利用多层结构开发应用系统，表示层仅仅是与用户交互的界面，并不涉及业务逻辑处理。表示层接受用户的输入，将用户操作请求传递给应用层，等待应用层处理结果，并将结果返回给用户。这相当于在用户和应用逻辑之间起到中介作用。

在 B/S 结构中表示层一般由 Web 服务器承担。

在 J2EE 中，表示层一般采用 JSP、Servlet 实施。Java 服务页面 JSP 是实现动态网页的实现技术。JSP 可支持在 XML 中直接嵌入 Java 代码，这种方式提高了页面设计的灵活性，同时对页面上的交互处理带来方便。Servlet 是提供 Web 服务的组件，需要在 Java 虚拟机中执行，Servlet 是提供更为丰富的 Web 服务的有效技术。

表示层与应用层之间的通信主要借助 JMS 和 RMI 进行。

（3）业务层

业务层主要完成业务逻辑的执行以及与数据库进行交互的应用部分。在 J2EE 中，提供应用层业务逻辑支持和数据库操作支持的组件主要是 EJB（Enterprise JavaBeans）。EJB 是将程序员从繁重复杂的分布式对象和组件构造中解脱出来，而把精力全部投入到业务逻辑本身。因此，EJB 的推出使得 Java 在企业及应用中得到更为广泛的重视。

（4）集成层

集成层主要完成应用层的业务逻辑与各类数据库资源应用系统之间的集成。实现数据的共享和应用功能的共享。与数据库的连接和操作主要是 EJB 利用 JDBC 实现。

（5）资源层

资源层主要是指信息资源，包括各类数据库、文件等；这些资源可能是系统中新建的资源，也可能是企业信息化过程中遗留下来的系统资源。

从前面的讨论可以发现，J2EE 提供了丰富的分布式应用开发技术，可以根据应用的特点，灵活选择两层、三层、多层等分布式应用体系。

J2EE 是一种中间件标准而不是产品，目前，根据该标准而开发的产品有 BEA 公司的 Weblogic 与 IBM 公司的 Websphare 等。

8.1.2.2 .NET

Microsoft .NET 是 Microsoft 公司于 2000 年 6 月推出的一整套面向 Web 服务的体系。.NET 包括企业内部、企业之间各类应用的集成统一，也包括个性化集成服务。.NET 内容覆盖了不同设备的接入、Web 服务应用的开发、部署、发布与服务等。

（1）.NET 框架概述

.NET 的核心部分称为 .NET 框架。.NET 框架是支撑 Web 服务应用的环境。可用于生成、部署和运行 XML Web 服务，也可支持传统应用模式的系统开发建设。.NET 框架是在Microsoft.NET 平台上进行开发的基础，.NET 框架为 XML Web 服务和其他应用程序提供了一个开发环境并全面支持 XML。

.NET 框架的目标是：

1）提供一个一致的面向对象的编程环境，而无论对象代码是在本地存储和执行，还是在互联网上分布存储而在本地执行或者是在远程执行的。

2）提供一个将软件部署和版本控制冲突最小化的代码执行环境。

3）提供一个保证代码安全执行的代码执行环境。

4）提供一个可消除脚本环境或解释环境的性能问题的代码执行环境。

5）按照工业标准生成所有通信，以确保基于 . NET 框架的代码可与任何其他代码集成。

. NET 框架体系结构是由以下部件组成：通用语言运行时 CLR（Common Language Runtime）、框架类库（framework class library）、ASP. NET、ADO. NET、VB. NET 、C#、Web Service、远程处理等。. NET 框架结构如图 8-2 所示。

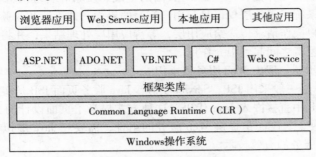

图 8-2　NET 框架结构

（2）. NET 框架组成

1）通用语言运行时 CLR。CLR 处于 . NET 框架的最底层，它是一种将底层平台差异进行抽象的运行期基础设施，它提供了一套公用语言的统一规范。CLR 支持所有能用公用中间语言（Common Intermediate Language，CIL）表示的编程语言。从而为多种语言提供了一种统一的运行环境，使得组件和 XML Web Service 的综合使用不再受编程语言的限制。在 . NET 中提供四种语言，它们能转换成公用中间语言 CIL，这四种语言分别是 ASP. NET、ADO. NET、VB. NET 以及 C#。

2）框架类库。. NET 提供类库，该类库具有丰富的内容，它可为框架内的所有客户服务。

3）ADO. NET 是基于 . NET 的数据访问接口。它能用于访问关系数据库系统，如 SQL Server 2000 等。

4）ASP. NET 是 . NET 中的网络编程语言，它使得建造、运行和发布网络应用非常方便。ASP. NET 建立在 . NET 框架类的基础之上，它提供了由控件和基础部分组成的"Web 程序模板"，大大简化了 Web 程序和 XML Web 服务的开发。

5）C#。. NET 提供一种类似 Java 的语言称为 C#，C#可提供编程服务。

6）此外，. NET 还提供 VB. NET、C++ 、Visual Studio. NET 以及 Web Service 等工具。

8.2　应用软件

8.2.1　概述

应用软件是直接面向应用，专门用于解决各类应用问题的软件，此类软件目前是计算机软件中最大量使用的软件，它涉及面广、量大，是计算机应用的重要体现。

由于应用软件适用范围广、使用领域宽，它可分为通用应用软件与定制应用软件两类。

（1）通用应用软件

通用应用软件是可以在多个行业与部门共同使用的软件。如文字处理软件、排版软件、多媒体软件、绘图软件、电子表格软件、演示软件等。

（2）定制应用软件

定制应用软件是根据不同应用部门的要求而专门设计、开发的软件，它一般仅适用于特殊需要而不具备通用性，如指定高校的教学管理系统、特定商场的销售系统等。在近年来还出现具有一定通用价值的应用软件而对特定单位的特定应用需求可对它们作进一步的二次开发，从而形成的软件也称为定制应用软件，如 ERP 中的 SAP 软件等即属此类软件。

8.2.2 应用软件组成

应用软件一般由三个部分（五个内容）组成：

（1）应用软件主体

应用软件需有相应的应用程序，它刻画该软件的业务逻辑需求，此外，还需有相应的数据资源以支撑程序的运行，这两者的结合构成了应用软件的主体。

（2）基础软件

为支撑应用软件主体，需要有相应的系统软件（如操作系统、语言处理系统、数据库系统等）、支撑软件等软件作为基础软件，对应用软件起基础性支撑作用。

（3）界面

应用软件是直接面向用户的，因此它必须与用户有一个直接的接口，这种接口称为界面。界面是应用软件必不可少的部分。

应用软件的这三个部分（五个内容）构成了应用软件的一个整体，它可以用下面的图 8-3 表示。

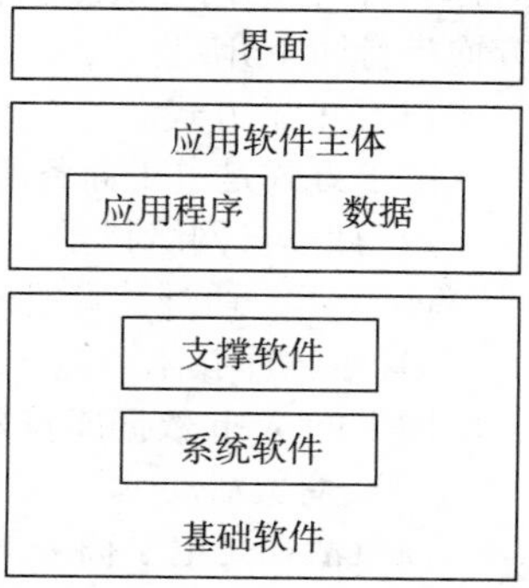

8.2.3 典型应用软件介绍

由于计算机技术的不断发展，应用软件（主要指的是定制型）已逐渐渗透到各个方面与各个领域，在本节中我们首先对目前常用的应用软件进行分类，在此基础上介绍几个具有典型性的应用软件。

8.2.3.1 应用软件分类

图 8-3 应用软件组成示意图

目前流行的应用软件按其功能与性质大致可分为事务处理型（business processing）应用与分析处理型（analytical processing）应用两种。下面对这两种应用进行简单介绍。

（1）事务处理型应用

事务处理型应用又称联机事务处理 OLTP（Online Transaction Processing），它是计算机软件中的传统应用，其特点是以数据处理为主。此类应用数据结构简单、操作少，目前流行的计算机信息系统（Information System）即属此类应用。

在具体软件应用系统中常用的如下几个。

1）管理信息系统（Management Information System，MIS）：是管理领域的应用软件系统。

2）情报检索系统（Information Retrieve System，IRS）：是图书、情报资料领域的应用软件系统。

3）办公自动化系统（Office Automatic，OA）：是办公领域的应用软件系统。

4）客户关系管理（Customar Relational Management，CRM）：是市场领域的应用软件系统。

5）电子商务（Electronic Commerce，EC）：是商务领域的应用软件系统。

6）电子政务（Electronic Goverment，EG）：是政务领域的应用软件系统。

7）企业资源规划（Enterprice Resource Planning，ERP）：是在企业生产领域中的应用软件系统。

8）嵌入式系统（Embedded System，ES）：是在控制领域中的应用软件系统。

在本章中我们将选取其中的电子商务、客户关系管理、企业资源规划以及嵌入式系统四个具体应用进行详细介绍。

（2）分析处理型应用

分析处理型应用又称联机分析处理（Online Analytical Processing，OLAP），它是计算机软件中的最新应用，其特点是以智能型的演绎与归纳推理为主。

在具体应用软件系统中常用的如下几个：

1）数据挖掘（Data Mining，DM）：是数据归纳领域的应用软件系统。

2）专家系统（Decision Support System，ESS）：是数据演绎领域的应用软件系统。

3）决策支持系统（Decision Support System，DSS）：是领导层决策领域的应用软件系统。

4）业务智能（Business Intelligence，BI）：是一种新的决策领域的应用软件系统。

在本章中我们将选取其中的决策支持系统进行详细介绍。

除了这两种应用外，还有一种非事务处理（non-business process）的应用软件系统，它介于事务处理型应用与分析处理型应用之间，如地理信息系统 GIS、多媒体应用系统及工程应用系统等，对于这些应用软件这里就不进行详细介绍了。

8.2.3.2　电子商务介绍

电子商务是贸易过程中各阶段交易活动的电子化。电子商务源于英文的 Electronic Commerce，简称 EC，它的内容实际上包括两个方面，一个是电子方式，另一个是商贸活动，下面对这两个方面进行简单介绍。

（1）电子方式

电子方式是电子商务所采用的手段，所谓电子方式主要包括下面一些内容。

1）计算机网络技术。电子商务中广泛采用计算机网络技术，特别是近年来采用互联网技术及 Web 技术，通过计算机网络买卖双方可以在网上建立联系并进行操作。

2）数据库技术。电子商务中需要进行大量的数据处理，因此需使用数据库技术特别是基于互联网上的 Web 数据库技术以利于进行数据的集成与共享。

（2）商贸活动

商贸活动是电子商务的目标，商贸活动可以有两种含义：一种是狭义的商贸活动，它的内容仅限于商品的买卖活动；另一种是广义的商贸活动，它包括从广告宣传、资料搜索、业务洽谈到商品订购，买卖交易最后到商品调配、客户服务等一系列与商品交易有关的活动。

在目前的电子商务中常用的有两种商贸活动模式。

1）B2C 模式。这是一种直接面向客户的商贸活动，即所谓的零售商业模式，在此模式中所建立的是零售商与多个客户间的直接商业活动关系，如图 8-4 所示。

2）B2B 模式。这是一种企业间以批发为主的商贸活动，即所谓的批发或订单式商业模式，在此模式中所建立的是供应商与采购商间的商业活动关系，如图 8-5 所示。

（3）电子商务的再解释

经过上面的介绍，我们可以看出所谓电子商务即是以网络技术与数据库技术为代表的现代计算机技术应用于商贸领域实现以 B2C 或 B2B 为主要模式的商贸活动。

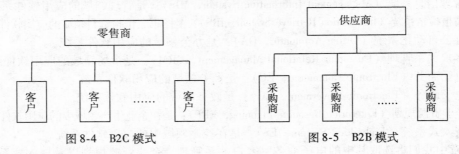

图 8-4　B2C 模式　　　　　　　　　　　图 8-5　B2B 模式

8.2.3.3　客户关系管理介绍

客户关系管理（Custmer Relationship Management，CRM）于 1999 年由美国 Gartner Group 公司首先提出，CRM 是一个以客户为中心的信息系统，它可为企业提供全方位的管理视角，赋予企业完善的客户交流能力，最大化客户收益率。

CRM 一经提出立即受到广泛响应，并迅速发展到全球。在我国，21 世纪初已开始有关于 CRM 的介绍，相关的系统（包括国外引进以及国内开发）也陆续出现，有关应用也逐渐推广。

CRM 出现至今，其发展速度很快、生命力很强，是其他领域所少见的，究其原因主要有以下几个方面。

（1）新的思想与理念

CRM 不仅是一种计算机的信息系统，它更主要的是反映企业的一种新的思想与理念。

在企业中市场是决定一切的，有了市场企业就能生存、发展，特别是在市场经济充分发展的今天，市场竞争加剧，企业为获取市场中的一份蛋糕，要进行殊死的拼搏，这样就使客户成了企业争取的对象，这样，研究企业与客户间的关系就成为企业日常工作，而客户关系管理 CRM 的出现正是适应企业发展的这种趋势的要求，为企业研究客户提供了有力的工具。

（2）新的技术

以计算机技术为主的新技术应用已在企业生产、管理等领域得到了充分的发展，但是在与客户相关的领域则相对滞后，目前，很多企业在客户关系领域中尚停留在手工或半自动化阶段，它们在期盼着新技术的应用，而 CRM 中充分应用了当代计算机技术、网络技术及数据库技术，为企业与客户的联系建立了新的手段与工具，为企业的市场竞争能力提供了新的支撑。

根据以上的三种理解，CRM 具有如下三个特性：

1）CRM 的内容包括企业营销、销售与服务等，应以客户为中心并以建立企业与客户良好关系为目的。

2）CRM 的构架应是集成客户相关信息，提供服务与及时分析为一体的集成系统。

3）CRM 是以数据库技术与网络技术为核心的计算机信息系统，它具有当代最新的技术的支撑。

8.2.3.4 企业资源规划介绍

企业资源规划是目前最为流行的一种企业信息化构作的方式。企业资源规划 ERP（Enterprice Resource Planning）是 20 世纪 90 年代由美国加特纳公司提出的一种企业信息化管理理念，它也是用计算机技术管理现代企业的一种方法，其主要思想是：

1）企业的主要任务是生产产品，而其目标是所生产的产品质量好、成本低及时间短。

2）产品生产是按供应链（supply chain）的方式进行的。企业生产从原料加工成半成品，再进一步加工成产品的过程是一种"流"的过程，而驱动该"流"的是"供应"，这种"供应"包括物料供应、资金供应、信息供应、人力供应等，它们之间一环套一环构成一种"链"的关系。

3）在供应链中起主导作用的是物流、资金流与信息流：

- 物流：企业是生产产品的场所，而产品的生产需要各种不同的物料，从原材料起，包括各种生产工具、零配件、辅助工具、消耗性器材等，在生产的不同阶段需要不同的物料，因此物料供应是整个生产流程的主要供应流。
- 资金流：企业生产过程也是一种不断的资金投入的过程，包括物资采购、人力资源保证、生产场所保证以及生产中的损耗等都需要有资金的不断投入，因此资金供应流是整个生产流程的重要保证。
- 信息流：企业生产过程也是一种不断提供信息的过程，它包括生产计划、产品规格、要求、数量、品种、质量、技术规范、操作要求等，因此信息供应流也构成了整个生产流程中的不可缺少的部分。

除了上面三种流以外，ERP 还包括人力资源流、工作流以及增值流等内容。

ERP 的发展经历了三个不同阶段，其初期阶段（20 世纪 90 年代）称为 MRP，即物料资源规划。它是一个以物流为主的系统，在进入 20 世纪 90 年代中就发展到 MRP Ⅱ，即以物流与资金流为主的系统，最后到 21 世纪初出现了融合多种流的 ERP。ERP 实际上是一种以管理企业为目标的特定应用系统，目前著名的系统有美国的 SAP 等。

8.2.3.5 嵌入式系统

在现代的众多应用系统中，如军事应用系统、工业应用系统及民用系统都需要有一种部件实现对整个系统的控制与管理，这种部件目前是用一种计算机系统实现的，将它嵌入到应用系统中去以实现控制与管理系统的功能，这种计算机系统称为嵌入式系统。

嵌入式系统一般由一个（或多个）计算机及相应设备以及一组软件组成，其主要部分有以下几个。

（1）嵌入式计算机

嵌入式计算机是一种特定的计算机，目前以单片机及单板机为主，它一般嵌入至应用系统（注意：此处的应用系统与前面所提到的计算机应用系统及应用软件系统完全无关）之中，它一般不单独运行，也不暴露在现场操作人员视野之内。此类计算机在功能与外形结构上要能符合应用系统的要求。

（2）嵌入式操作系统

嵌入式操作系统是一种符合嵌入式系统要求的小型、专用操作系统，该操作系统一般要求尺寸小、功能专一且可靠性高、实时性强与外界接口丰富。目前常见的嵌入式操作系统有两类：一类是相对通用的如 Windows CE、嵌入式 Linux、Vxworks 等以及用于移动电话上的 Windows Mobile 及 Symbian 等；另一类是根据应用的具体需求而自行组装、开发的系统。

（3）嵌入式数据库

嵌入式数据库是一种符合嵌入式系统要求的小型、专用数据库系统，该数据库系统一般也要求尺寸小、功能专一且可靠性高、实时性强与外界接口丰富，目前常见的嵌入式数据库系统有 Ultya Light、EXtreme DB 及 SQLite 等。

（4）程序设计语言

在嵌入式系统中常用的程序设计语言是 C++ 与 C，一般不用汇编语言，近年来 Java 也开始流行。所有这些语言都带有嵌入式系统所需的一些特殊成分。

（5）嵌入式支撑软件

在嵌入式系统中有一些支撑软件，如嵌入式中间件、接口软件（嵌入式系统与外界接口及内部接口）以及辅助开发的软件等。

（6）嵌入式应用软件

嵌入式应用软件是完成嵌入式系统功能的主要软件，它是根据应用系统的需求开发完成的，其主要功能是控制、管理以及数据处理等。

嵌入式应用软件所开发的要求是短小、精炼、节省内存，效率高、响应时间快以及可靠性高。这些软件一经开发完成即以固化形式存入嵌入式计算机中。

整个嵌入式系统是由以上六个部分组成的。它们是以层次结构形式所组成的特殊应用软件系统，其具体结构见图 8-6。

嵌入式系统是以嵌入式应用软件为核心的系统，它在整个应用系统中起着骨干与灵魂的作用。

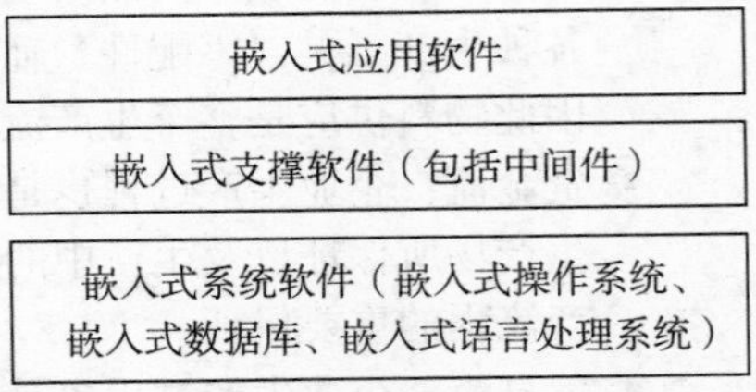

嵌入式应用软件
嵌入式支撑软件（包括中间件）
嵌入式系统软件（嵌入式操作系统、嵌入式数据库、嵌入式语言处理系统）
嵌入式计算机

图 8-6　嵌入式系统结构示意图

8.2.3.6 决策支持系统

决策支持系统（Decision Support System, DSS）是 20 世纪 70 年代发展起来的一种计算机应用，它可以协助企业管理人员进行辅助性决策。

一般而言，决策支持系统由三部分内容组成：

1）数据。数据是决策的基础。大量、有效的数据是 DSS 的重要与基本内容。DSS 中的数据一般存放于相应的数据组织中（如文件、数据库以及将要介绍的数据仓库中）。

2）算法与模型。DSS 中的决策是由相应的算法以及由算法所组成的模型来完成的，模型用数学或逻辑方式表示并用软件实现，这是一种对数据进行分析的模型，因此也称分析模型，用它可模拟决策思维过程。

3）展示。由数据及模型所得到的结果最终以各种不同的形式在计算机中显示（如图示、曲线等），这是 DSS 中的最后一部分，称为结果展示。

传统的 DSS 决策模型在 20 世纪 70 年代末至 80 年代初形成，其典型的表示为如图 8-7 所示的三库结构模型。

在这种三库结构模型中，由数据库存放数据，由方法库存放算法，模型库由若干模型组成，而展示则由若干种计算机的表示形式组成（如表格、图示、图形、曲线等），它接收来自模型中的输出信息将其转换成计算机中和合适的表示形式，并最终输出。

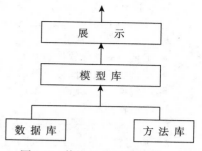

图 8-7 传统的 DSS 决策模

传统的 DSS 决策结构模型到 20 世纪 80 年代中期已趋于成熟与完善，并已涌现出大量有效的应用系统，同时还出现了不少相应的开发工具。

但是，随着应用的不断扩充，初期的传统决策结构模型已逐渐暴露出其不足，主要表现在如下三个方面：

1）对数据的认识不足：传统数据库中的数据无法满足 DSS 中对数据的要求，特别是对分析型数据的要求以及对多数据源的要求。

2）对算法与模型的认识不足：传统的算法以演绎型数学算法为主，其所构成的模型也以数学模型为主，它们已无法满足 DSS 中复杂模型的要求，它们包括演绎型模型、归纳型模型以及各种混合型模型，其中特别是对归纳型模型的要求。

3）对展示的认识不足：传统 DSS 模型的展示能力差，在可视化技术与网络技术快速发展的今天已远远不能适应应用的要求。

到 20 世纪 90 年代初期，DSS 领域出现了重大变革，其标志性的成果是：

1）1990 年美国 W. H. Inmon 提出的数据仓库 DW（Data Warehouse）概念。

2）20 世纪 90 年代中期提出的联机分析处理 OLAP（On-line Analytical Processing）与数据挖掘 DM（Data Mining）概念。

3）20 世纪 90 年代以来网络技术及可视化技术的发展为展示技术提供了新的支撑。

将它们综合在一起，使 DSS 的技术水平提高到一个新的阶段。

到目前为止，DSS 已形成一种新的结构模型，它们由如下几部分组成：

1）以数据仓库为核心的数据支持系统，其特点是以统计、决策型数据为主。

2）以数据挖掘为核心的算法支持系统，其特点是算法中不仅包括演绎型算法，更主要的是包括归纳型算法。此外，还包括以 OLAP 为核心的分析方法。

3）以现代可视化技术与网络技术为核心的展示支持系统，其特点是具有多种形式的展示方法。

4）以数据仓库 DM 与数据挖掘 DW 为核心组成的 DSS 模型。

以上四部分构成了 DSS 的新的结构模型，如图 8-8 所示。

新的 DSS 结构模型具有较为优越的特性：

1）能较好地反映 DSS 对数据的真实要求。

2）能较好地反映 DSS 的更为深刻的建模能力。

3）能较好地反映 DSS 的有效的展示能力。

4）具有多种学科的集成性，它将 DSS 与 OLAP、DW、DM 等新学科集成在一起，构成了一门更具活力的新学科。

5）具有更为广泛的应用性与适用性，它使 DSS 成为当代最具生命力的学科。

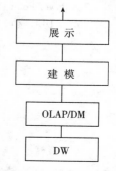

图 8-8 新的 DSS 结构模

本章复习指导

本章介绍软件系统中的两大系统——支撑软件系统与应用软件系统。

1. 支撑软件系统

1）支撑软件系统主要用于支撑软件的开发、维护与运行的软件。

2）支撑软件主要用于：

- 工具——支撑软件的开发、维护与运行
- 接口——软件间接口及软硬件间接口
- 中间件——J2EE、. NET

2. 应用软件系统

1）应用软件系统直接面向应用，专门用于解决应用问题的软件。

2）应用软件系统由三个部分五个内容组成：

- 应用软件主体——应用程序与数据
- 基础软件——系统软件与支撑软件
- 界面

3）典型应用软件：

- 电子商务（EC）
- 客户关系管理（CRM）
- 企业资源规划（ERP）
- 嵌入式系统
- 决策支持系统（DDS）

习题 8

8.1　什么叫支撑软件？请说明。

8.2　什么叫应用软件？请说明。

8.3　支撑软件分哪三类？

8.4　应用软件分哪两类？

8.5　请介绍常用的两种中间件软件。

8.6　请介绍应用软件组成的五个内容。

8.7　请介绍典型的五个应用软件系统。

8.8　请说明支撑软件与应用软件的区别。

8.9　请说明系统软件与支撑软件的区别。

8.10　请说明下面 10 个软件分属何种软件分类（即系统软件、应用软件及支撑软件）。

1）WindowsXP　　　　　2）ADO. Net　　　　　3）Excel

4）沃尔玛全球销售软件　5）Word　　　　　　6）金蝶财务软件

7）Power Point　　　　8）工行储蓄软件　　　9）Web 软件

10）ODBC 接口软件

第四篇

开　发　篇

在计算机软件中，所有软件系统都是通过开发来实现的，因此开发是计算机软件中的实用部分。本篇主要介绍软件系统的开发原理、步骤与组成，并最终以一个实例加以说明。

本篇共由三部分组成，它们是软件工程、应用系统开发以及一个完整的实例，其中"软件工程"给出了软件系统开发原理，而"应用系统开发"则给出了开发的步骤与组成。最后，用一个完整的实例表示，它在给出了开发的例子的同时也是对前面9章内容的具体应用与总结。下面的图给出了本篇三个内容的组成。

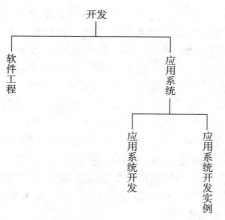

本篇共分两章，分别是软件工程与应用系统开发（应用系统开发实例）。

第9章

软 件 工 程

　　软件工程即用工程化方法开发软件，它的内容包括：软件开发方法、软件开发工具、软件开发过程、软件产品文档与标准、软件质量保证、软件项目管理。在本章中主要介绍软件的结构化开发方法及软件文档等内容。

9.1　软件工程概述

9.1.1　软件危机与软件工程

　　随着计算机的出现与发展，计算机软件在经历了 20 世纪 50 年代到 60 年代的发展后，软件规模越来越大，软件复杂性越来越高，但人们对软件的认识还停留在 50 年代初期的原始、简单的阶段，那时，人们将软件制作看成是个人发挥天才与技能的场所，而软件产品则是一种凭想象随意制作的艺术品。直到 20 世纪 60 年代中期，IBM 公司开发的 IBM - 360 操作系统所出现的灾难性的后果后，人们惊奇地发现，原来软件并不像人们所能任意塑造的产品，必须对软件有一个重新的认识。事情的由来是这样的，IBM 公司自 1963 年到 1966 年共花了三年时间，5000 人年工作量，写了近 100 万行代码编写成了当时规模最大、也最为复杂的软件产品——360/OS，但遗憾的是，此系统一经问世即存有大量错误，在其版本 V1.0 中即有 1000 个错误，在几经修改后，每次的修改版本中总还是发现有 1000 个左右错误，它在改正了原有 1000 个错误的同时又产生了另外 1000 个新的错误，这种永远改之不去的错误使当时的人们大为惊恐，当时该项目的负责人 F. D. Brooks 恐慌地说：“我们正像一只逃亡的野兽陷入泥坑中作垂死的挣扎，越是挣扎，陷得越深，最后无法逃脱灭亡之灾。”IBM 360/OS 的教训使人们认为软件开发已陷入泥坑中而不能自拔，这就产生了所谓的“软件危机”。

　　软件危机促使人们对软件开发进行反思，人们终于认识到：

　　1）软件产品不是一件随心所欲的艺术品而是一个结构严密的逻辑产品。

　　2）软件产品必须遵从工程化的开发方法。

　　这样就出现了软件工程，它为摆脱软件危机提供了正确的方法。

9.1.2　软件工程的基本概念

　　软件工程（software engineering）一词出现于 1968 年北大西洋公约组织（NATO）的一次会议上，人们试图将工程科学中行之有效的方法（如建筑工程、水利工程及机械工程中的方法）应用到软件开发领域中，并结合软件开发的实际适当加以改造所形成的一整套开发的思想、方法及体系。简而言之，软件工程即采用工程化方法开发软件。那么，什么是工程化方法呢？工程化方法提供了“如何做”的技术，按照此种做法必定能产生合格的产品，否则有可能产生不合格产品。工程化方法包括了下面几个内容：

　　1）软件开发方法。软件开发方法给出了工程化的具体做法。

　　2）软件开发工具。软件开发工具提供了工程化软件开发的必要辅助工具，以利于开发的有效进行。

3）软件开发过程。软件开发过程给出了工程化中的软件开发步骤。

4）软件产品文档与标准。它给出了软件开发使用中的各种标准规范，以及软件开发、使用及管理的文档及其规范。

5）软件质量保证。它给出了保证软件产品质量的办法。

6）软件项目管理。软件开发是需要管理的，它是管理科学的一种特殊门类，只有科学有效的管理才能产生出合格的软件产品。

软件工程化的目标是：能产生出符合质量要求的产品、能提高产品生产效率、能降低产品生产成本。

9.1.3　软件开发方法

软件开发可以有多种方法，不同的方法可有不同的开发过程与开发工具，因此开发方法是整个软件开发的核心。目前常用的开发方法有结构化开发方法、面向对象开发方法以及近期出现的以 UML 为工具的开发方法等，它们各有利弊并适合于不同的对象与不同的目标。

从发展的历史看，首先出现的是结构化方法，它来源于 20 世纪 60 年代的结构化程序设计，而于 70 年代形成了结构化的开发方法，这种方法将原先软件开发的无序现象改变成按模块结构组织而成的软件系统，这种方法流行于 20 世纪 70 年代至 90 年代初，此后出现的是面向对象方法，由于此方法能较为真实地反映客观世界的需求，因此它流行于 20 世纪 90 年代，在其后的过程中对此种方法进行不断的改造而形成了一种规范化的、统一表示的、且具可视化形式的语言（称为 UML 语言）为工具的开发方法，简称 UML 开发方法。下面简单介绍这三种方法：

（1）结构化方法

结构化方法起源于 20 世纪 60 年代的结构化程序设计，其目的是提供一组约定的规范以提高程序的质量，将此种方法应用于软件的开发即是有组织、有规律地安排与规范软件的结构，使整个软件建立在一个可控制与可理解的基础上。具体说来结构化方法的基本原则有以下两个。

1）自顶向下的开发原则。这个原则的基本思想是，对一个复杂系统从上到下逐层分解成若干个简单、小规模的个体，从而减少和控制系统的复杂性。

2）模块化开发原则。这个原则是将一个系统分解成若干个模块，每个模块相对独立，相互联系简单，从而使得系统结构灵活、构作方便，像搭积木一样，可以根据需求方便构作系统。

结构化方法分为结构化分析方法与结构化设计方法两种，其中结构化分析方法主要包括：处理需求（或称为业务需求）、数据需求以及它们间的相互关系，它们可用数据流图及数据字典表示，而在结构化设计方法中采用模块化方式与 E-R 图等方法分别表示处理与数据的需求。

结构化方法的优点是，它将一个软件按一定的规划构造成一个逻辑实体使之便于分析、设计、实现与测试。但是它也存在一些不足，主要是在结构化方法中反映客观世界需求能力较差，同时在分析与设计采用了不同的表示法，而在处理与数据中也采用了不同的表示方法，这样使得这种方法在表示上无法得到统一。

（2）面向对象方法

面向对象方法是 20 世纪 80 年代兴起的一种方法，它起源于 20 世纪 70 年代的面向对象程序设计，这种方法是一种能较好地反映客观世界的实际情况并且能通过有效步骤用计算机加以实现的方法，其主要的思想是：

1）从客观世界的事物出发构作系统，用对象作为这些事物的抽象表示，并作为系统的基本结构单位。

2）对象有两种特性，一种是静态特性——称为属性，它刻画对象的性质；另一种是动态特性——称为行为（或称为方法或操作），它刻画对象的动作。

3）对象的两种特性一起构成一个独立的实体（并赋予特定标识），对外屏蔽其内部细节称为封装。

4）对象的分类，将具有相同属性与方法的对象归并成类，类是这些对象的统一的抽象描述体，类中对象称为实例。

5）类与类之间存在着关系，其中最紧密的关系是继承关系，所谓继承关系即一般与特殊的关系。

6）类与类之间还存在着另一种关系称为组成关系。所谓组成关系即全体与部分的关系。

7）类与类之间还存在着一种松散的通信关系，这种关系称为消息。

8）以类为单位通过"一般特殊结构"、"整体部分结构"（以及"消息"连接）可以构成一个基于面向对象的结构图，此种图称为类层次结构图。

面向对象方法即以客观世界为注视点并应用上述八种手段，最终构成一种类层次结构图，这种图反映了客观世界的面向对象抽象模型称为面向对象模型。

在面向对象方法的基础上目前已发展出多种开发方法，著名的有 Coad—yorudon 方法、Booch 方法及 Jacobson 方法等，目前常用的是 Coad—yorudon 方法。

（3）UML 开发方法

UML 开发方法是在面向对象方法基础上发展而成的。在目前的众多面向对象开发方法中也存在一些不足，其中主要有：

1）面向对象方法中需求分析手段不足。

2）面向对象方法中缺少统一的表示方法。

3）面向对象方法中缺少工具的支撑。

基于以上的不足，在 20 世纪 90 年代末，经多个面向对象方法的专家的不懈努力，终于设计与建立了一种用于分析、设计的开发语言称统一建模语言 UML，用该语言可以进行系统分析与设计。

UML 语言提供了在概念上与表示上统一的标准的方法，它统一了内部接口与外部交流，它可以最大限度地表示面向对象中的静态特征与动态行为，它既能表示系统的抽象逻辑特征，又能表示需求功能特征与物理结构特征。UML 还有一个重要优点是它的统一与标准性，因此可以开发多种 UML 工具为使用 UML 提供方便，目前已有多种工具可供使用。

UML 开发方法是目前开发效果较好的一种方法，它特别适合于大型、复杂系统的开发，其优点是：

1）表示统一、使用简单。

2）能适用于软件系统开发中的需求分析、设计及实现等所有阶段。

3）它统一了内部的表示，使软件开发过程中各阶段做到无缝接口，它统一了外部表示，便于与外界交流。

4）可以提供统一工具进行分析、设计与开发，方便与提高了开发效率。

9.1.4　软件开发工具

软件工程中的一个重要内容是工具的利用，在软件开发的各阶段都可以利用工具。目前常用的是编码阶段中的开发工具，即我们所熟知的程序设计语言。而在本章中我们强调的是分析与设计中的工具，这种工具目前使用尚未普及。上面所介绍的 UML 语言中的 Rational Rose 即是此类工具，此外，ERWin 及 Visual Analyst 等也是此类工具。

以上介绍的工具我们统称为 CASE 工具，它们提供了自动或半自动的软件支撑环境。将它们集成在一起可以建立起计算机辅助软件工程（Computed Aided Software Engineering，CASE）。CASE 将各种软件工具，包括软件分析与设计工具，开发工具和一个存储开发过程信息的工程数据库组合在一起形成一个软件工程的开发环境和平台。CASE 的使用可以加快系统开发进度、提高系统开发质量，特别是对分析与设计的工具其作用更为巨大。

CASE 工具一般分为两层，其中高层 CASE 工具（upper CASE）为软件系统分析与设计提供支持，而低层 CASE 工具（lower CASE）则主要为编程服务。CASE 在其发展过程中逐渐从一个单一的软件工具过渡到一个集成化的开发环境，它包括高层的 CASE 与低层的 CASE 以及一个信息库，该信息库实际上是支撑工具开发的数据环境，它包括各种元素、模型、图表以及描述等，下面的图 9-1 给出了 CASE 工具集的示意图，在该图中 CASE 信息库是整个工具集的数据与支撑中心，而 CASE 工具则包括低层的编程工具（含测试工具）、数据库开发工具以及界面生成工具，此外还包括高层的分析工具、设计工具、版本控制工具及文档生成工具。

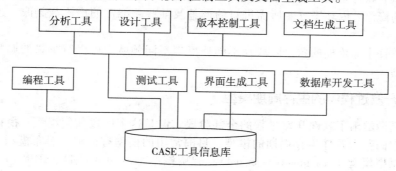

图 9-1 CASE 工具集示意图

在软件工程中，目前已大量利用工具以支撑系统的分析与设计，这些工具大致按方法分类，应用最多的是 UML 开发方法，目前较为知名的 UML 开发工具有 Rational Rose 、Argo UML、Together J 以及 system Architect 等，此外在其余两种方法中也有很多工具，如 Visible system 公司的 Visual Analyst，该工具能协助系统分析员构作结构化分析模型，如 DFD 图。又如数据库设计工具 ERWin，它能将数据库分析模型 E-R 图转换成数据关系表，极大地方便了数据库的设计与开发，此外，如微软推出的 Visual sdudio 等工具也是一种较好的开发工具，目前使用较为普遍。

9.1.5 软件开发过程

软件工程中的软件开发过程称为软件生存周期（life cycle），它分为六个阶段，即计划制定、需求分析、软件设计、编码、测试及运行与维护，下面对其进行简单介绍。

（1）计划制定

软件的开发首先要确定一个明确的目标与边界，给出它的功能、性能、接口等要求，同时要对系统可行性进行论证，并制定开发进度、人员安排、经费筹措等实施计划报上级管理部门审批。

这个阶段是软件开发的初期，其主要工作由开发主管单位负责，参加人员有管理人员与技术人员，而以管理人员为主。

（2）需求分析

此阶段对上阶段中提出的要求进行分析并作出明确的定义，通过相关的方法构作分析模型，最后编写出软件需求说明书，提供上级领导部门评审，此阶段工作由软件开发人员（系统分析员）负责完成。

（3）软件设计

软件设计阶段的任务是将需求分析所确定的内容转换成软件的结构模型与相关模型描述，为系统编码提供基础。最后，编写出软件设计说明书，此阶段工作由软件开发人员（系统分析员）负责完成。

（4）编码

将软件设计转换成计算机所能接受的程序代码。它一般用特定程序设计语言编写，此项工作一般由程序员负责完成，其最终提交形式是源代码清单，在清单中还应包括相应的注释。

（5）测试

测试是为保证所编代码的正确性。测试包括单元测试、组装测试以及最终的确认测试。测试时需要编写测试用例，通过测试用例检查软件的正确性，它包括通过单元测试检查程序模块的正确性，通过组装测试以检查与设计方案的一致性，通过确认测试以检查与需求分析方案的一致性。测试一般由测试人员负责完成。

（6）运行与维护

在通过测试后软件系统即能正常运行，在运行过程中可能会进行不断的修改，这些修改包括软件中错误的修正、因环境改变所需进行的调整及某些功能性的增添与删改，这些修改称为软件的维护。

上面所述软件生命周期的六个阶段在不同环境与不同领域中可以有少量的调整，但是其总体思路是不变的。

9.1.6 软件开发过程中的生存周期模型

软件生存周期给出了软件开发过程的全部阶段，但是这个阶段如何组织、衔接与构作尚有若干种方式，它们称为软件生存周期的模型，目前常用的模型有四种：瀑布模型（water falling model）、快速原型模型（fast prototype model）、螺旋模型（spiral model）、RUP（Rational Unified Process）模型。

在这四个阶段中开发者可以根据不同环境、不同需求与不同开发方法选择不同模型进行开发，但不管采用何种方法其生存周期中的六个阶段是不会改变的，同时，对不同的模型一般也会有不同的开发工具。

下面我们对这四种模型进行简单介绍。

（1）瀑布模型

瀑布模型是目前最常用的一种模型，也是最早流行的一种模型，该模型的构造特点是各阶段按顺序自上而下呈线性图示，它们互相衔接、逐级下落，像瀑布流水一样，因此称瀑布模型。

瀑布模型反映了正常情况下软件开发过程的规律，即由计划制定开始顺序经需求分析、软件设计、编码、测试最后至运行与维护结束。其中每个阶段均以前个阶段作为前提，它们严格按从上到下的顺序进行，其次序不允许逆转，这是瀑布模型的最大特点。图 9-2 给出了瀑布模型的示意图。

瀑布模型适合于需求较为固定的领域，在开发过程中及运行后需求不会作重大改变，如操作系统、编译系统等系统软件领域以及工业控制系统、交通管理系统以及成熟的企业管理系统等应用软件领域。

（2）快速原型模型

瀑布模型反映了正常情况下软件开发过程的规律，即需求为固定环境下的开发规律。但是，在很多情况下会出现非正常现象，其主要表现为需求模糊或需求经常会发生变化，在此种情况下需要有一种新的模型以适应此种环境，此种环境表现如行政机关的管理信息系统、新设立机构的信息系统。行政机关由于职能转变、机构调整等因素会影响需求，而新设立的机构涉及其本身职能与工作性质界定尚未完善，因此也会影响需求，使需求模型极不稳定，针对这种情况需要建立新的模型，此种模型称为快速原型或快速原型法。

快速原型法的基本思想是：

1）在需求模型与需求变化的环境中，首先选取其中相对稳定与不变的部分（称为基本需求）构作一个原型系统。

2）试用原型系统，在使用过程中，不断积累经验，探索进一步的需求，并进行不断的修改与扩充。

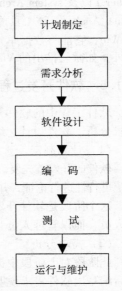

图 9-2　瀑布模型示意图

（右侧流程图从上到下依次为：计划制定、需求分析、软件设计、编码、测试、运行与维护）

3）经过不断的修改与逐步扩充，最终可以形成一个实用的软件系统。

快速原型法的工作过程可用图 9-3 表示。

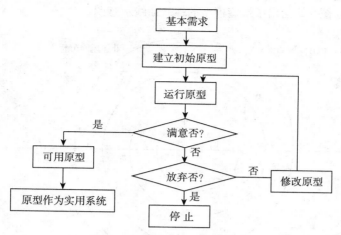

图 9-3 快速原型法的工作过程

在快速原型法的开发过程中，其中"建立初始原型"及"修改原型"中均需按生存周期中的六个阶段规范操作，在这个过程中由于每个原型都比较简单且可以用工具协助，因此具有快速的特点，整个方法称为快速原型法。

快速原型法的基本特征是原型与迭代，其中原型是该方法的基本开发单位，而自原型至实用系统的完成是通过迭代实现的。快速原型模型目前是一种常用的模型。

（3）螺旋模型

螺旋模型是另一种非正常现象的模型，它是一种瀑布模型与快速原型模型相结合的模型，其开发的语义背景为系统需求明确但有风险性因素在内，因此它既有需求上的明确性也有风险上的不明确（即模糊性），因此其模型是将需求明确的瀑布模型与不明确的快速原型模型的结合，它适合于大型的、复杂的、有一定风险的软件开发过程。

在螺旋模型中沿着螺旋的四个象限分别表示四个方面的活动：

1）计划制定——确定软件的边界与目标，选定实施方案，明确开发的限制条件。

2）风险分析——分析所选的方案的风险性以及消除风险的方法。

3）工程实施——进行软件开发（包括需求分析、软件设计、编码、测试、运行等阶段）。

4）评估——评价开发工作，提出改进意见与建议。

在开始时，首先选定一个风险较小的方案，在通过风险分析后可进入生命周期进行开发，在完成开发后对软件进行评估，并给出修改建议作为进一步的计划参考，此时模型进入第二个螺旋，在重新制定计划基础上，再作风险分析，如通过则形成第二个原型，如无法通过则表风险过大，此时开发就会停止，如此循环的过程构成一个由内向外的螺旋曲线直至形成一个实用的原型为止。

图 9-4 给出了螺旋模型的工作过程示意图。

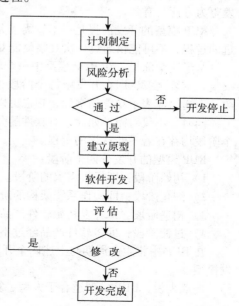

图 9-4 螺旋模型工作过程示意图

为了更形象化地表示，也可将图 2-7 用一个螺旋形曲线图表示，图中有四个象限，其中每个象限分别为计划制定、风险分析、软件开发与评估四个部分，其开发过程按螺旋曲线顺时针进行直至曲线结束为止，图 9-5 给出了螺旋模型的螺旋曲线示意图。

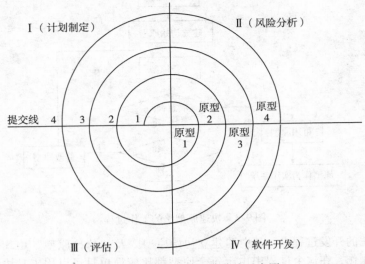

图 9-5   螺旋模型的螺旋曲线示意图

在软件开发中一般都存在风险性，特别是对大型、复杂系统，由于投资大、周期长，因此风险性特别高，而螺旋模型为高风险软件开发提供了一个合适的模型。

螺旋模型的基本特征也是原型与迭代，从这点讲它与快速原型模型相同。而不同的是，它的原型是风险少的原型而其迭代过程也是按风险程度进行迭代，而在快速原型模型中，原型按需求的稳定性设置而其迭代过程则是按需求稳定程度进行，这是两者的主要区别所在。

（4）RUP 模型

RUP 模型一般称为 Rational 统一过程，它与 UML 开发方法同生共长，两者有机结合可使开发更为方便与有效。

RUP 模型的开发前提是：不管需求是固定的还是可变的，人对客观需求认识是一个逐步渐进的过程，不可能仅通过一次观察就能对需求全部完全与彻底地认识。

基于这个前提，在 RUP 模型中一个软件的完成是不断使用迭代与递增的过程，所谓迭代即反复、重复之意，即在开发中每个阶段或多个阶段都可以不断反复进行，对构作的模型进行修改，而递增即表示功能的增加，它也可以在开发的整个过程中不断地进行功能的扩充与增加。

同时，不仅对需求如此，对软件的分析、设计与开发实现也是如此，即对整个开发过程的每个阶段均存在着不断认识的过程。

RUP 模型的开发分四个阶段：

1）初始阶段：即提供需求的阶段。

2）细化阶段：即构作系统架构的阶段。

3）构造阶段：即开发初始软件产品的阶段。

4）过渡阶段：即将软件产品经过不断修改而形成正式产品的阶段。

在 RUP 中将生命周期与上述四个开发阶段相结合并利用迭代与递增可以构成完整的 RUP 开发模型。

一般来说，RUP 模型适合于大型、复杂软件的开发。

9.1.7 软件产品文档与标准

软件产品是一种抽象的产品，因此在开发、使用及管理中都需要进行必要的文字描述以利于指导、说明和协助开发、使用与管理。这就是软件产品文档，它是软件必不可少的一个部分。为保证文档质量，文档都需要规范化，即编写文档必须按一定的标准书写。

除了文档规范化之外，为保证质量与相互交流，在软件产品中还需要有多种标准，主要包括：基础标准、开发标准、文档标准、管理标准。

这些标准均由政府或权威性组织制定与推广实施。

9.1.8 软件质量保证

软件产品是一种逻辑关系复杂的产品，它的质量问题既不易发现又影响重大，因此软件质量保证是软件工程中的一个极为重要的问题。

目前所采用的软件质量保证的方法是制定相应的质量保证规范，同时通过规范的认证以达到质量保证的目的，其中最为通用的规范即 ISO 9000 – 3 标准，它详细给出了软件质量保证具体的可操作方法，特别是对软件开发中供需双方（即软件开发与使用双方）所应遵守的质量保证的责任的明确规定，同时为强调开发方的重要性，在软件质量保证中还对软件开发商的开发资质进行了明确的规范，这就是著名的 CMM 规范。这样就可以从制度上保证软件的质量了。

此外，软件质量保证还包括软件的评审与软件的测试等内容。

9.1.9 软件项目管理

在软件工程中除了技术上和制度上的一些措施外，从管理上加强对软件开发的控制也是很重要的，这就是软件开发管理。

软件项目管理一般包括如下内容：

1）软件项目工作量及时间的估算，在此基础上做项目的成本估算。

2）软件项目的计划制定及进度安排。

3）软件项目的组织及人员的安排。

4）软件配置管理：在软件开发中会不断产生多种信息项，如程序、文档及数据等，它们可称为软件配置项，随着开发的不断深入，这些配置项会越来越多且相互间关系会越来越复杂，因此必须对它们进行有效管理以保证开发的顺利进行。

9.2 结构化开发方法

在本节中主要介绍目前使用广泛的结构化开发方法，它包括结构化分析方法、结构化设计方法以及系统实现三部分。其中重点介绍结构化分析方法与结构化设计方法。

9.2.1 结构化开发方法介绍

结构化开发方法是最早引入软件开发中的一种方法，该方法出现于 20 世纪 70 年代初，其主要思想与内容是：

1）软件是一个有组织、有结构的逻辑实体，软件开发的首要任务是构作其结构，而这种结构是自顶向下（top down）的形式。

2）整个软件由程序与数据两个独立部分组成。

3）软件结构中的各部分既具有独立性又相互关联，它们构成一个目标明确的软件实体。

软件开发的结构化方法为软件进入工程性开发提供了方法论基础，它具有明显的技术特性，其中主要有：

1）抽象性：在结构化方法中大量地采用了抽象的手段，所谓抽象即在软件开发的每一个阶段中仅描述其本质的内容而抛弃其细节部分，通过结构化分析、结构化设计及结构化程序设计等多个阶段的抽象，将客观世界的需求与计算机世界接近。

2）面向过程：在软件的整体构造中有"过程"与"数据"两个部分，它们相互独立又相互关联，而在结构化方法中是以"过程"作为关注焦点，此种方式称为过程驱动（proccess-driven）或面向过程，在整个开发中以"过程"作为我们的关注点，而数据仅作为过程中的附属品。但是，近年来由于数据的重要性及数据的特殊性使得结构化方法中的此种特性已有所改变。

3）结构化、模块化与层次性：结构化方法的基本特征是：分而治之，由分到合的过程，首先在问题求解时将复杂问题分解成若干个小型的、易求解的问题，每个问题相对独立，然后，再将这些问题通过一定的构造方式再组装、综合成复杂问题的解。在结构化方法中，一些小型的问题的求解过程用模块表示，而模块间用层次结构方式将其组装成复杂问题的解。

在结构化方法中一般采用瀑布模型，它们可以用图 9-6 详细表示。

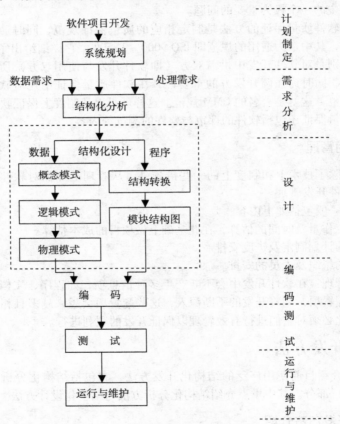

图 9-6　结构化方法生存周期图

在这个图中的结构化分析与结构化设计这两个阶段中，结构化分析阶段一般称为需求分析阶段，它需按数据需求与处理需求两种不同需求分别提出。在结构化设计阶段它也需按数据与处理两个不同方面分别提出三种不同模式或模型，其中数据部分分为概念模式、逻辑模式与物理模式，而处理部分则是模块结构图与结构转换方式。

9.2.2　结构化分析方法

结构化分析（structured analysis）方法简称 SA 方法，它采用面向过程的方法并从上层入手自顶向下，逐层分解采用形式化或半形式化的描述来表示过程中的处理和数据及它们之间的关系。

结构化分析的内容包括：需求调查、数据流程图、数据字典、系统分析说明书。下面我们逐个进行介绍。

9.2.2.1 需求调查

为建立软件系统需对分析对象进行基础性调查，这称为需求调查。需求调查大致有如下几个方面。

（1）需求调查内容

1）系统目标与边界。首先需要了解整个软件系统所要求实现的宏观目标，包括业务范围、功能大小、外部环境以及接口等内容，最终需确定整个系统的目标以及系统边界，为系统实现给出一个核心框架。

2）业务流程调查。调查系统的业务流程，全面了解各流程间的关系，特别是对物资、资金、人员及信息等流程以及它们之间关系的调查，此外，还要了解各种信息的输入、输出、处理以及处理速度、处理量等内容。

3）单据、报表及台账等数据源调查。调查单据、报表及台账等信息载体，包括它们的基本结构、数据量以及其处理方式、处理手段，此外还要调查这些数据源之间的关系。

4）约束条件调查。调查系统中各种业务自身的限制以及相互间的约束和时间、地点、范围、速度、精度、安全性等约束要求。

5）薄弱环节调查。调查系统薄弱环节，并注意在软件开发中予以足够关注，使其在计算机系统中能给予解决。

（2）调查方式

在需求调查中一般可以采取多种调查方式，其常用的方式有以下几个。

1）查阅书面材料。需求调查可先从最容易获取到的书面资料入手，它包括岗位责任、职责范围、各种规章制度、各类报告，各种收/发文档以及相关的报表、记录、手册、台账等，从这些资料中可以得到系统的宏观及微观的功能、性能、流程以及数据结构、约束等初步信息。

2）实地调查。在阅读书面材料后可以进行实地调查，实地调查可获得第一手的感性材料以及直观、感性的知识以弥补书面材料的不足。

3）面谈。对通过上面两种方法后尚未了解的或某些重点内容尚需进一步了解时，可通过面谈的方式完成，面谈可以有问卷及漫谈两种方式，第一种是目的十分明确的面谈，而后一种则是深入探究式面谈，面谈需作记录，记录内容要简明扼要切忌长篇大论，泛泛而谈。

（3）软件需求说明书

在需求调整结束后需编写"软件需求说明书"，内容包括需求调查中有关系统目标、边界、业务流程、数据要求、约束与受限条件等，此外，有关需求调查的相关记录与资料均需作为附件列于文档后，该说明书需按一定规范编写，它也是需求调查的最终文档，也是该阶段的里程碑。

9.2.2.2 数据流图

在需求调查基础上做一个抽象的模型称为数据流图（Data Flow Diagram，DFD）。数据流图是一种抽象地反映业务过程的流程图，在该图中有四个基本成分：

1）数据端点。数据端点是指不受系统控制，在系统以外的事与人，它表示了系统处理的外部源头，一般可分为起始端点（或称起点）与终止端点（或称终点）两种，可用矩形表示并在矩形内标出其名称，其具体表示可见图9-7a。

2）数据流。数据流表示系统中数据的流动方向及其名称。它是单向的，一般可用一个带箭头的直线段表示，并在直线段边标出其名称。数据流可来自数据端点（起点）并最终流向某些端点（终点），其中间可经过数据处理与数据存储。数据流的图形表示可见图9-7b。

3）数据处理。数据处理是整个流程中的处理场所，它接收数据流中的数据输入并经其处理后将结果以数据流方式输出。数据处理是整个流程中的主要部分，它可用椭圆形表示，并在椭圆形内给出其名称，其图形可见图9-7c。

4）数据存储。在数据流中可以用数据存储以保存数据，在整个流程中，数据流是数据动态活动形式而数据存储则是数据静态表示形式。它一般接收外部数据流作为其输入，在输入后对数据作保留，在需要时可随时通过数据流输出，供其他成分使用。数据存储可用双线段表示，并在其边上标出其名，其图形表示可见图9-7d。

在DFD中所表示的是以数据流动为主要标记的分析方法，在其中给出了数据存储与数据处理两个关键部分，同时也给出了系统的外部接口，它能全面地反映整个业务过程。

a）数据端点表示　　　b）数据流表示　　　c）数据处理表示　　　d）数据存储表示

图9-7　DFD中的四个基本成分表示

例9.1　如图9-8所示的是一个学生考试成绩批改与发送的流程，用DFD表示。在图中试卷由教师批改后将成绩登录在成绩登记表，然后传送至教务处，其中用虚线构作的框内表示流程内部，而"教师"与"教务处"则表示流程外部，分别是流程的起点与终点。

图9-8　考试成绩批改与发送的DFD图

在数据流图中有的"数据处理"尚可进一步构作流程，为此往往可对"数据处理"编号，并且还对编号的"数据处理"进一步构作DFD，这样就可以形成DFD中的嵌套的层次结构。例9.2给出了DFD中嵌套的一个例子。

例9.2　学生学籍管理包括学生学习管理、学生奖惩管理及学生动态管理三个部分，它们的DFD可以用图9-9表示，该DFD中外部端点有五个，它们分别是招生办、用人单位、高教局、教师与学生工作部。而其数据处理单位共有学习成绩管理、奖惩管理及动态管理。最后，它有一个数据存储是学生学籍表，在该图中，三个数据处理单元可分别标以P_1、P_2及P_3，对每个数据处理单元可进一步构作数据流程并画出其DFD。图9-10给出了P_1的数据流程的DFD，在此图中共有$P_{1.1}$、$P_{1.2}$、$P_{1.3}$、$P_{1.4}$、$P_{1.5}$、$P_{1.6}$、$P_{1.7}$，七个处理，对它们也可进一步构作数据流程并画出其DFD，但在这里我们就不进一步构作了，有兴趣的读者可以自行练习。

9.2.2.3　数据字典

在构作DFD以后，可以在其基础上构造数据字典DD（Data Dictionary），DFD与数据字典DD结合可以对业务过程的分析更为细致，同时也可为后面的数据设计提供基础。

由于数据流图是以数据流为中心的，它涉及数据存储、数据处理、数据流及数据端点中的数据结构、数据元素以及数据的其他描述，而数据字典就是对DFD中各单元的详细的描述，它是DFD中的数据的进一步说明。

数据字典包括五个部分，它们是数据项、数据结构、数据流、数据存储及数据处理，下面对它们分别进行介绍。

（1）数据项

数据项是数据的基本单位，它包括：数据项名、数据项说明、数据类型、长度、取值范围、语义约束（说明其语义上的限制条件包括完整性、安全性限制条件）、与其他项的关联。

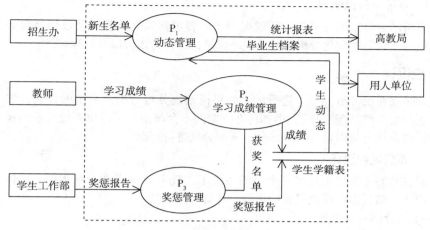

图 9-9 学籍管理的 DFD

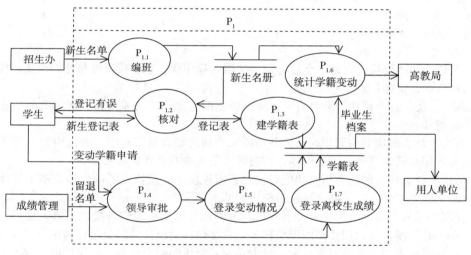

图 9-10 动态管理 P_1 的 DFD

（2）数据结构

数据结构由数据项组成，它给出了数据的基本结构单位，数据记录就是一种数据结构，它包括：数据结构名、数据结构说明、数据结构组成（⎨数据项/数据结构⎬）、数据结构约束（从结构角度说明语义上的限制，包括完整性及安全性限制条件）。

（3）数据流

数据流是数据结构在系统内流通的路径，它包括：数据流名、数据流说明、数据流来源、数据流去向、组成（⎨数据结构⎬）、平均流量、高峰流量。

（4）数据存储

数据存储是数据结构保存或停留之处，也是数据来源与去向之一，它包括：数据存储名、数据存储说明、输入的数据流、输出的数据流、组成（⎨数据结构⎬）、数据量、存取频度、存取方式。

（5）数据处理

数据处理给出处理的说明信息，它包括：数据处理名、数据处理说明、输入数据（⎨数据结构⎬）、输出数据（⎨数据结构⎬）、处理（⎨简要说明⎬）。

9.2.2.4 系统分析说明书

在系统分析结束后需编写系统分析说明书，内容包括数据流程图及数据字典等，它通常需按一定规范编写。它是结构化分析阶段的最终成果，也称为该阶段的里程碑。

9.2.3 系统设计

系统设计是在系统分析基础上进行的，如果说系统分析给出了系统做什么，那么系统设计所关心与实现的是系统"怎么做"，即如何在一定的平台与条件下给出系统实现的逻辑模型。系统设计分为过程设计与数据设计两个部分，下面分别进行介绍。

9.2.3.1 系统过程设计

系统过程设计的主要思想是将一个总的系统工作任务分解成许多基本的、具体的单元，这种单元称为模块，然后再将模块组装成系统。其具体方法是：

- 将系统划分成若干个模块。
- 决定每个模块的功能。
- 建立模块间的接口与调用关系。
- 建立模块结构图。

下面我们进行详细介绍。

（1）模块

模块又称为功能模块，它是一个具有完整功能的程序块，它有接口可与外界交流。模块一般有一些内在特性，例如：

1）独立功能。一个模块一般具有一个完整独立的功能，以功能作为模块组成的依据是模块的最重要的特性。

2）高内聚性。模块的内聚指模块内各功能元素间的结合紧密程度，而高内聚性即表示模块内各功能元素相互联系紧密，组成一体，高内聚性是模块的基本要求之一。

3）低耦合性。模块的耦合指模块间联接的紧密程度，而模块的低耦合性表示了模块间相互依赖少，模块的独立性高。低耦合性也是模块的基本要求之一。

4）受限的扇入与扇出。模块对外有接口，可供外界调用称为输入接口，输入接口的数量称为扇入（fan-in）。模块可调用外部的模块称为输出接口，输出接口的数量称为扇出（fan-out）。

一个模块的扇入与扇出均不宜过大，过大者表示模块间耦合性高、内聚性低，这不利于模块的独立性，特别是模块的扇出过大，意味着模块管理过于复杂。一般的模块扇出与扇入的平均数为3，最多不能超过7。

模块一般有三种类型：

1）控制模块：控制模块主要在系统内起到控制与调度其他模块的作用，在一个系统中一般都有一个或几个控制模块，它们分别控制若干个模块，而控制模块中有一个称为总控模块，它是一个总的控制模块，它控制其他的控制模块。

2）工作模块：工作模块在系统中负责过程处理，它是系统中主要的模块，它们中每个模块负责一个独立的处理功能。

3）接口模块：模块之间有接口，模块与外界之间也有接口，接口模块即完成模块内、外的接口任务。

模块一般用矩形表示，模块名写在矩形内，模块名一般由一个动词及下接名词组成，该名字应能充分表示该模块的功能，图9-11a给出了模块的表示，而图9-11b及图9-11c则给出了两个模块名的实例。

（2）模块结构图

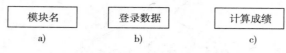

图 9-11 模块表示图

以模块为基础以模块间的调用为关联所构成的图称为模块结构图或简称结构图（structured chart）。

结构图是以模块为结点以调用关系为边所构成一个有向图，下面对这个图进行讨论。

1）结构图的纵向是分层的，一个结构图中的模块可以调用下一层的模块，它也可以被上一层模块调用，结构图的层数称为深度，它表示了调用的复杂性。

2）结构图的横向是分块的，一个结构图中每一层都横向排列有若干个模块，每层中模块数称为该层的宽度，而整个结构图中每层宽度的最大者称该结构图的宽度。结构图的宽度与深度反映了整个系统的规模与复杂性。

3）在结构图的每条边上，还可附有数据传递与控制传递两种辅助消息，其中数据传递可用带圆圈的箭头表示（见图 9-12a），控制传递可用带圆点的箭头表示（见图 9-12b）。

4）调用可用有向边表示，当边的尾部有菱形时表示具有判断并有条件选择调用，它们可分别如图 9-12c 和图 9-12d 所示。

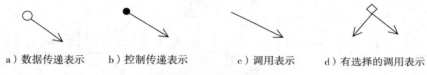

a）数据传递表示　　b）控制传递表示　　c）调用表示　　d）有选择的调用表示

图 9-12 四种调用表示

图 9-13 给出了一个工资处理系统的模块结构图，其中图 9-13a 给出了该模块结构图的树状表示，而图 9-13b 则是结构图本身。

从图 9-13a 中可以看出模块结构图的一些性质：

1）该结构图的深度为 4，宽度为 8，总体看出其大小与复杂性不高。

2）该结构图中模块最大扇入、扇出为 4，它表示模块的独立性高。

从图 9-13b 中可以看出，最上层的模块是总控模块，而第二层的模块也是控制模块，包括第三层中的"计算工资总额"模块也是控制模块，而其他的模块则是工作模块或接口模块。

（3）由数据流图到模块结构图

数据流图是系统分析中的模型，而模块结构图则是系统设计中的模型。如何从系统分析模型转换到系统模型，也就是说如何从数据流转换到模块结构图是本章所要解决的一个重要问题。

在本节中我们介绍两种转换方法，它们是变换分析法与事务分析法。在数据流图中有两种典型的结构，它们分别是变换型（transform）结构与事务型（transaction）结构，对应这两种结构可以分别有两种转换到模块结构图的方法，即变换分析法与事务分析法。

变换分析法是一种以变换型结构的数据流图为出发点的转换方法，对此种方法我们将分三步介绍：

1）变换型结构数据流图。变换型结构数据流图是一种典型的数据流图，它是一种线性结构图，在数据流中它顺序地分为逻辑输入、加工与逻辑输出三部分，如图 9-14 所示的数据流图可以顺序地划分成逻辑输入、加工与逻辑输出三部分。

2）变换型结构数据流图的转换。变换型结构数据流图的转换过程按下面三个步骤进行：

- 划分逻辑输入、加工与逻辑输出。对变换型结构数据流图进行探究，需将其顺序划分为逻辑输入、加工与逻辑输出三部分，这就需要对系统分析说明书进行详细了解以及具有一定的经验作为支撑。

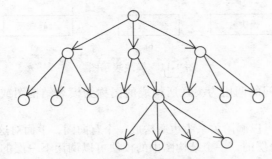

a）工资系统模块结构图的树状表示

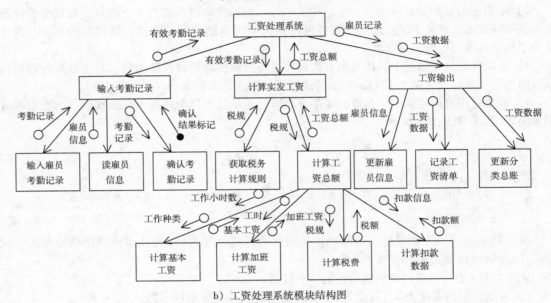

b）工资处理系统模块结构图

图 9-13 工资系统示意图

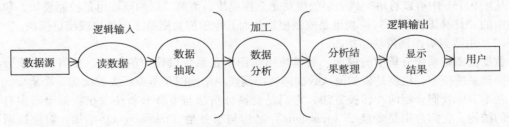

图 9-14 变换型结构数据流图

- 设计顶层及第二层模块。按照"自顶向下，逐步细化"的原则，首先从顶层模块起进行设计，顶层模块的功能即是整个系统的功能，它主要完成加工任务，并主要起控制下层模块的作用。第二层模块则按输入、变换及输出三个分支处理，首先设计一个逻辑输入模块，其功能是为顶层模块提供输入数据；其次设计变换模块，它的功能是将输入模块的数据进行加工变换，最后是设计一个逻辑输出模块，其功能是为顶层模块提供输出信息，在顶层模块与第二层模块间的数据传送应与数据流图相对应。

- 设计中、下层模块。最后，中、下层模块的设计，则按输入、变换及输出模块逐个分解，按照数据流图并参考模块的功能独立以及其高内聚、低耦合的原则构作模块并使其扇入、扇出保持在合理的范围内，这样可分解成若干层与若干个模块。

在图 9-14 的数据流图中可以按照上面三个步骤将其转换成如图 9-15 所示的模块结构图。

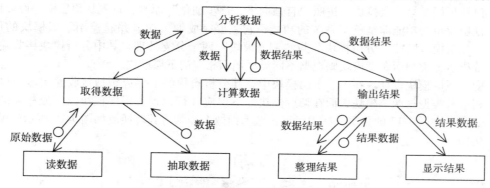

图 9-15 变换分析示例图

3）模块描述。在获得模块结构图后，对每个模块进行详细的探究并最终给出描述，模块描述包括如下内容：

- 模块编号：每个模块必须有一个编号，模块编号按一定规则统一设置。
- 模块名：模块名应能反映该模块的功能。
- 模块性质：模块性质包括控制模块、接口模块及工作模块，在这三者中选取其一。
- 模块功能：模块功能描述该模块的详细的功能要求。
- 模块处理：它包括模块内部处理的流程（也可用算法流程图表示）。
- 接口：它包括与上层模块的调用接口以及与下层模块的调用接口，它还包括与外部的接口以及调用时传递的数据、控制信息。
- 附加信息：它包括对模块的一些限制与约束性要求以及包括一些特殊的要求等。

最后用图 9-16 所示的"模块描述图"来表示。

×××系统模块描述图					
模块编号		模块名		模块性质	
模块功能					
模块处理					
模块接口					
附加信息					
编写人员：_____		审核人员：_____			
审批人员：_____		日　　期：_____			

图 9-16 模块描述图

事务分析法是一种以事务型结构的数据流图为出发点的转换方法，对此种方法我们也可分三步介绍。

1）事务型结构数据流图。事务型结构数据流图也是一种典型的数据流图，它是以事务加工为主的数据流图，它根据输入数据分析，可分解成若干平行的数据流，分别执行加工，图 9-17 给出了它的一个例子。

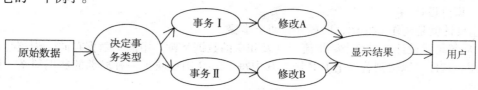

图 9-17 事务型结构数据流图的例子

2）事务型结构数据流图的转换。事务型结构数据流图的转换过程可按下面两个步骤进行：

- 设计顶层及第二层模块。按照"自顶向下，逐步细化"原则，首先从顶层模块设计做起，顶层模块的功能即是整个系统的功能，它主要完成加工功能并起控制下层模块的作用。第二层模块则按"分析模块"与"调度模块"两个分支处理，其中分析模块接收输入并分析事务类型而调度模块则根据不同类型调用相应的下层模块。
- 中、下层模块设计。在中、下层模块中，其分析模块的下层应包括接收原始输入以及分析事务类型这两类模块，而在调度模块的下层应并行设置若干层模块以完成相应的事务处理。在图9-17的数据流图中可以按照上面两个步骤将其转换成如图9-18所示的模块结构图。

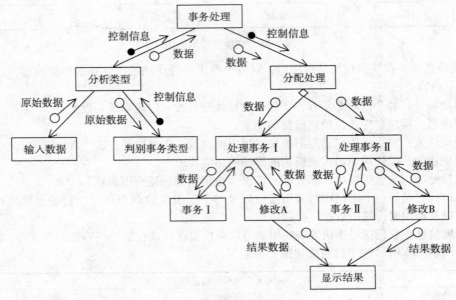

图 9-18 事务分析例图

3）模块描述。此部分与变换分析法中所介绍的是相同的，读者可参考前面的内容。

与前面介绍的两种典型的数据流图不同，在实际应用中所出现的数据流图往往是非典型状态的，如有时是混合状态，即一部分是变换类型，别一部分是事务类型等，此时可以借鉴上面所介绍的处理方法灵活、变通地处理。

9.2.3.2 系统数据设计

系统数据设计是系统设计中的又一个重要设计部分，它以系统分析说明书为设计前提，其最终目标是设计出相关的结果，主要包括：关系表、关系视图、约束条件、索引、存储配置。

数据设计就是对数据库的设计，目前主要是关系数据库的设计。其基本方法是首先由数据流图与数据字典出发画出 E-R 图，其次将 E-R 图转换成指定 RDBMS 中的关系模式，此外还包括关系的规范化以及性能调整及约束条件设置，最后是给出索引及相关数据库的物理参数，它们分别是概念设计、逻辑设计与物理设计。

（1）概念设计

概念设计就是构作 E-R 图，一般分为两个步骤。

1）局部结构设计。以每个数据流图（及相应的数据字典）中的"数据存储"为核心可以设计 E-R 图。这样可以得到若干个 E-R 图，其中每个 E-R 图反映了一种局部的数据关系，称为局部结构图。

2）全局结构设计。将若干个局部的 E-R 图合并成一个具有全局结构的 E-R 图称为全局结构图，在合并过程中需要不断地消除冲突与消除冗余：
- 消除冲突：由于局部 E-R 图在生成过程中存在着不同的差异，因此在合并过程中会产生冲突、包括命名上的冲突、属性上的冲突，联系的冲突等，此时需进行必要的统一以调整所出现的不一致。
- 消除冗余：局部 E-R 图间的另一种差异是它们有时会产生功能的冗余，此时也需进行必要的统一以调整冗余的功能部件。

（2）逻辑设计

逻辑设计就是构作关系表、视图及相应的约束条件。它是以全局 E-R 图为基础的。

1）实体集的处理。原则上讲，一个实体集可用一个关系表示。

2）联系的转换。在一般情况下联系可用关系表示，但是在有些情况下联系可归并到相关联的实体的关系中。具体说来即是对 $n:m$ 联系可用单独的关系表示，而对 $1:1$ 及 $1:n$ 联系可将其归并到相关联的实体的关系中。

在 $1:1$ 联系中，该联系可以归并到相关联的实体的关系中，如图 9-19 所示。有实体集 E_1、E_2 及 $1:1$ 联系，其中 E_1 有主键 k，属性 a；E_2 有主键 h，属性 b；而联系 r 有属性 s，此时，可以将 r 归并至 E_1 处，而用关系表 R_1（k，a，h，s）表示，同时将 E_2 用关系表 R_2（h，b）表示。

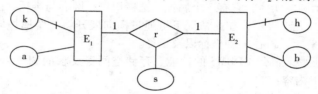

图 9-19 1:1 联系

在 $1:n$ 联系中也可将联系归并至相关联为 n 处的实体的关系表中，如图 9-20 所示，有实体集 E_1、E_2 及 $1:n$ 联系 r，其中 E1 有主键 k，属性 a；E_2 有主键 h，属性 b，而 r 有属性 s，此时，可以将 E_1 用关系 R_1（k，a）表示，而将 E_2 及联系 r 用 R_2（h，b，k，s）表示。

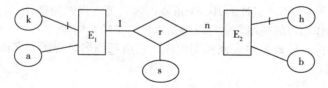

图 9-20 1:n 联系

在将 E-R 图转换成关系表后，接下来是规范化、性能调整等工作。

3）规范化。在逻辑设计中初步形成关系表后还需对它进行规范化验证，使每个关系表至少需满足一定的形式要求这称为范式，一般而言，如果关系表不满足一定的范式，会出现很多异常现象，因此，每个表必须满足一定的范式要求。最基本的范式叫第三范式，对第三范式目前有两种验证的方法，一种是形式化方法，另一种是非形式化方法，这里我们仅介绍后一种方法，这种方法也称为"一事一地"（one fact one place）方法，即一个事件放同一张表，而不同事件则放不同表的原则，这种方法是判别关系表满足第三范式的有效方法。在实际应用中经常使用，如在第 7 章的学生数据库中，共有三个不同的"事"，即学生、课程与修读成绩，它们可存放于不同的"地"，从而组成了三张表。唯一要注意的是对所关注的数据体语义要了解清楚，具体地说，即对数据体中的不同"事"要严格区分，这样才能将其放入不同的"地"。

此外，还要确定每张关系表的主键与外键。其中主键唯一地确定表中的元组，而外键建立了两表间的关联。

4）命名与属性域的处理。关系表中的命名可以用 E-R 图中原有的命名，也可另行命名，但是应尽量避免重名，RDBMS 一般只支持有限种数据类型，而数据字典及 E-R 图中的属性域则不受此限制，如果出现 RDBMS 不支持的数据类型则要进行类型转换。

5）非原子属性处理。在关系表中的属性一般均为原子属性，所谓原子属性即是标量属性或者说是单值属性而非集合量属性，而在 E-R 图中允许出现非原子属性，但在关系模式中不允许出现非原子属性，非原子属性主要有集合型和元组型两类。如果出现此种情况时可以进行转换，其转换办法是集合属性纵向展开，而元组属性则横向展开。

例9.3 学生实体有学号、学生姓名及选读课程三个属性，其中前两个为原子属性，后一个为非原子属性，因为一名学生可选读若干课程，设有一名学生学号为 S1307，姓名为王承志，他修读 Database、OS 及 Network 三门课程，此时可将其纵向展开用关系表形式表示，如表9-1 所示。

表 9-1 学生实体

学号	学生姓名	选读课程
S1307	王承志	Database
S1307	王承志	OS
S1307	王承志	Network

例9.4 设有表示圆的实体，它有三个属性：圆标识符、圆心与半径，而圆心可由坐标 X 轴和 Y 轴的坐标组成的二元组表示，在此情况下可通过横向展开将三个属性转换成四个属性，即圆标识符、圆心 X 轴坐标、圆心 Y 轴坐标以及半径。

6）RDBMS 性能调整。满足 RDBMS 的性能、存储空间等要求的调整以及适应 RDBMS 限制条件的修改，包括如下内容：

- 调整性能适当合并一些表以减少连接运算。
- 调整关系表大小，使每个关系表数量保持在合理水平，从而可以提高存取效率。

7）约束条件设置。经调整后生成的表尚需对其设置一定的约束条件，包括表内属性及属性间的约束条件以及表间属性的约束条件。这些约束条件可以是完整性约束、安全性约束，也可以包括数据类型约束及数据量的约束等。

8）关系视图设计。数据库设计的另一个重要内容是关系视图的设计。它是在关系模式基础上设计的直接面向操作用户的视图，它可以根据用户需求随时构作。

关系视图一般由同一模式下的表或视图组成，它由视图名、视图列名以及视图定义和视图说明等几个部分组成。

（3）物理设计

物理设计是在逻辑设计基础上对数据库内部物理结构进行适当调整以提高数据库访问速度及有效利用存储空间。

物理设计包括两部分内容：

1）存取方法设计：主要是索引的设计，它可以有效地提高数据库存取效率。

2）存储结构设计：一般包括两部分内容：

- 磁盘分区设计：数据物理存放位置的设计。
- 系统参数配置：确定数据库物理存储的参数的设置，如数据表的规模、缓冲区个数与大小，同时打开表的数目及最大用户数等。

9.2.3.3 系统设计文档

在系统设计结束后需编写"系统设计说明书"，它通常需要按一定规范编写。它一般包括模块的描述、全局 E-R 图、关系表、关系视图、约束条件、索引及存储配置等内容。它是系统设计阶段的最后成果，也称为系统设计里程碑。

在完成系统的设计后，一个系统构造的框架就已经完成了，接下来的工作即是实现系统，实现系统包括系统编码、测试与最终的运行维护。下面我们分别介绍这三个部分的内容。

9.2.4 系统编码

系统编码即是将系统设计中的模块与数据表（视图）结构用程序设计语言与数据库语言编写成源代码，并经编译（或解释）后成为可运行的目标代码，由此达到了系统实现的目的。

一般而言，对源代码的编写是有一定要求的，下面将具体介绍。

（1）语言的选择

对不同的设计结果、不同的模块，可选用不同的语言，目前可有如下几种选择：

1）程序设计语言：该语言适合于编写加工处理型模块，此类语言有 C、C++、Java 及 C#等。

2）可视化程序设计语言：该语言适合于编写人机界面模块，此类语言有 Delphi、VB 等。

3）数据库语言：该语言适合于数据模式定义、数据操纵与控制等，此类语言有 SQL 等。

4）脚本语言：该语言适合于在互联网上进行交互与接口，此类语言有 ASP、JSP 及 PHP 等。

（2）程序设计质量要求

程序设计质量要求有下面几个方面：

1）正确性要求：程序设计的正确性是编写程序的最基本要求，所谓正确性包括语法与语义两个方面，只有在语法上符合规划要求而在语义上满足系统设计要求的代码才是正确的代码。

2）易读性要求：程序代码不仅为了编译、运行它还要便于阅读，为后续的测试、维护及修改提供方便。

3）易修改性要求：程序代码是需要经常修改的，修改包括改错与扩充功能与移植等，因此易修改性也是程序编码中的重要要求之一。

为达到以上几个目的，需要从程序的结构化与程序设计风格两个方面着手解决，下面将分别介绍这两个方面。

（3）结构化程序设计

结构化程序设计为是为了使程序成为一个有组织且遵守一定规则的实体，其目的是使程序是易读的、易修改的。结构化程序设计一般应遵守的规则有：

1）程序语句应组成容易识别的块（block）。

2）每个程序应有一个入口和一个出口。

3）仅使用语言中的三个控制语句，即顺序、选择与重复。GOTO 语句的使用要严格控制。

4）对复杂结构的程序可用嵌套方式实现。

（4）程序设计风格

由于程序可供人阅读与修改，因此编写完成的一组程序就像一篇文章一样，是要讲究文风的，这就是程序设计的风格。这种风格实际上也就是在编写程序时应遵守的规则。大致有如下一些程序设计风格。

1）源程序文档化。源程序文档化即将源程序看成为是一个文档而不仅是一组供编译运行的代码。源程序文档化包括标识符、程序注释与视觉化组织三部分内容。

- 标识符。在程序中应充分使用标识符，它包括模块名、变量名、常量名、子程序名、函数名、过程名、数据区名及缓冲区名等。这些命名应能反映所代表的实际事物，并对编写程序有实际帮助。
- 程序注释。为便于阅读与交流，在编写程序时必须书写注释，注释一般分序言性注释与功能性注释两种。序言性注释通常属于程序模块的首部，它一般给出程序的整体说明，主要包括：程序标题、模块功能与目的说明、模块位置：指属于哪个源文件及哪个软件包、算法说明、接口说明、数据描述、开发简历等。

功能性注释嵌在源程序体中，用以描述相应语句段的功能与说明。

程序注释一般用自然语言书写，在正规的程序体中，注释行的数量要占到整个源程序的 1/3 到 1/2。

- 视觉组织——空格、空行与移行。在一般文章的书写中要分段落，要有空行与空格，这样才能层次清楚以达到视觉上的清晰效果，同样在程序中也需要充分地利用空格、空行与移行以达到视觉上的效果，一般的做法是：程序段间用空行隔开、程序中运算符可两边用空格隔开、程序中各行不必左对齐，一般对选择和循环语句可把其中的程序段语句向右作阶梯式移行以达到层次分明，逻辑清晰的目的。

2) 数据说明。在编写程序时，为使数据更易于理解，必须注意如下几点：

- 数据说明次序应当规范化，使数据属性容易查找，也有利于测试、排错与维护。
- 当用一个语句说明多个变量名时，应将变量按顺序排列。
- 对一些复杂的数据结构，应使用注释以说明其在程序实现时的固有特点。

3) 语句结构。对程序中的每个语句构造应力求简单、明了，不能为追求效率而使语句复杂化，对语句结构一般有如下一些要求：

- 一行内只写一条语句。
- 程序编写要遵从正确第一、清晰第二、效率第三的原则。
- 尽量在程序中使用函数、过程与子程序。
- 尽量用逻辑表示式代替分支嵌套。
- 尽量避免使用不必要的 GOTO 语句。
- 尽量避免使用"否定"条件的条件语言。
- 尽量避免过多使用循环嵌套与条件嵌套。
- 对递归定义的数据结构尽量使用递归过程。

4) 输入和输出。输入与输出是直接和用户紧密相关的，因此输入/输出方式和风格应尽可能地方便用户使用，在编写输入/输出程序时应注意以下几点：

- 对所有输入数据都必须作完整性检验以保证数据的有效性。
- 输入步骤与操作尽量简单并保持简单的输入格式。
- 允许出现默认值。
- 输入数据中需要有结束标志。
- 输出的形式（包括报表、图表等）要考虑用户需求并能使用户乐于接受。
- 输出操作要尽量简单、方便。

（5）里程碑

系统编码的最终成果是一个带有注释的源程序清单。

9.2.5 测试

测试是对软件正式投入生产性运行前的最后一次检验，它是软件质量保证的关键步骤。在软件开发过程中，不管开发者如何精明能干，在其产品中总会隐藏或多或少的错误和缺陷，尤其是对规模大、复杂度高的软件更为如此，因此软件测试是极其必要的。

软件测试是为了发现错误，而执行测试的过程（或者说软件测试）是设计一些测试用例，并利用它们去运行程序以发现程序错误的过程。下面对软件测试的几个关键问题进行讨论。

（1）测试的目的

测试的目的有如下几个方面：

1）测试是一个程序的执行过程，目的是为了发现错误。

2）一个好的测试用例在于发现至今尚未发现的错误。

3）一个成功的测试是发现了至今尚未发现的错误的测试。

如果我们成功地进行了测试，就能够发现软件中的错误。然而测试并不能证明软件中没有错误。有一点可以肯定的是，即测试能证明软件的功能与性能是否与需求分析相符合。

为实现以上的三个目的，软件测试的原则应该是：

1）测试用例应由测试输入数据与对应的预期输出结果两部分组成。

2）编程人员与测试人员应该分开，避免由编程人员检查自己的程序。

3）需要制订严格的测试计划，排除测试的随意性。

4）应对每个测试结果进行全面检查以充分暴露错误、发现错误。

5）应对测试建立文档，该文档包括测试计划、测试用例、出错统计以及最终分析报告。

（2）测试的流程

测试的流程一般分以下三个步骤。

1）测试的输入。测试需要有三类输入：

- 软件配置：即测试对象，它一般包括系统源代码、系统分析与系统设计等说明书资料。
- 测试配置：即测试所需的资料，包括测试计划、测试用例等。
- 测试工具：支持测试的进行并作测试分析服务。

在以上三类输入的支持下即可进行测试并获得测试的结果。

2）测试分析。测试分析即对测试结果进行分析，即将实际测试结果与预期结果作比较，如结果不一致即表示软件有错，此时需作出错率统计。

3）排错与可靠性分析。测试分析结果表明软件有错时就要启动排错，排错又称调试，即改正错误，它包括两个部分：

- 确定程序中错误的确切性质与位置。
- 对程序进行修改以排除错误，在排除错误后尚需作进一步的测试。

分析结果的另一个方面是出错率统计，在此基础上建立软件可靠性模型。如果软件中经常出现严重的错误，那么其质量和可靠性就值得怀疑，同时也表明需作进一步测试。

测试流程的三个步骤可以用图 9-21 表示。

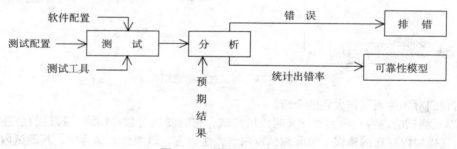

图 9-21　测试测试示意图

（3）测试用例设计

在测试中设计测试用例是关键的，测试用例一般分两种方法，即黑盒测试与白盒测试，下面我们分别介绍。

1）黑盒测试。黑盒测试是将测试对象看做是一个黑盒，只知其外部功能特征而不知其内部结构与编码。黑盒测试主要是测试是否满足功能要求，其示意图可见图 9-22。在该图中表示对输入 x_1，x_2，…，x_n 经黑盒后必有预期结果 y_1，y_2，…，y_n。对一组输入数据若实际结果与预期结果相符则表示某功能成立，若不相符则表示功能不成立。为此经过多次数据输入与输出的比较最终可得到测试结果。

2）白盒测试。白盒测试是将测试对象视为一个打开的盒子，允许测试人员可以对程序内部的结构与编码作测试，其测试方法是所构作的测试用例应能包含所有逻辑路径，并通过设置不同检查点，以确定实际状态与预期状态是否一致。

图 9-22　黑盒测试示意图

软件人员使用白盒测试方法主要是对程序模块进行检查，对其所有独立路径至少测试一次；对逻辑判定为"T"或"F"都至少能测试一次；在循环的边界和运行界限内执行循环以及测试内部数据结构的有效性等。

黑盒测试与白盒测试是两种不同的测试，它们各有其优点与缺点，两种测试如能同时进行，可得到互相补充的作用。

（4）测试策略

软件测试一般采用从小到大，由局部到全局的测试策略，其测试过程按四个步骤进行，它们分别是单元测试、组装测试、确认测试与系统测试，其过程图可见图9-23。

在该图中可以看到，整个测试过程分四个步骤：

1）单元测试：首先对每个模块作单元测试。

2）组装测试：经单元测试后将模块集成并作组装测试，主要是对整个软件体系结构作测试。经组装测试后的软件称已集成软件。

3）确认测试：对已集成软件用需求分析要求作确认测试，经确认测试后的软件称已确认软件。

4）系统测试：最后，将已确认的软件纳入实际运行环境中并与其他系统成分组合一起进行测试，以完成最终测试。

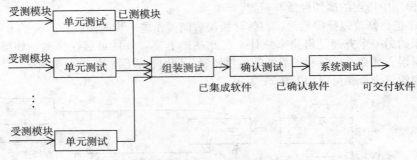

图 9-23 测试过程示意图

下面我们对四种测试作大致的介绍。

1）单元测试的内容。单元测试又叫模块测试，它的测试对象是模块，其目的是进行正确性测试，发现模块内存在的错误。单元测试以白盒方法为主，以黑盒方法为辅，其测试内容需包括五个方面：

- 模块接口测试，即对模块的输入、输出接口的测试，这是单元测试中首先要测试的部分，因为如果接口存在错误则其他测试也就无从谈起。
- 局部数据结构测试，此部分是最为常见的错误来源，这种测试包括对数据类型、初始化变量、初始值内容的测试。
- 路径测试，这是单元测试中的主要内容，要选择适当的测试用例，对模块中的主要执行路径进行测试，其中包括查找错误的计算，不正确的比较以及不正常的控制流程等。
- 错误处理测试。一般的模块要求能预见出错条件并有设置错误处理，因此需对其作测试以防出现有错无处理或出错处理不正确的现象出现。
- 边界测试，即对模块中临界状态的测试，此类错误是经常会出现的，必须认真加以测试。

2）组装测试的内容。组装测试又称集成测试（也叫联合测试），它是在单元测试的基础上将所有经测试的模块按设计要求组装成为一个系统，在此项测试中主要的测试内容是对模块间接口的测试，包括模块间的调用接口，模块间数据接口以及模块局部功能与系统全局功能间的关系。它具体包括下面一些内容：

- 模块间的调用关系是否符合设计要求。

- 在模块间连接时，模块传递的数据是否会失真。
- 模块内的局部数据结构与系统的全局数据结构是否协调。
- 一个模块的功能是否会对另一个模块功能产生不利影响。
- 各模块功能的组合是否能达到预期的整个系统的功能。
- 各模块功能的误差积累在系统中是否会放大成为无法接收的错误。

3）确认测试的内容。确认测试又称为有效性测试，其目的是验证被测试软件的功能和性能是否与需求说明书中的要求一致。

确认测试一般分五个过程：有效性测试、软件配置审查，α 测试与 β 测试，验收测试以及最终确认测试结果。如图 9-24 所示。

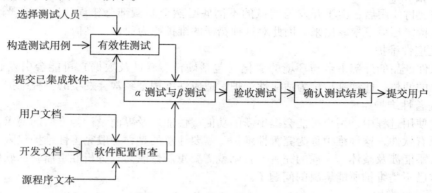

图 9-24　确认测试的五个步骤

下面对这五个过程进行介绍：

- 有效性测试。有效性测试是在模拟环境下，运用黑盒方法进行的测试，为此需制定测试计划，给出测试用例，通过实施预定的测试计划以确保被测试的软件能与需求说明书中的功能、性能一致。
- 软件配置审查。在进行有效性测试的同时，需对软件配置的所有成分（包括各种文档及相应源程序文本等）作审查，以确保质量符合要求，同时要保证配置文档及文本的完整性、正确性以及无矛盾性。
- α 测试与 β 测试。一个软件在进行了有效性测试与配置审查后，可将其交给用户，在开发环境下进行测试，在测试中需与开发者配合进行，其测试目的是对软件产品的功能、性能、可使用性等进行评价，这就是 α 测试。在 α 测试后即可进入 β 测试，β 测试是将产品交给多个用户，在用户的实际环境中进行测试，并将其使用结果及有关问题提交给开发者，最终给出功能、性能及使用效果的评价，同时还重点检查文档、客户培训等产品支持能力，在此时要求对所有的手册、文本都最后定稿。
- 验收测试。验收测试是在 β 测试基础上对所有发现的错误与不足进修改确定后所进行的一种测试。它是以用户为主的测试，开发人员参与，由用户参加设计测试用例，并使用实际运行中的数据。
- 测试结果的确认。在全部测试完成后，所有测试结果可分为两类：第一类是测试结果与预期相符，此时确认成功；第二类是测试结果与预期不相符，此时需列出缺陷表并与开发者协调解决。

4）系统测试。系统测试是将通过了确认测试后的软件作为整个计算机系统中的一个组成部分与计算机硬件、外设、网络以及其他的软件、数据和人员整合在一起，在实际运行环境下所进行的一系列组装与确认测试。经过系统测试后的软件即成为真正的软件产品。

（5）软件测试文档

在进行了以上四种测试后最终完成整个软件的测试工作，所有测试过程均需有规范化的文档，它包括测试计划及测试分析报告等。

9.2.6 运行与维护

运行与维护是系统实现的最后一个阶段，在完成软件测试后，一个软件就正式成为产品了，同时也可以正式向外发布并交给用户使用，此时用户将软件进行安装并正式投入运行。

运行后的软件尚需维护，维护可分为四种。

（1）纠错性维护

在软件交付使用后，由于开发与测试的不彻底必然会隐藏部分错误，这些错误运行阶段往往会在某些特定环境下暴露出来，因此对这种错误的维护称为纠错性维护。

（2）适应性维护

由于软件产品的外部平台与环境的变化（包括硬件、软件及数据）可能会引发软件内部的结构与编码的调整，此种维护称为适应性维护，适应性维护是经常会发生的一种维护。

（3）完善性维护

在软件使用过程中，用户可能会提出新的功能、性能以及界面设计等方面的要求，此时需修改或扩充原有软件，这种维护称为完善性维护。需要注意的是，一般完善性维护仅限于局部、部分的完善，不能涉及整体、全局的完善，否则就需要重新修改需求分析并重启新的软件开发的生存周期，这已不是维护所能解决的问题了。

（4）预防性维护

预防性维护是为进一步改善软件的可维护性与可靠性并为以后的改进奠定基础的一种维护，预防性维护的实施目前并不多见。

在整个运行维护阶段，在最初的一两年内以纠错性维护为主。随着时间推移，错误发现率也逐渐降低并趋于稳定，从而进入了正常使用期。然而随着环境的改变以及用户需求的进一步增强，适应性维护与完善性维护的工作量将逐步增长，而对这两种维护工作量的增加又会引发新的纠错性维护，因此，对这后面的两种维护一定要慎重，至于预防性维护一般要尽量少进行。

从总体看来，这四种维护中纠错性维护是必需的，也是最重要的，但是其所占的比例并不高，图 9-25 给出了四种维护各自所占的比例。在图中可以看出，其实比例最高的是完善性维护，它占 50% 左右，其次是适应性维护，它占 25% 左右，而纠错性维护仅占 20%，当然预防性维护是最低的了，它仅占 5% 左右，而图 9-26 给出了维护在整个软件生存期所占的比例，它大概占有 30%，这说明了维护在软件开发中的重要地位和作用。

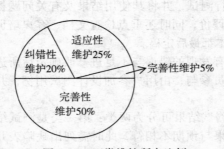

图 9-25 四类维护所占比例　　　　　图 9-26 维护在生存周期中所占比例

最后，在运行与维护过程中需编写运行记录与维护记录等文档。

9.3 软件工程标准化

软件工程标准化是软件工程中的重要内容，其主要目的是为了保证软件质量及有利于相互交流。标准化的规范制订与推广一般由政府机构及权威性民间机构实施。在本节中主要介绍软件工程标准化中的若干个主要问题。

9.3.1 软件工程标准化的意义

软件工程是一种复杂的系统工程，需要有多个阶段及多种人员参加，为保证所有参与者统一协调、统一交流与统一行动，即要有一个统一遵守的约束与规定，这就是标准。而在软件工程的所有活动中均需按标准进行，这就是软件工程的标准化。

软件工程标准化有以下一些好处：

1）可以提高软件开发质量。
2）有利于软件工作人员相互交流。
3）有利于缩短软件开发周期。
4）有利于软件管理、降低软件开发成本及运行维护成本。

9.3.2 软件工程标准化组织与标准

软件工程标准化组织可以是政府机构或民间团体，也可以是企业或项目组织，它可按不同的适用范围分为五个级别。

（1）国际标准

由国际标准化机构制定和公布，提供各国参考的标准。目前主要的国际标准化组织是 ISO（International Standard Organigation），这个国际机构有着广泛的代表性和权威性，它所公布的标准也有较大的影响。20 世纪 60 年代初，该机构建立了"计算机与信息处理技术委员会"，简称 ISO/TC97，专门负责与计算机有关的标准化工作。该组织所制定的标准通常冠有 ISO 字样。

（2）国家标准

由政府或国家级的机构制定或批准，适用于国家范围的标准，例如：

1）GB——中华人民共和国国家技术监督局是中国的最高标准化机构，它所公布实施的标准称国家标准简称为"国标"并冠以 GB 字样。它目前已批准了若干个软件工程标准（详见下节）。

2）ANSI（American National Standards Institute）——美国国家标准化协会。这是美国一些民间标准化组织的领导机构，具有一定的权威性。

3）FIPS（NBS）（Federal Information Processing Standards bureau of standards）——美国商务部国家标准局联邦信息处理标准。它所公布的标准均冠有 FIPS 字样。

4）BS（British Standard）——英国国家标准。

5）DIN（Deutsches Institut fur Normung）——德国标准协会。

6）JIS（Japanese Industrial Standard）——日本工业标准。

（3）行业标准

由行业机构、学术团体或军事机构制定，并适用于某个业务领域的标准，例如：

1）IEEE（Institute of Electrical and Electronics Engineers）——美国电气与电子工程师学会。该学会专门成立了软件标准分技术委员会（SESS），积极开展了软件标准化活动，取得了显著效果，受到了软件界的关注。

2）GJB—中华人民共和国国家军用标准。这是由中国国防技术工业委员会批准，适合于国防部门和军队使用的标准。

3）DOD—STD（Department Of Defense—Standards）——美国国防部标准，适用于美国国防部门。

4）MIL—S（Military—Standard）——美国军用标准，适用于美军内部。

此外，近年来中国许多经济部门（例如，原航空航天部、原国家机械工业委员会、对外经济贸易部、石油化学工业总公司等）都开展了软件标准化工作，制定和公布了一些适合于本部门工作需要的规范。这些规范大都参考了国际标准或国家标准，对各自行业所属企业的软件工程工作起了有力的推动作用。

（4）企业规范

一些大型企业或公司，由于软件工程工作的需要，制定适用于本部门的规范。例如，美国IBM公司通用产品（general products division）1984 年制定的《程序设计开发指南》，仅供该公司内部使用。

（5）由某一科研生产项目组织制定，且为该项任务专用的软件工程规范。例如我国计算机集成制造系统（CIMS）的软件工程规范。

9.3.3 我国的软件工程标准

我国的软件工程标准化工作一直由国家主导，从 1983 年起到目前为止，已陆续制定与发布的国家标准主要有四类，共 20 项。

（1）基础标准

基础标准是软件工程中最基本的标准，主要包括：

1）软件工程术语标准。（GB/T11457—1995）

2）信息处理——数据流程图、程序流程图、系统流程图、程序网络图和系统资源图的文件编制符号及约定。（GB/T1526—89）

3）软件工程标准分类法。（GB/T15538—1995）

4）信息处理——程序构造及其表示法的约定。（GB/T13502—92）

5）信息处理——单命中判定表规范。（GB/T15535—1995）

6）信息处理系统、计算机系统配置图符号及其约定。（GB/T14085—93）

（2）开发标准

开发标准主要用于软件开发，主要包括：

1）软件开发规范。（GB8566—88）

2）计算机软件单元测试。（GB/T15532—1995）

3）信息技术软件生存期过程。（GB/T8566—1995）

4）工业控制用软件评定准则。（GB/T13423— 92）

5）软件维护指南。（GB/T14079—93）

（3）文档标准

文档标准主要用于文档书写，主要包括：

1）软件文档管理指南。（GB/T16680—1996）

2）计算机软件产品开发文件编制指南。（GB8567—88）

3）计算机软件需求说明编制指南。（GB9385—88）

4）计算机软件测试文件编制指南。（GB9386—88）

（4）管理标准

管理标准主要用于软件工程管理，主要包括：

1）计算机软件配置管理计划规范。（GB/T12505—90）

2）信息技术软件产品评价，质量特性及其使用指南。（GB/T166260—1996）

3）计算机软件质量保证计划规范。（GB/T12504—90）

4）计算机软件可靠性和可维护性管理。（GB/T14934—93）

5）质量管理和质量保证标准之第三部分。（GB/T19000—3—94）

9.4 软件工程中的文档

文档（document）又称软件文档，是组成软件的三个部分之一，其重要性不言而喻。但目前人们对文档重要性的了解还不够，在本节中我们介绍文档的意义、内容及作用，希望能引起业界对文档的重视。

9.4.1 文档的作用

文档是指在某些载体中所记录的一些可永久性保存的符号，这些符号可供人阅读，它可以是自然语言、图形或特定的标识等。其主要作用有以下三点。

（1）文档的交流作用

由于软件是一种抽象的逻辑物件，它一般不为人们所识别，因此有时被称为"天书"，在其开发、使用及管理中必须用文档加以说明才能建立人与软件间的充分交流与沟通。

（2）文档的标志性作用

在现在软件工程中，软件的开发、使用与管理都离不开文档，它已成为各项工作的标志。

1）软件开发的六个阶段中前三个阶段（即计划制定、需求分析、软件设计）的最终成果（即里程碑）就是文档，而后面三个阶段（即编码、测试、运行及维护）的最终成果文档也是其中之一。因此可以认为，在软件开发的整个过程中文档已成为主要的工作内容与标志之一。

2）在软件使用中必须用文档来指导用户操作、使用软件，在使用过程中发现错误时帮助用户纠正错误。

3）在软件开发与使用的管理中必须用文档来协助进行开发、交流、协作等。

（3）文档的档案作用

在软件产品的开发与使用中，开发与使用的人是可能会变化的，在计算机中运行的程序和数据是可能会丢失的，但只有文档是永久保留的，它忠实地记录了开发与使用中的所有信息，为产品保存了一份完整的档案记录，因此文档是软件开发与使用中的唯一的不动点，它也可以为进一步开发、维护、修改及使用提供了珍贵的资料。

（4）文档的能见性作用

在软件开发中用文档以记录其全部过程有助于掌握开发进度、保证质量、及时发现错误，也有利于全局考虑、减少返工。

9.4.2 文档的分类

目前的文档大致分为三类：

1）开发文档主要用于软件开发过程，作为软件开发阶段的一种总结性成果的体现，它包括如可行性研究报告、项目开发计划、需求分析说明书、概要设计说明书及详细设计说明书等。

2）使用文档主要用于用户使用软件，包括安装、操作、维护等的使用，此类文档有用户手册、操作手册、维护修改建议等。

3）管理文档主要用于软件开发中管理人员使用的文档，它包括如开发进度、月报、项目开发总结等。

9.4.3 常用的软件文档

国家标准化局在 1988 年 1 月发布了《计算机软件开发规范》和《软件产品开发文件编制指南》，作为软件开发人员工作的准则和规程，它们基于软件生存周期方法，把软件产品从形成概念开始，经过开发、使用和不断增补修订，直到最后被淘汰的整个过程应提交的文档归纳为以下14 种：

1）可行性研究报告：说明该软件项目的实现在技术上、经济上和社会因素上的可行性；评价为合理地达到开发目标可供选择的各种可能的实现方案以及说明并论证所选定实施方案的理由。

2）项目开发计划：为软件项目实施方案制定出的具体计划。它应包括各部分工作的负责人员、开发的进度、开发经费的概算、所需的硬件和软件资源等。项目开发计划应提供给管理部门，并作为开发阶段评审的基础。

3）软件需求说明书：也称为软件规格说明书，它对所开发软件的功能、性能、用户界面及运行环境等作出详细的说明。它是用户与开发人员双方对软件需求取得共同理解基础上达成的协议，也是实施开发工作的基础。

4）数据要求说明书：该说明书给出数据逻辑描述和数据采集的各项要求，为生成和维护系统的数据文件做好准备。

5）概要设计说明书：该说明书是概要设计工作阶段的成果。它说明系统的功能分配、模块划分、程序的总体结构、输入输出及接口设计、运行设计、数据结构设计和出错处理设计等，为详细设计奠定基础。

6）详细设计说明书：着重描述每一个模块是如何实现的，包括实现算法、逻辑流程等。

7）数据库设计说明书：该说明书主要是对数据库的详细设计作出说明。

8）模块开发卷宗：该文档是对每个模块的程序设计代码及注释的展示。

9）用户手册：详细描述软件的功能、性能和用户界面，使用户了解如何使用该软件。

10）操作手册：为操作人员提供该软件各种运行情况的有关知识，特别是操作方法细节。

11）测试计划：针对组装测试和确认测试，需要为组织测试制定计划。计划应包括测试的内容、进度、条件、人员、测试用例的选取原则、测试结果允许的偏差范围等。

12）测试分析报告：测试工作完成以后，应当提交测试计划执行情况的说明。对测试结果加以分析，并提出测试的结论性意见。

13）开发进度月报：该月报是软件人员按月向管理部门提交的项目进展情况的报告。报告应包括进度计划与实际执行情况的比较、阶段成果、遇到的问题和解决的办法，以及下个月的打算等。

14）项目开发总结报告：软件项目开发完成以后，应当与项目实施计划对照，总结实际执行的情况，如进度、成果、资源利用、成本和投入的人力。此外，还需对开发工作作出评价，总结经验和教训。

9.4.4　文档编制的质量要求

为使软件文档能起到多种桥梁的作用，使它有助于程序员编制程序，有助于管理人员监督和管理软件的开发，有助于用户了解软件的工作和应做的操作，有助于维护人员进行有效的修改和扩充，文档的编制必须保证一定的质量。

如果不重视文档编写工作，或是对文档编写工作安排不当，就不可能得到高质量的文档。质量差的文档不仅使读者难于理解，给使用者造成许多不便，而且会削弱对软件的管理，提高软件成本（一些工作可能被迫返工），甚至造成更加有害的后果（如误操作等）。

高质量的文档主要体现在以下几个方面：

1）针对性：进行文档编制前应分清读者对象。按不同类型、不同层次的读者，决定如何适应他们的需要。例如，管理文档主要是面向管理人员的，用户文档主要是面向用户的，这两类文档不应像开发文档（面向开发人员）那样过多地使用软件的专用术语。

2）精确性：文档的行文应当十分确切，不能出现多义性的描述。同一课题的几个文档的内容应当是协调一致、没有矛盾的。

3）清晰性：文档编写力求简明，如配以适当的图表，以增强其清晰性。

4）完整性：任何一个文档都应当是完整的、独立的，它应自成体系。例如，前言部分应作一般性介绍，正文给出中心内容，必要时还有附录，列出参考资料等。同一课题的几个文档之间可能有些部分内容相同，这种重复是必要的。不要在文档中出现转引其他文档内容的情况。例如，一些段落没有具体描述，而用"见××文档××节"的方式，这将给读者带来许多不便。

5）灵活性：各个不同的软件项目，其规模和复杂程度有着许多实际差别，不能一律看待。

在文档编制中可以根据不同的项目制定不同的编制文档要求，主要包括：

1）应根据具体的软件开发项目，决定编制的文档种类。软件开发的管理部门应该根据本单位承担的应用软件的专业领域和本单位的管理能力，制定一个对文档编制要求的实施规定。主要是：在不同条件下，应该形成哪些文档，这些文档的详细程度怎样等。对于一个具体的应用软件项目，项目负责人应根据上述实施规定，确定一个文档编制计划。其中包括：

- 应该编制哪几种文档，详细程度如何。
- 各个文档的编制负责人和进度要求。
- 审查、批准的负责人和时间进度安排。
- 在开发时期内各文档的维护、修改和管理的负责人，以及批准手续。
- 有关的开发人员必须严格执行这个文档编制计划。

2）当所开发的软件系统非常大时，一种文档可以分成几卷编写。例如：

- 项目开发计划可分别写为：质量保证计划、配置管理计划、用户培训计划、安装实施计划等。
- 系统设计说明书可分别写为：系统设计说明书、子系统设计说明书。
- 程序设计说明书可分别写为：程序设计说明书、接口设计说明书、版本说明。
- 操作手册可分别写为：操作手册、安装实施过程。
- 测试计划可分别写为：测试计划、测试设计说明、测试规程、测试用例。
- 测试分析报告可分别写为：综合测试报告、验收测试报告。
- 项目开发总结报告也可分别写为：项目开发总结报告、资源环境统计。

3）应根据任务的规模、复杂性、项目负责人对该软件的开发过程及运行环境所需详细程度的判断，确定文档的详细程度。

4）对国标 GB8567—88《计算机软件产品开发文件编制指南》所建议的所有条款都可以扩展，进一步细分，以适应需要；反之，如果条款中有些细节并非必需，也可以根据实际情况压缩合并。

5）对于文档的表现形式没有规定或限制。可以使用自然语言，也可以使用形式化的语言。

6）可追溯性：由于各开发阶段编制的文档与各个阶段完成的工作有密切的关系，前后两个阶段生成的文档，随着开发工作的逐步延伸，具有一定的继承关系，在一个项目各开发阶段之间提供的文档必定存在着可追溯的关系。例如，某一项软件需求，必定在设计说明书、测试计划甚至用户手册中有所体现。必要时应能作跟踪追查。

9.5 软件项目管理

软件项目管理是将管理科学中的成果引入软件开发中，通过科学管理软件项目的开发以节省资金、提高开发效率并最终能保证软件产品质量。

软件项目管理内容很多，在本节中主要讨论软件项目成本控制、项目进度安排、项目管理及软件配置管理四个部分。

9.5.1 软件项目成本控制

软件项目开发既是一种技术活动也是一种经济活动，从管理角度看必须对软件项目作成本估算，并在技术活动中加入成本因素，使得软件开发是在成本控制下所进行的活动。

软件开发成本是指项目从开始到全部完成期间所需费用的总和。而成本控制就是在项目实施的全过程中，为确保项目在批准的成本预算内尽可能好地完成，对所需的各个过程进行管理与控制，其内容包括资源计划编制、成本估算、项目预算及成本控制。

（1）资源计划编制

资源计划编制是对项目开发中影响开发成本的几个关键因素的种类和数量的计划。由于软件开发不涉及原材料和能源的消耗，与其有关的仅是人员的劳动力成本，因此，资源计划编制所涉及的因素主要有：计划制定和需求分析、系统设计、详细设计、编码、测试等，而其内容则是制定这些因素所需劳动力的数量和时间。

（2）成本估算

成本估算是对所编制的资源计划的成本作出估算，目前所使用的方法有自顶向下、由底向上及差别估算法三种。

自顶向下估算法是从项目整体出发进行类推，即首先根据经验已完成类似项目的成本推算出待开发项目的总成本，然后向下推算至每个开发单元的开发成本。

自底向上估算是首先估算出每个开发单元的成本，然后向上累加最终获得开发的总成本。

差别估算法是上面两种估算法的一种结合，即将待开发项目与过去完成项目进行类比，从其开发的各子单元中区分出类似部分与不同部分，类似部分按实际量进行计算，而不同部分则采用相应的方法进行估算。

（3）项目预算

由成本估算（包括总成本及每个单元成本估算）再加上其他的多种因素，经过重新分配，将成本逐个落实至每个单项工作中构成项目的预算。

（4）成本控制

项目预算是软件项目经济层面上的宏观指标，它不仅对管理上具有绝对的权威性而且对系统开发等技术层面上也有绝对的权威性，在软件开发过程中有时会产生一些技术上的变更，从而影响到工作量的增减，此时就会涉及成本的变更，而项目预算的权威性告诉我们，不管成本如何变更，其总费用不能突破总预算上限，而单元成本则可以适当增减。

9.5.2 项目进度安排

项目进度安排即对软件项目进行科学、合理的安排，使产品能如期完成。常用的项目进度安排方法有甘特图（Gantt chart）法、PERT 技术及 CMP 方法等。而目前以甘特图法使用最为常见，因此我们主要介绍甘特图法。

甘特图是美国人亨利·甘特（H. Gantt）于 1910 年创立的一种方法，它可以直观地表明任务计划进行的状况以及实际进展与计划要求的对比。

甘特图是一种图示的方法，该图是一种二维图，其横坐标标识时间，纵坐标则标识项目中的不同任务。在图中用水平线段表示完成任务的计划时间，每个线段有起始点与终止点分别表示任务的开始与终止时间，而线段长度则表示完成任务所需时间。图 9-27 给出了一个具有四个任务（即 A、B、C、D）的甘特图。

为表示清楚起见，可在横坐标方向加一条可向右移动的纵线，它可随着项目的进展指明已完成的任务（纵线扫过的，可用实线表示）和有待完成的任务（纵线尚未扫过的，可用虚线表示），我们可以从图上清楚地看出各任务在时间上的对比关系。

在甘特图中每段任务的完成以交付文档及通过评审为标准，因此在甘特图中每个任务必须表明文档编写与通过评审的相关标志，它们可以分别用 O 与 Δ 表示。

9.5.3 项目管理内容

对软件项目的合理组织、计划及合理配备人员是软件项目管理的一个重要方面，在本节中主要介绍计划制定、组织建立、人员配备以及指导与检验。

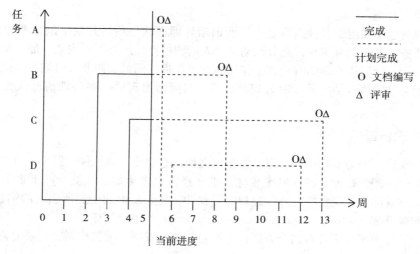

图 9-27 四个任务（A、B、C、D）的甘特图

（1）计划制定

在软件项目开发之前必须制定项目计划，以保证项目顺利进行，项目计划一般有：项目实施计划、质量保证计划、软件测试计划、文档编制计划、用户培训计划、综合支持计划。

（2）组织建立

开发软件项目应尽早建立相应的组织结构以保项目的完成。机构的组织应注意减少接口、落实责任及平衡责权，其组织形式可以有多种，例如：

1）成立不同课题组，按课题组组织人员。所谓课题是将一个项目划分成若干个子项目，这是一种横向分组方式。

2）根据软件开发的各个阶段按职能分组，如需求分析组、编码组等，这是一种纵向分组方式。

3）矩阵方式：将横向分组与纵向分组相结合成立专门组织，这些既参与横向课题又有纵向分工的分组构成一个矩阵结构方式的组织。

在每个小组内部采用主程序员制小组、民主制小组及层次式小组等多种形式。

（3）人员配备

合理配备人员是成功完成软件项目的切实保证。在人员配备中要注意如下几个方面：

1）按项目开发的不同阶段配备不同数量与不同要求的人员：在软件开发的不同阶段中所需人员数量是不同的，按 Rayleigh—Noredn 工作量分布曲线（见图9-28），各阶段所需人员数是不同的，因此应按需配备人员而不是固定配备人员。

同时，开发的不同阶段其人员要求也不一样，在需求分析与系统设计阶段需要系统分析人员；在编码阶段需要程序员；测试阶段需要测试人员；最后在运行与维护阶段则需要操作员与维护人员等。

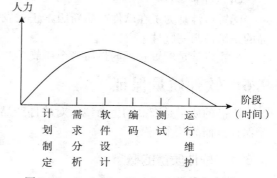

图 9-28 Rayleigh—Noredn 工作量分布图

2）在人员配备中要注意质量、重视培训。在注重技术员配备的同时也要注重管理人员的配备，两者是缺一不可的。

3）对项目经理人员的配备要特别重视，最好是既有管理能力也能掌握技术，同时也要有与用户沟通的能力。

（4）指导与检验

指导与检验也是属组织管理内容之一，所谓指导即在软件项目开发中鼓励和动员项目组成员努力完成任务，同时积极引导，充分调动每个人的积极性，还要不断沟通、加强交流、及时解决开发中的问题。所谓检验即随时检查工作计划与工作进度间的差距并及时调整。同时，还要随时检查所选用标准的执行情况并及时处理。最后，对随时出现的一些特殊情况认真分析并及时解决。

9.5.4　软件配置管理

在软件开发过程中会不断产生程序、数据与文档，它们统称为软件配置项，对它们的合理组织可构成一个软件配置，但是在开发中软件变更是经常会发生的，这就会产生多个不同配置项的出现。保证有效的产品完整性与开发过程的可视性，使开发中的变更所引起的错误降至最小，这就是软件配置管理（softwlare configuration management）的主要任务。

软件配置管理的工作主要有四个方面，它们是标识配置项、配置控制、记录配置状态及配置审计。

（1）标识配置项

软件配置的基本单位是软件配置项 SCI（Software Configuration Item），它可以是一个文档、一个程序模块或一组数据的描述并在开发过程中可以形成为里程碑的那些信息。为管理上的需要须对每个配置项加以标识，标识内容包括配置项名、配置项的属性（SCI 类型、变更情况、版本）以及与其他配置项之间的联系等。

（2）配置控制

配置控制包括版本控制及变更控制等内容，在软件开发中不同的配置可构成不同的版本，而对版本的有效管理就是版本控制。在软件开发中某些阶段的变更必然会导致其配置的变更，这些变更必须加以严格的控制和管理，保持修改信息，并把它们传递到下一个开发过程中，这就是变更控制。变更控制包括建立控制点及建立报告、审查制度等。

（3）记录配置状态

为保证配置的正确性，必须及时记录配置的变更，它包括变更时间、变更配置项、变更原因、变更内容等，这就是配置状态。有了它可以随时了解软件开发中的所有变更状况，并为配置审查提供原始依据。

（4）配置审计

配置审计是为了在软件产品新版本正式发布前对软件配置进行完整、统一的审查以保证产品的正确性与完整性。

配置审计是配置管理的最后一个环节，也是配置管理的最重要的一个环节。

9.6　软件质量保证

产品的质量是产品的生命线，对软件产品而言也是如此。在本节中讨论软件产品质量及质量保证方面的几个问题。

9.6.1　软件质量的概念

软件产品是一种逻辑产品，它与物理产品不同，其产品质量是各种质量属性的复杂组合，主要反映在如下两个方面：

1）软件需求是度量软件质量的基础，它反映了软件质量的最基本的要求。

2）软件工程中的多种开发准则是保证软件开发质量的公共基础。

根据上面两个基础可以对如下几个质量指标进行度量，以保证软件产品的质量。

（1）功能性

功能性是软件质量的第一要素，软件功能一般由需求给出，它一般包括符合需求的一组功能及特定属性的组合。

（2）可靠性

可靠性反映了软件的性能，它由正确性、健壮性及精确性三部分组成。

系统满足需求说明及用户目标程度称为正确性；而健壮性则表示当系统遇到意外情况时能按预定的方式进行适当处理而不会使系统产生崩溃；精确性指的是软件所达到的精确程度。

（3）可用性

可用性表示程序在运行中的灵活性和方便的程度。它反映了软件在使用上的特性。

（4）效率

效率是指为完成预期功能软件所需占用的时间及占有存储资源的程度，一般我们要求占用较少时间与较少存储空间。有时为达到某个单项指标的特殊要求可以实现以空间换时间或以时间换空间的方法。

（5）可维护性

可维护性表示了程序的便于修改的程度、可测试的程度以及程序可理解的程度。可维护性反映了软件产品在维护上的方便性。

（6）可移植性

可移植性反映了软件由一种软件、硬件环境移植到另一种软件、硬件环境所需的工作量的多少。软件的可移植性反映了软件的生命力和活力。

9.6.2 保证软件质量的手段

在软件开发中，为了使其质量能达到一定的指标所采用的一些手段称为软件质量保证。目前，软件质量保证的手段大致有三种：

- 评审。在软件开发中的每个阶段结束后对阶段成果作评审，在只有通过上一阶段评审后下一阶段开发才能进行，此种做法的目的是为了及早发现问题，不使早期的错误产生连环效应，影响到后期的开发。评审方法可以很多，它包括抽查、个人评阅、网上评审及会议评审等。
- 测试。测试也是软件质量保证手段之一，其详细介绍可参见 9.2.5 节。
- 标准规范。目前有若干个专门用于规范软件质量的标准，这里主要介绍 CMM 及 ISO9000—3。

（1）CMM

CMM（Capablity Matuvity Model）是评估软件能力与成熟度的标准，它是一种国际软业的质量管理标准。该标准认为，软件质量之所以难以保证不仅是技术上的原因而更主要的是管理上的原因。基于这种考虑，CMM 试图从管理学角度通过控制软件的开发过程来保证软件质量。CMM 定义了软件过程成熟度的五个级别，它们分别反映了软件开发中管理上的五种不同层次的要求，这五个级别分别是：

- 初始级：是最原始的级别，它反映了管理上的无序性。
- 可重复性：已建立了基本的项目管理规范。
- 已定义级：在工程和管理两个方面均已文档化、标准化。
- 已管理级：软件开发过程和产品质量有详细度量标准并得到了量化的控制。
- 优化级：是已管理级的进一步改进。

在 CMM 中通过对软件企业的五个级别的认证，以标识企业开发软件的管理能力。它反映了企业开发软件的成熟性，也为企业所能开发软件的规模、能力提供依据。

（2）ISO9000—3

另一个关于软件质量管理的标准是 ISO9000—3。该标准是 ISO9000 标准的子标准，主要用于软件质量管理和质量保证，其全称为"质量管理和质量保证标准第三部分：在软件开发、供应和维护中的使用指南"。其国标编码为 GB/T19000—3—94。

众所周知，ISO9000 标准是国际上主要用于制造业的质量保证标准，20 世纪 80 年代开始流行于欧洲，后来逐步推广至全球。同时在行业上也由制造业扩充至多种行业，包括电子行业、流程性行业、服务行业以及软件行业，但由于软件的特殊性，因此专门为它制定一个子标准，即 ISO9000—3。

1）ISO9000—3 的特点。ISO9000—3 除了强调 ISO9000 公共特点外还注意了软件所特有的几个特点，它们共有五个：

- ISO9000—3 继承了 ISO9000 的特点，即强调了软件产品开发是一种市场行为，对质量的要求同时存在于供方（即生产者）与需方（消费者）的两个方面，但以供方为主。该标准通过认证的方式以规范供、需双方对质量的要求。
- ISO9000—3 认为软件产品质量保证存在于软件开发的全过程中即生存周期的每个阶段中。
- 为保证产品质量，标准要求在开发的全过程中软件的质量因素始终处于受控状态。
- 为保证企业具有持续提供符合质量要求产品的能力，采用产品质量认证是一种有效办法，通过第三方权威机构的认证，对产品质量进行严格的监督与检查，是保证产品质量的有效手段，也可使企业成为进入市场的一种通行证。
- ISO9000—3 强调质量管理必须持之以恒，即取得质量认证资格后并不一劳永逸，而是有一个有效期，在有效期后尚需接受定期检查。

2）ISO9000—3 的内容要点：

- 该标准仅适用于供、需双方根据订单按合同所开发的制订式软件，而不是由企业单独开发销售的软件。
- 该标准对供、需双方都规定了明确的责任，而并没有将责任均归为供方。
- 所有规定的责任必须文档化，并对文档作详细审查。
- 该标准是一种指南性的文件，它只规定软件开发过程中所应实施的质量保证活动，但并非是一种操作性的细节。
- 标准要求供方应建立内部质量的审核制度，通过制度以保证软件质量，这制度包括建立相应机构、指定负责人、制定质量保证计划与评估制度以及采用的与质量保证有关的其他标准等。

本章复习指导

软件工程即是用工程化方法开发软件。

1. 软件工程的主要内容是

1）软件开发方法：

- 结构化开发方法
- 面向对象开发方法——Cood&yourdon 方法
- UML 开发方法

2）软件开发工具——CASE 工具：

- 软件分析、设计工具
- 软件编码工具

3）软件开发过程之一：

- 计划制定
- 需求分析
- 软件设计

- 编码
- 测试
- 运行与维护

4）软件开发过程之二——生存周期模型：

- 瀑布模型
- 快速原型模型
- 螺旋模型
- RUP

5）软件工程标准化：

- 标准化机构——ISO 与 GB
- 标准：基础标准、开发标准、文档标准、管理标准

6）软件工程中的文档：

- 文档分类：开发文档、使用文档、管理文档
- 14 种常用文档

7）软件项目管理。

8）软件质量保证：

- 评审
- 测试
- 规范——CMM、ISO9000—3

2．瀑布型结构化开发方法

1）结构化分析方法：

- 需求调查
- 数据流程图
- 数据字典
- 系统分析说明书

2）结构化设计方法

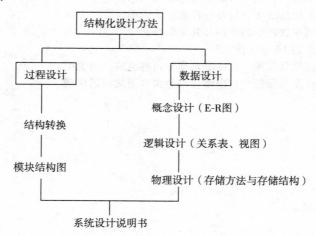

3）编码。

4）测试：

- 两种方法：黑盒测试与白盒测试
- 四种策略：单元测试、组装测试、确认测试、系统测试

5）运行与维护：

- 纠错性维护
- 适应性维护

- 完善性维护
- 预防性维护

3. 本章内容重点
- 瀑布模型结构化软件开发方法
- 软件工程文档

习题 9

9.1 请从宏观上介绍软件工程的内容。

9.2 软件开发有哪几种方法？请分别作介绍，并比较它们的优劣。

9.3 请说明软件生存周期的六个阶段的内容。

9.4 请给出四种软件生存周期的模型，并说明它们各自适应的环境。

9.5 请给出结构化开发方法的特征。

9.6 结构化分析方法包括哪些内容？请说明。

9.7 数据流图有哪些基本成分？它们分别起什么作用？请说明。

9.8 请画出一个数据流图的实际例子（具体内容可由读者自行决定）。

9.9 数据字典起什么作用？它包括哪些内容？请说明。

9.10 什么叫模块？它有什么特性？请说明。

9.11 如何将数据流图转换成模块结构图，请说明其转换方法，并具体介绍两种方法。

9.12 为什么系统设计分为过程设计与数据设计？请给出两种设计的不同目的。

9.13 系统数据设计分哪几个步骤？请说明。

9.14 给出系统编码质量要求。

9.15 什么叫测试？测试的目的是什么？请说明。

9.16 请给出测试的三个步骤的内容。

9.17 请说明测试中的白盒测试与黑盒测试的内容。

9.18 请给出测试中的四种策略。

9.19 何为软件工程标准化？目前有哪些著名的标准化组织？请说明。

9.20 我国软件工程标准化有哪几种标准？请说明。

9.21 试说明文档在软件中的作用及其重要性。

9.22 请给出常用的 14 种文档。

9.23 什么叫软件项目管理？它由哪几部分内容组成？请说明。

9.24 什么叫软件质量保证？它由哪几部分内容组成？请说明。

第 10 章

应用系统开发

应用系统是前面 9 章软件内容的集成，此外，还包括硬件的集成，由这两部分所组成的计算机应用系统简称应用系统，而应用系统的开发则是计算机应用的最终体现。

本章主要介绍应用系统的开发内容与开发步骤，并给出一个应用系统开发的实例。

10.1 应用系统开发原理

计算机应用系统也可简称为应用系统，它是直接为应用服务的计算机软件系统，是目前计算机应用的主要体现。

10.1.1 应用系统组成概述

从系统观点看，应用系统是直接面向用户为特定领域应用服务的系统，它是包括人、硬件资源、软件与数据资源等多种资源相结合的综合性系统。一般讲，一个应用系统由下面五个层组成。

（1）基础平台层

应用系统的基础平台是支撑应用运行的基础性设施，它包括硬件、系统软件及支撑软件。

1）硬件：基础平台中的硬件设备包括计算机、打印机等基本设备以及建立在计算机上的网络设备等。

2）系统软件：基础平台中的系统软件主要包括操作系统、语言处理系统（如编译系统）、数据库管理系统等。

3）支撑软件：基础平台中的支撑软件主要包括中间件、接口软件以及管理、监控等工具软件等。

（2）资源管理层

资源管理层主要存储与管理各类数据资源，包括结构化、半结构化及非结构化数据，这些数据一般都是共享的与持久的。它所管理的数据包括数据库数据、文件数据、目录数据等。

（3）业务逻辑层

业务逻辑层由实现应用中的各种业务功能的处理代码构成，它即是应用程序，它们以模块、组件、过程或类的形式存储，并用于完成与实现应用系统的功能。

（4）应用表现层

应用表现层的功能是通过人机交互方式将业务逻辑与资源紧密结合，最终以多媒体形式向用户展示应用结果信息，它是一种用户界面，同时也以用户所能接受的形式向系统输入数据及命令。

当用户是另一个系统时，此层表现为两个系统的接口。

（5）用户层

用户层是应用软件的最终层，它是应用系统为之服务的目标层。

这五个层组成了自底向上的层次结构，它们构成了应用系统的完整体系，图 10-1 给出了应用系统的层次结构图。

用 户 层
应 用 表 现 层
业 务 逻 辑 层
资 源 管 理 层
基 础 平 台 层

图 10-1　应用系统层次结构图

10.1.2　应用系统开发步骤

应用系统开发以遵从软件工程开发的原则为主，但是考虑到应用系统中不仅包括软件，还包括硬件，因此它是以软件为主的软、硬件集成体，所以在开发中要考虑到硬件的因素，特别是在开发步骤中要加入与硬件有关的环节。故而应用系统的开发步骤中除了软件工程中的六个步骤外还需增加两个新的步骤，即共八个步骤，构成了应用系统开发的完整过程，这八个步骤是：

1) 计划制定
2) 需求分析
3) 软件设计
*4) 系统平台设计
*5) 软件详细设计
6) 编码
7) 测试
8) 运行与维护

其中带有＊的4) 与5) 是新增的两个步骤。考虑到其余六个步骤已在第9章中有详细论述，因此在这里我们仅介绍4) 与5) 两个步骤。

（1）系统平台设计

应用系统的平台又称为基础平台，它包括硬件平台与软件平台。硬件平台是支撑应用系统运行的设备集成，它包括计算机、输入输出设备、接口设备等，此外还包括计算机网络中的相关设备。而软件平台则是支撑应用系统运行的系统软件与支撑软件的集成。它包括操作系统、数据库管理系统、中间件、语言处理系统等，它还可以包括接口软件、工具软件等内容。

此外平台还包括分布式系统结构方式，如 C/S、B/S 结构方式等。

（2）软件详细设计

在软件设计以后增加了系统平台设计使得原有设计内容增添了新的物理因素，因此需进行必要的调整，其内容包括：

1) 增添接口软件：由于平台的引入，构成整个系统需建立一些接口，包括软件与软件、软件与硬件间的接口。
2) 增添人机交互界面：为便于操作，可因不同平台而添加不同的人机界面。
3) 模块与数据的调整：因平台的加入而引起模块与数据结构的局部改变，需要加以调整。
4) 在分布式平台中（如 C/S、B/S）还要对应用系统的模块与数据进行合理配置与分布。

10.2　应用系统组成

根据前面的介绍，应用系统由基础平台层、资源管理层、业务逻辑层、应用表现层及用户层五部分组成，下面对它们作介绍。

10.2.1　应用系统基础平台

10.2.1.1　应用系统基础平台介绍

它包括硬件层及软件层（系统软件与支撑软件），下面具体介绍。

（1）硬件层

硬件层是包括计算机及内部的所有设备的组合，特别是由计算机所组成的网络设备。它为整个系统提供了基本的物理保证。

硬件层一般包括如下一些基础平台：

1）以单片机、单板机为主的微、小型平台，该平台主要为嵌入式（应用）系统（如自动流水线控制、移动通信管理等应用）提供基本物理保证。

2）以单机为主的集中式应用平台，该平台主要为非网络的集中式应用系统提供基本物理保证。

3）以计算机网络为主的分布式应用平台，该平台主要为分布式应用系统提供基本物理保证。在此种平台中其基本逻辑结构具有 C/S 结构方式。

4）以互联网为主的 Web 应用平台，该平台主要为 Web 应用系统提供基本物理保证。在此种平台中其基本逻辑结构具有 B/S 结构方式。

（2）系统软件层

系统软件层包括如下内容：

1）操作系统：操作系统是软、硬件接口，它管理硬件资源与调度软件，为整个系统提供资源服务。常用的有 Windows、UNIX 及 Linux 等。

2）语言处理系统：语言处理系统为开发业务逻辑提供主要的工具和手段。常用的有 C、C++ 及 Java 等。

3）数据库（管理）系统：数据库（管理）系统是整个系统的数据管理机构。它为资源管理层提供服务。常用的有 Oracle、Sybase 及 SQL Server 2005 等。

（3）支撑软件层

支撑软件层包括如下内容：

1）中间件：一般用基于 Windows 的 .NET 或基于 UNIX 的 J2EE（Weblogic 或 Websphere）。

2）接口软件：一般可用 ADO、ADO.NET、ODBC、JDBC 等。

3）其他辅助开发工具：如 Delphi、PB 等辅助开发工具以及 Office 等辅助办公软件等。

10.2.1.2　两种常用软件平台

目前的软件平台（系统软件及中间件）一般包括两大系列：

1）Windows 系列：该系列是基于微软的 Windows 的平台，包括操作系统（Windows 系列）、语言处理系统（VC 及 VC++ 等）、数据库管理系统（SQL Server 2005 等）、中间件（.NET）、接口软件（ADO、ADO.NET 等）、辅助开发软件（VB、VB.NET、ASP 以及 Office 等）。

该系列的硬件大都是微机以及微机服务器。

2）UNIX 系列：该系列是基于 UNIX 的平台，包括操作系统（UNIX 系列）、语言处理系统（Java）、数据库管理系统（Oracle 等）、中间件（Weblogic、Websphere 等）、接口软件（JDBC）、辅助开发软件（JSP）。该系列的硬件大都是以小型机为主的服务器。

10.2.1.3　基础平台的结构

基础平台的硬件与软件平台构成两种常用的分布式结构，它们是 C/S 与 B/S 结构，其中 C/S 是一种基于网络的结构，在该结构中服务器 S 存放共享数据及相应程序，而客户机 C 则存放应用程序界面及相应工具，并且与用户接口。B/S 是一种基于互联网的结构，其中数据服务器存放共享数据及相应程序，Web 服务存放应用程序、界面及相应工具，最后通过浏览器直接与用户接口。

10.2.2　应用系统的资源管理层

应用系统的资源管理层主要用于对系统的数据管理，这种管理包括文件管理与数据库管理两部分。

10.2.2.1　文件管理

在文件中主要管理半结构化或非结构化数据，如图像数据、Web 数据（XML、HTML 数据）及目录数据等。

（1）文件管理的组成

在文件管理中主要有三个部分：

1）文件管理系统：文件管理系统属操作系统，它对文件数据进行管理。

2）文件目录管理：文件目录管理属文件管理系统，但它在文件管理中起关键作用。它主要管理软件的目录。

3）文件数据：文件数据是文件管理对象，它一般有两种结构形式，一种是记录式结构，另一种是流式结构。

（2）文件管理的开发

文件管理的开发包括如下一些内容：

1）文件结构的建立。首先要确定文件的结构，包括文件的卷、文件、记录等结构形式。

2）文件的加载。在完成文件结构后即可通过文件管理中的操作语句——读、写语句进行数据加载。

3）文件目录的建立。文件目录是在文件构建后由系统自动生成。

10.2.2.2 数据管理

（1）应用系统中的数据组成

1）数据库管理系统。数据库管理系统是数据层的主要软件，它是用于数据层开发的工具，可用它来开发数据层，并为用户提供服务。有关数据库管理系统的内容可参见第 7 章。

2）数据与存储过程。数据库中的数据是数据层的主体，它是一种共享、集成的数据，并按数据模式要求组织成结构化形式。系统中符合访问规则的用户均能访问数据层中的数据。其访问形式与手段可以有多种。有关情况可参见第 7 章。

在数据层中除了有数据存储外，还可存储"过程"，这称为存储过程，存储过程是一种共享的数据库应用程序，它是数据库应用中又一种重要资源。存储过程分为两种，一种是系统存储过程，另一种是用户存储过程，其中系统存储过程是由系统为客户提供统一服务的过程，而用户存储过程则是由用户定义但可提供统一服务的共享过程，有关存储过程的介绍也可参见第 7 章。

3）数据字典。由于数据层中的数据是一种结构化数据，因此需对它严格定义，这种严格定义的结构必须保存于数据层中，称为数据字典，此种保存一般由系统自动完成，但用户可用数据库管理系统中的语句进行查询，有时为获得更多信息，用户还可以自行用人工建立。

4）数据开发。数据开发包括如下一些内容：

- 数据结构与数据约束的建立。在数据层中首先需对数据的结构与约束进行设置，可用数据库管理系统中的数据定义语句与数据控制语句来实现。它包含用数据定义语句以构作数据模式、表结构、视图以及索引等。同时也可以用数据控制语句以设置完整性约束与安全性约束条件。有关此部分的具体构作一般由数据库设计完成。

- 数据加载。在设置数据的结构及约束后即可进行数据加载，可以用数据库管理系统中的数据操纵语句以及数据服务等来完成数据加载，还可用增加、删除、修改等操作来不断完善与更新数据。

- 构作存储过程。用数据库管理系统中数据交换的自含式方式编写过程，并用创建存储过程语句将其持久地存入数据库内。例如，在 SQL Server 2000 中存储过程可用 T-SQL 编程。

- 构作数据字典。数据字典构作是系统自动进行的，但有时用户为获取与保存更多的信息，也可以在开发时人工建立，其建立方式与建立一般数据库类似。

10.2.3 应用系统的业务逻辑层

（1）业务逻辑层

业务逻辑层是应用系统中保存与执行应用程序的场所，它一般存放于应用服务器内（在 C/S

结构中则存放于客户机内）。该层一般由三部分组成，它们是中间件、应用开发工具以及应用程序。

1）中间件。中间件是一个软件开发平台，它为应用开发提供基本服务。一般可以从常用的 J2EE 与 . NET 中选用一个作为开发平台。

2）应用开发工具。除了中间件以外在应用层中还需要有开发应用程序的工具，它们一般是程序设计语言，如 Java、C、C++ 、C#等以及脚本语言 ASP、JSP 等，也可以是一些专用的开发工具。在应用开发工具还应包括与数据操纵有关的 SQL 语句以及数据交换中的调用层接口工具（如 ODBC、JDBC 等）。

3）应用程序。应用程序是应用系统中应用层的主体，在应用服务器中应用程序具有一定的共享性与集成性，并具有一定的结构，它们以函数或过程为单位出现，有时还可用组件形式组织。在应用程序中除有算法部分外，主要的还要有与数据库的接口及数据操纵、数据处理功能。

（2）业务逻辑层的开发

软件应用系统中业务逻辑层的开发包括如下内容。

1）应用开发设计。在应用程序开发中首先要进行需求分析，然后是系统设计，最后要进行程序的流程设计。

2）应用程序编程。在应用程序设计完成后即可用应用开发工具编程，在编程中除了完成算法部分的编程外，主要还要完成与数据库的接口以及进行数据操纵与数据处理。

在数据库的应用程序编程中要注意的是数据交换方式的选择，一般而言可以分下面几种情况：

1）在数据服务器内的编程中采用自含式方式，在此环境中一般是用于存储过程的编制以及后台编程。

2）在 C/S 方式的编程中采用调用层接口方式，在此环境中应用程序在客户机内用 ODBC/JDBC 等来建立应用与数据接口。

3）在 B/S 方式的编程中采用 Web 接口方式，在此环境中应用程序在应用环境服务器内，并用 ASP 及 ADO 等来建立应用与数据接口。

10. 2. 4　应用系统的应用表现层

应用表现层有两种。一种是系统与用户直接接口，它要求可视化程度高、使用方便，该层在 C/S 结构中存放于客户机中，而在 B/S 结构中则存放于 Web 服务器中。它一般由界面开发工具以及应用界面两部分组成，其中界面开发工具大都为可视化开发工具，常用的有基于 C/S 的 VB、PB 及 Delphi 等，基于 B/S 的 ASP、PHP 及 JSP 等以及 XML、HTML 等。还有一种是系统与另一系统的接口，它一般是一种数据交换的接口，由一定的接口设备与相应接口软件组成。

10. 2. 5　应用系统的用户层

用户层是应用系统的最终层，它是整个系统的服务对象。

在用户层中用户有两类含义：

1）用户是使用应用软件的人，一般情况下用户都具有此类含义。

2）在特定情况下，用户也可以是另一个系统，此时即成为两个系统的交互而不是人机交互。

10. 2. 6　典型的应用系统组成介绍

下面我们以 Windows 平台下的 SQL Server 2000 为支撑介绍两个典型的应用系统组成，其中一个是 C/S 结构方式，另一个是 B/S 结构方式。

（1）典型的 C/S 结构方式应用系统

典型的 C/S 结构方式应用系统由下面几个部分组成。

1）服务器部分。在服务器中使用 SQL Server 2000 数据库管理系统，它们分别是：

• 提供系统中的数据定义及操纵与控制的 SQL 语句供用户使用。

• 提供 T-SQL 作为自含式语言。

此部分存放数据、存储过程及数据字典。

2）客户机部分。这部分主要存放应用程序及界面，并用下面所列的开发工具进行应用及界面开发：

• PB

• Delphi

• VB、VC

• 提供 ODBC 作为数据交换接口

图 10-2 给出了典型的 C/S 结构方式数据库应用系统组成示意图。

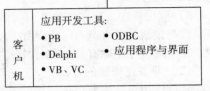

图 10-2　典型的 C/S 结构方式数据库应用系统组成示意图

（2）典型的 B/S 结构方式应用系统

典型的 B/S 结构方式应用系统由下面几个部分组成。

1）数据服务器部分。在服务器中使用 SQL Server 2000 数据库管理系统，它们分别是：

• 提供系统中的数据定义、操纵与控制的 SQL 语句供用户使用。

• 提供 T-SQL 作为自含式语言。

此部分存放数据、存储过程及数据字典。

2）Web 服务器部分。使用的工具有：中间件（.NET）、开发工具（XML 、ASP. NET 或 C#等）、提供 ADO 以构作数据交换接口。

用这些工具来构作应用程序及界面。

3）客户机部分。

• 统一形式的浏览器。

图 10-3 给出了典型的 B/S 结构方式数据库应用系统组成示意图。

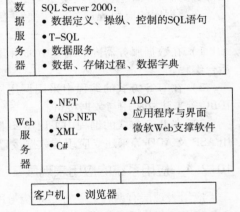

图 10-3　典型的 B/S 结构方式数据库应用系统组成示意图

10.3　应用系统开发实例——嵌入式电子点菜系统

在本节中我们以一个大家比较熟悉的电子点菜系统开发为例，重点介绍该系统的分析与设计，同时为介绍方便省去了一些细节。

10.3.1　嵌入式电子点菜系统简介

近年来，当我们去酒店吃饭时会发现服务员手上多了一个掌上电脑，当我们点菜时服务员只要在电脑上做一些点击即能随时将所点菜单通过无线方式传递至收银台的服务器中，服务器即通过设置于厨房的打印机将菜单打印出来，厨师即可按菜单做菜，此外服务器还可做消费结账、就餐统计等工作。这就是我们所要介绍的电子点菜系统，而服务员手中的掌上电脑即称为点菜器。由于这种掌上电脑是一种嵌入式计算机，因此该电子点菜系统也称为嵌入式电子点菜系统。

图 10-4a 给出了一个典型的酒店中常用的电子点菜系统示意图。在图中有餐厅（它包括 4 个包间与一个有 8 张餐桌的大厅），此外还有收银台的服务器，设置于厨房的打印机以及服务员手中的掌上电脑（即点菜器）。此外，在这三种设备间，服务器与打印机之间有线路相连（打印机是服务器的附属设备），而掌上电脑与服务器之间则采用蓝牙技术用无线方式连接。整个点菜系统是一种 C/S 结构方式，它可用图 10-4b 表示。

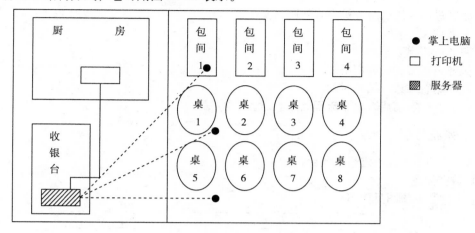

a）电子点菜系统示意图

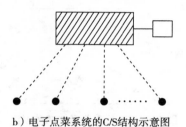

b）电子点菜系统的C/S结构示意图

图 10-4 电子点菜系统

10.3.2 需求调查

电子点菜系统的需求来自顾客在酒店的消费与酒店为顾客的服务。

（1）需求中的客体

在需求中涉及相关的几个客体：

1）顾客：顾客是消费的主体，是酒店服务的对象，负责点菜、用餐及付费。

2）服务员：服务员是直接为顾客服务的酒店工作人员，负责下菜单、传递菜肴等服务。

3）厨房：厨房按顾客点菜要求负责制作菜肴。

4）收银台：收银台负责结账、收款。

（2）在四个客体间存在一定关系，包括以下几个方面：

1）服务员与顾客：服务员代表酒店接受顾客的菜单；将按菜单要求制作的菜肴递送给顾客。

2）服务员与厨房：服务员将菜单传递给厨房；从厨房接受菜肴。

3）服务员与收银台：服务员将菜单传递给收银台。

4）顾客与收银台：顾客到收银台结账。收银台给出账单，顾客付款。

以上的需求是传统的顾客消费的基本需求，在利用现代技术改善酒店服务时，尚需进一步的要求。

1）改变传统酒店的"跑堂"方式，提高店堂效率、减少顾客等待时间、减轻服务员工作量。

2）能对酒店经营状况进随时的统计、分析与查询，使酒店管理者能心中有数。

3）能对酒店服务提供相关数据管理（如菜谱管理、用餐座位管理等）。

（3）流程

顾客就餐的整个流程是：

1）顾客进门，酒店服务员引导就座。

2）顾客点菜。

3）服务员传递菜单。

4）服务员送菜，顾客用餐。

5）顾客用餐结束，结账付款。

6）最后，顾客离店，整个流程结束。

10.3.3　系统分析

根据前面的需求调查进行系统分析。

（1）数据流图

该需求的数据流图见图 10-5。

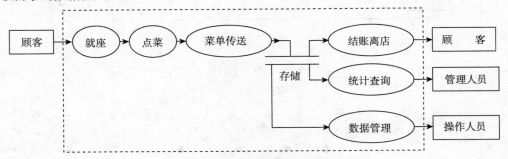

图 10-5　电子点菜系统的数据流图

（2）数据字典

数据字典给出了系统中的存储细节。

1）数据结构与数据项。在数据字典中包含了 4 个数据结构及相关的数据项。（为简便起见，在此处忽略了相关细节）。

- 数据结构 1：顾客包括顾客编号、顾客人数、到达时间、离开时间。
- 数据结构 2：菜谱包括菜谱编号、菜名、类别、价格、状态。
- 数据结构 3：房间（即包间及大厅的餐桌）包括房间编号、房间名、类别、规格、人数、当前状态。
- 数据结构 4：点菜消费包括点菜消费流水号、顾客号、房间号、菜号。

2）数据流：数据流是数据结构在系统内的流通路径。在本系统中的数据流有以下几个：

- 数据流 1：
  - 数据流名：顾客就餐。
  - 数据流来源：外部。
  - 数据流去向：房间及点菜消费。
  - 数据流组成：顾客—房间—菜谱—点菜消费—顾客（离店）。
- 数据流 2：
  - 数据流名：菜谱使用。
  - 数据流来源：外部。

　　　　■ 数据流去向：点菜消费。

　　　　■ 数据流组成：菜谱—点菜消费。

　　● 数据流 3：

　　　　■ 数据流名：房间使用。

　　　　■ 数据流来源：外部及顾客。

　　　　■ 数据流去向：点菜消费。

　　　　■ 数据流组成：顾客—房间—点菜消费—顾客（离店）。

　3）数据存储。

同数据结构

　4）数据处理：

数据处理 1：顾客入座—修改房间状态；插入一个顾客数据。

数据处理 2：顾客点菜消费—在点菜消费中插入一个新的数据。

数据处理 3：菜单传递—新数据传送。

数据处理 4：顾客离店—修改顾客及房间数据。

数据处理 5：数据管理—顾客、房间、菜谱。

数据处理 6：统计。

数据处理 7：查询。

数据处理 8：顾客结账—计算账单及打印。

10.3.4　系统设计

系统设计分模块设计与数据设计两部分。

（1）模块设计

由系统分析可建立起一个模块结构图，如图 10-6 所示。

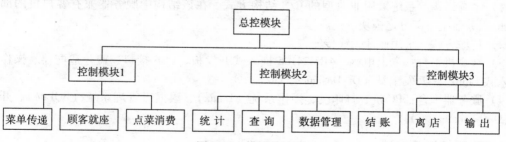

图 10-6　模块结构图

由此可以建立起系统的 12 个模块（其中控制模块 2 是一个虚拟的模块可以省略）：

模块 1—总控模块　　　　　模块 2—顾客就座模块　　　　模块 3—点菜消费模块

模块 4—菜单传递模块　　　模块 5—输出模块　　　　　　模块 6—结账模块

模块 7—统计模块　　　　　模块 8—查询模块　　　　　　模块 9—数据管理模块

模块 10—控制模块 1　　　　模块 11—控制模块 3　　　　　模块 12—离店模块

　　下面可以对每个模块构建模块描述图，现仅以点菜消费模块为例，参见表 10-1。

（2）数据设计

数据设计分为概念设计与逻辑设计两个部分。

1）概念设计。数据的概念设计即是设计数据的 E-R 图，如图 10-7 所示。

它有三个事实顾客、房间与菜谱以及一个联系点菜。（为

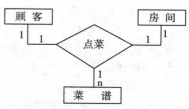

图 10-7　系统 E-R 图

简化起见忽略了相关属性)。

2）逻辑设计。根据概念设计可以建立起五张关系表与一个视图：

表 10-1 点菜消费模块描述图

模块编号	03	模块名		点菜消费	模块性质		工作模块
模块功能	顾客在菜谱中点菜						
模块处理	在点菜消费中建立一个新的记录						
模块接口	它受模块 10 控制；接受外部数据；用传送模块将数据传送至服务器						
附加信息							
编写人员：张之华				审核人员：徐 飞			
审批人员：王坚强				日 期：2010 年 2 月 1 日			

- 顾客表：顾客编号，到达时间，结账时间、人数；关键字：顾客编号。
- 房间表：房间编号，房名、类别、规格、容纳人数，当前状态；关键字：房间编号。
- 菜谱表：菜名编号，菜名、类别、价格；关键字：菜名编号。
- 点菜表：流水编号，顾客户、房间号、消费编号；关键字：流水编号。
- 消费表：消费编号，菜名；关键字：菜名。
- 点菜消费表（视图）：流水编号、顾客号、房间号、菜名；它由点菜表及消费表所组成。

需要说明的是，在点菜这个联系转换为关系表时，其与菜谱表中的菜名编号是 $1:n$ 的关系，因此须建立两张表：点菜表与消费表，再将它们合并成一个视图。

10.3.5 系统平台

根据需求与系统设计可以构建系统平台。

1）系统结构。系统采用非典型的 C/S 结构方式。在该结构中服务器兼有客户机的部分功能，即服务器中有部分之模块。

2）传输方式。采用蓝牙无线传输方式。

3）客户机平台：掌上电脑、4RM24105 嵌入式开发板、USB 接口、蓝牙适配器、操作系统（嵌入式 Linux）、开发工具（Qt/Designer、Qt/E）。

4）服务器平台：PC 机、打印机、操作系统（Linux）、数据库管理系统（SQLite）、开发工具（Qt/Designer、C）。

10.3.6 系统详细设计

在系统平台及系统设计基础上可以构建系统详细设计方案。

（1）模块详细设计

在模块详细设计中需要增加两个方面的内容，它们是将模块分布于客户机端与服务器端，同时要适当增减模块数量或模块内容以满足与系统平台结合后产生的接口与人机界面等。

1）模块的分布。在系统的 C/S 结构中，客户机 C 与服务器 S 的模块分布如下：

- 客户机端模块有：控制模块 1、顾客就座模块、点菜消费模块、菜单传递模块、控制模块 3、离店模块。
- 服务器端模块有：总控模块、结账模块、统计模块、查询模块、数据管理模块、输出模块。

2）模块增减：

- 客户机端模块需增添一个客户机端的输出模块，用它接收服务器中的输出模块数据。
- 可以将控制模块 1 与控制模块 3 合并成一个控制模块，称为控制模块 3。该模块即是客户机端的入口模块，它又是客户机中的入口界面。
- 此外，客户机端的每个模块均有人机交互界面，包括顾客就座界面、点菜界面、菜单传递界面、离店界面。
- 服务器端模块可以增添一个接收模块，用它接收来自客户机中传送模块的数据。
- 服务器端的总控模块实际上是一个服务器端的入口模块，它是服务器中的入口界面。
- 此外，服务器端的每个模块均有人机交互界面，它包括结账界面、统计界面、查询界面、数据管理界面、输出界面等。

（2）数据详细设计

系统中所有关系表与视图都放置于服务器端，并于关键字处设置索引以提高数据存取效率。

10.3.7　系统结构图

最后，可以构成一个系统结构图，如图 10-8 所示，这个图是系统的总体构成。

10.3.8　系统实现

根据系统详细设计及系统结构图，即可以按模块与数据表编程，最终可以得到 13 个程序、13 个界面及 5 张表，具体如下：

（1）程序

1）服务器端：总控程序、服务器接收程序、服务器输出程序、结账程序、统计程序、查询程序、数据管理程序。

2）客户机端：客户端控制程序、顾客就座程序、点菜消费程序、传送程序、离店程序、客户端输出程序。

（2）界面

1）服务器端：服务器端入口界面、服务器界面接收、服务器输出界面、结账界面、统计界面、查询界面、数据管理界面。

2）客户机端：客户端入口界面、顾客就座界面、点菜消费界面、传送界面、离店界面、客户端输出界面。

（3）数据表

服务器端：顾客表、房间表、菜谱表、点菜表、消费表、点菜消费表。

接着，可以对软件进行测试，在测试完成后系统即可投入运行。

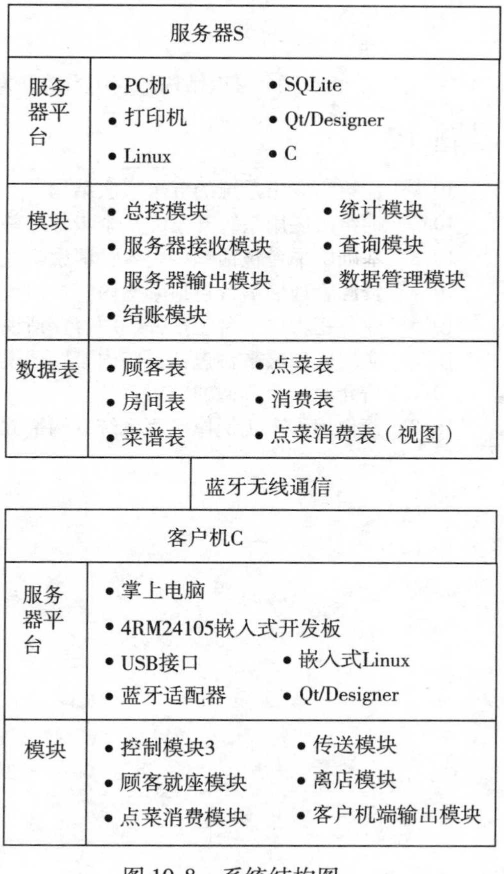

服务器S		
服务器平台	• PC机　• 打印机　• Linux	• SQLite　• Qt/Designer　• C
模块	• 总控模块　• 服务器接收模块　• 服务器输出模块　• 结账模块	• 统计模块　• 查询模块　• 数据管理模块
数据表	• 顾客表　• 房间表　• 菜谱表	• 点菜表　• 消费表　• 点菜消费表（视图）

蓝牙无线通信

客户机C		
服务器平台	• 掌上电脑　• 4RM24105嵌入式开发板　• USB接口　• 蓝牙适配器	• 嵌入式Linux　• Qt/Designer
模块	• 控制模块3　• 顾客就座模块　• 点菜消费模块	• 传送模块　• 离店模块　• 客户机端输出模块

图 10-8　系统结构图

本章复习指导

本章介绍应用系统开发，它是前九章知识的综合应用。应用系统是以软件为主的软硬件集成系统，它是目前计算机应用的主要体现。

1. 应用系统的五个层次结构
- 基础平台层
- 资源管理层
- 业务逻辑层

- 应用表现层
- 用户层

2. 应用系统开发的八个步骤

- 计划制定
- 需求分析
- 软件设计
- 系统平台设计
- 软件详细设计
- 编码
- 测试
- 运行与维护

3. 典型的两种应用系统结构

- C/S 结构
- B/S 结构

4. 本章重点内容

- 应用系统的五个层次结构与应用系统开发的八个步骤

习题 10

10.1 请给出应用系统的五个层次结构。

10.2 请给出应用系统开发的八个步骤，并说明其与软件工程中软件开发步骤的不同。

10.3 基础层平台包括哪些内容？请说明。

10.4 资源管理层平台包括哪些内容？请说明。

10.5 业务逻辑层平台包括哪些内容？请说明。

10.6 应用表现层平台包括哪些内容？请说明。

10.7 请介绍一个典型的应用系统。

10.8 请你用一个实例作应用系统的构造并说明其开发过程。

附录　数据结构的部分实验程序

　　本附录旨在配合第 4 章（数据结构部分）的学习提供若干可运行的程序，让读者体验数据结构中的算法设计技术；使其能模仿这些实验程序举一反三地设计类似的其他算法的程序。因为第 4 章正文中都是用类 C 语言表现算法，因此附录中的程序都用 C 语言编码。只要有 Turbo C 或 Visual C++ 软件环境，在任课教师的指导下就可以输入、编辑、编译和运行这里的实例程序。此外，读者只要对程序中的算法调用稍作修改，或模仿这里的程序就可以实现另一类数据结构问题的算法的运行和验证。附录中的程序都是包装了某算法的完整程序，构造了算法的实现环境。如果读者仔细认真地阅读、分析、理解和实验，必有受益匪浅的感受。

　　附录中的每个程序都按程序目的、程序结构、程序操作、举一反三和程序清单几个部分组成。程序目的指出要实验的算法函数；程序结构对完整程序代码进行说明，特别注意算法函数的位置和代码，这是程序的核心；程序操作说明如何运行程序；举一反三提示读者可以利用同一程序实验不同的实例或同类算法；程序清单给出完整程序代码，是通过运行成功的程序，读者只要在 C 环境下输入编辑就可以直接运行。**注意，程序清单左边的编号是为说明便利附加的，不是程序的组成部分。**

程序 1（顺序表的插入算法）

　　（1）程序目的：本程序的主要目的是练习顺序表的插入函数 InsertList(L, i, x)。

　　（2）程序结构：

　　1 行是引入头文件 stdio. h，以实现 C 程序的输入输出。

　　2 行是预定义常数 m 的当前值为 100。也可以把 100 改为其他正整数。

　　3~6 行定义顺序表的类型，只是一个例子。data[m] 是一维整数数组，存储线性表本身。len 是顺序表的当前长度变量，存储顺序表的当前数据元素个数。

　　7 行是插入函数 InsertList( ) 的函数原型，函数体在下面定义。

　　8~30 行是主函数。其中，10 行建立例子顺序表 A，有值（20，12，123，41，15，61，17，81，19，1），长度为 10；11~16 行输出这个例子顺序表，以便后面验证；18~30 行循环控制调用插入操作函数，当输入 k 为 0 时退出。其中，19~21 行请求输入一个结点数据 y（整数）和一个结点号 k（正整数），以作为要插入的结点数据和插入位置；24 行是调用插入函数的语句；25~30 行输出插入后的顺序表 A，以验证插入算法的效果。31~40 行是插入函数 InsertList( ) 的程序代码。

　　（3）程序操作：本程序比较简单，每在显示提示处输入一个整数和一个小于 11 的自然数就可以正确执行插入操作，并可以看到插入结果。当输入小于等于 0 的数时立即结束程序运行。

　　（4）举一反三：

　　1）读者可以修改 10 行的例子顺序表 A 的值，使其成为一个新顺序表，以验证插入算法；如 A = { {120，300，26，541，954，61，87，731}，8} 等。

　　2）把 31~40 行的插入函数程序代码替换为顺序表的其他操作函数，如删除函数、查找函数等，并相应修改 19~21 行的参数输入和函数调用代码语句，就可以验证相应操作算法。

（5）程序清单：

```
1      #include < stdio. h >                                      /* 引入头文件 * /
       #define m 100                                              /* 预定义 * /
       typedef struct                                             /* 顺序表的结构定义 * /
       {   int data[m];
5          int len;
       }SEQUENLIST;
       SEQUENLIST InsertList(SEQUENLIST L,int i,int x);           /* append 函数原型* /
       void main(){                                               /* 主函数* /
       int x,i,k;
10     SEQUENLIST A = {{20,12,123,41,15,61,17,81,19,1},10};       /* 生成顺序表 A(例)* /
       printf("InsertList. c:\n");                                /* 输出 A(例)顺序表 * /
       printf(" = = = = = = = = = = = = = = = = = \n");
       printf("\nThe old list is : ");
       for(i = 0;i < A. len;i + + )
15         printf("% d ",A. data[i]);
       printf("\n% d ",A. len);
       k = 0;
       while(k > = 0){
           printf("\nPlease Tnput the Integer to Insert : \n");   /* 请求输入* /
20         scanf("% d",&y);                                       /* 输入一个结点数据,如 50 等* /
           scanf("% d",&k);                                       /* 输入一个结点号,如 5 等* /
           if(k < = 0)
               break;
           A = InsertList( A, k, x);                              /* 调用函数 InsertList()* /
25     printf("The new list is : \n");                            /* 输出插入后的顺序表 A(例)* /
       for(i = 0;i < A. len;i + + )
           printf("% d ",A. data[i]);
       printf("\n% d ",A. len);
       printf("\n. . . OK! . . . ");}
30     }
       SEQUENLIST InsertList(SEQUENLIST L,int i,int x)            /* 插入函数* /
       { int k;
         if(i < 1 ||i > L. len + 1 ||L. len > = m - 1)            /* 检查参数正确性* /
           { printf("i(location) is illegal! \n"); }
35       for(k = L. len;k > = i;k - - )                           /* 右移结点* /
               L. data[k] = L. data[k - 1];
       L. data[i - 1] = x;                                        /* 插入 x* ,注意元素下标* /
       L. len + + ;                                               /* 表长度增1* /
       return(L);
40     }
```

程序2（单链表的插入算法）

（1）程序目的：本程序主要目的是练习带头结点的单链表的插入函数 InsertLink(H, i, x)。

（2）程序结构：

1~2 行是引入头文件 stdio. h 以实现 C 程序的输入输出；引入头文件 malloc. h 以实现动态存储分配。

3~6 行定义单链表的链结点的类型。链结点由结点数据域 data（作为例子定义为整数型）和顺序指针域 next 构成。

7 行是插入函数 InsertLink( ) 的函数原型，函数体在下面定义。

8~38 行是主函数。其中，9~24 行是建立例子单链表 H，并使有结点数据 {10, 15, 20, 25, 30, 35, 40, 45, 50, 55}；其中，12~15 行创建空链表 H；16~21 行向单链表 H 中装入例子结点数据；方法是先把结点数据预置在一个数组中（见 11 行），然后逐个数据地装入到单链表中；19~21 行请求输入一个结点数据 y（整数）和一个结点号 k（正整数），以作为要插入的结点数据和插入位置；

22~24 行是输出例子单链表的结点数据，以作验证；

26~38 行循环控制调用插入操作函数，当输入 i'为 0 时退出。其中，27~30 行请求输入一个结点数据 x（整数）和一个结点号 i（正整数），以作为要插入的结点数据和插入位置；31 行是调用插入函数的语句；32~37 行输出插入后的单链表 H，以验证插入算法的效果。

39~54 行是插入函数 InsertLink( ) 的程序代码。

（3）程序操作：执行本程序后请求输入。每在显示提示处输入一个整数和一个小于 11 的自然数就可以正确执行插入操作，并可以看到插入结果。当输入小于等于 0 的数时立即结束程序运行。

（4）举一反三：

1）读者可以修改 11 行的例子结点数据，数据值和数据个数可以任意选取，但必须是整数。这样就是一个新单链表了，可以进一步验证单链表的插入算法，如 A = {100，200，300，400，500，600，700，800，900，1000，…} 等。

2）把 39~54 行的插入函数程序代码替换为单链表的其他操作函数，如删除函数、查找函数等；并相应修改 27~30 行的参数输入和函数调用代码语句，就可以验证相应操作算法。

（5）程序清单：

```
1    #include < stdio. h >
     #include "malloc. h"                                  /* 动态存储分配函数库(头文件)* /
     typedef struct node                                  /* 结点类型定义* /
     { int data;                                          /* 结点数据域* /
5        struct node * next;                              /* 结点指针域* /
     } LINKLIST;
     void InsertLink(LINKLIST * H,int i,int x)            /* 插入函数原型* /
     void main()                                          /* 主函数* /
     { int x,i;
10       LINKLIST * H,* p,* q;
vint array[] = {10,15,20,25,30,35,40,45,50,55};           /* 线性表例* /
     q = ( LINKLIST * )malloc(sizeof(LINKLIST));          /* 创建空单链表 H* /
     q - > data = -1;
     q - > next = NULL;
15       H = q;
     for(i = 0;i < 10;i + +){                             /* 把例子数据装入单链表 H* /
         p = ( LINKLIST * )malloc(sizeof(LINKLIST));
         p - > data = array[i];
         p - > next = NULL;
20           q - > next = p;
         q = p; }
     printf("Success to CreateList L! the linklist is:\n");
     for(i = 0;i < 10;i + +)                              /* 显示单链表 H 例子数据* /
         printf("% d ",array[i]);
25   i = 0;
     while(i > = 0){                                      /* 插入操作实验循环* /
         printf("\n Input Insert Location i:\n");
         scanf("% d",&i);                                 /* 输入插入位置 i* /
         printf("\n Input Insert Element x:\n");
30           scanf("% d",&x);                             /* 输入结点数据 x* /
         InsertLink (H,i,x);                              /* 调用插入函数* /
         printf("the new linklist is:\n");                /* 输出插入结果* /
         q = H;
```

```
            while (q - > next! = NULL) {
35              printf("% d ",q - > next - > data);
            q = q - > next;}
        }
    }
    void InsertLink(LINKLIST * H,int i,int x)              /* 单链表插入函数 * /
40  {   int j = 0;
        LINKLIST * p,* t;
    p = H;
    while( j < i 且 p - > next ≠ NULL) {                    /* 定位到第 i 号结点 * /
        p = p - > next;
45          j = j + 1;}
            if(p! = NULL){                                  /* 定位成功 * /
            t = ( LINKLIST * )malloc(sizeof(LINKLIST));    /* 申请一个链结点空间 * /
            t - > data = x;                                 /* 写入结点数据 * /
            t - > next = p - > next;                        /* 把新结点链到 i 之后 * /
50           p - > next = t;
        }
        else                                               /* p 插入失败 * /
            printf("Location error!");
54  }
```

程序3（顺序栈的压栈算法）

（1）程序目的：本程序主要目的是练习顺序栈的压栈 PusStack( ) 操作。

（2）程序结构：

1 行是引入头文件 stdio. h，以实现 C 程序的输入输出。

2 行是预定义常数 m 的当前值为 10。也可以把 10 改为其他正整数。

3～7 行定义顺序栈的类型，只是一个例子。data[M] 是一维整数数组，为顺序栈栈体。top 是顺序栈的栈顶指针。

8 行是 PusStack( ) 函数的函数原型，函数体在下面定义。

9～21 行是主函数。其中，11 行生成一个顺序栈的例子。当前有 4 个元素。注意第 0 号元素不在其列。12～13 行请求输入一个整数；当输入小于等于 0 的数时结束程序运行。

14～23 行循环控制多次调用压栈函数。其中，15 行是压栈函数 PusStack( ) 的一次调用；16～20行输出压栈操作后的顺序栈 NS 的内容，以验证压栈算法的效果；21～22 行继续请求输入一个整数；当输入小于等于 0 的数时结束程序运行。

24～30 行是压栈函数 PusStack( ) 的程序代码。

（3）程序操作：每在显示提示处输入一个整数，就可以正确执行压栈函数 PusStack( )，并立即显示结果。当输入小于等于 0 的整数时立即结束程序运行。

（4）举一反三：

1）读者可以修改 11 行的例子数据，生成另一个初始栈进行验证。

2）读者可以修改 5 行为别的数据类型，并相应修改 11～13 行、18 行、21 行、22 行等，以验证不同数据类型的数据元素的栈。

（5）程序清单：

```
1   #include < stdio. h >
    #define M 10
    typedef struct                                         /* 栈类型定义 * /
    {
5       int data[M];
        int top;
```

```
        }SEQSTACK;
        SEQSTACK PusStack(SEQSTACK S,int x);                    /* 函数原型 * /
        void main(){                                            /* 主函数 * /
10          int i,y;
            SEQSTACK NS = {{0,1,2,3,4},4};                      /* 生成顺序栈 NS(例)* /
            printf("Input the intger number : ");
            scanf("% d",&y);
            while(y > 0){
15              NS = PusStack(S,y);
                printf("The New Stack is : \n");                /* 输出压栈后的 NS(例)* /
                for(i = NS. top;i > 0;i - -){
                    printf("% d ",NS. data[i]);
                    printf("\n% d ",NS. top);
20                  printf("\n. . . OK ! . . . ");}
                printf("Input the intger number : ");
                scanf("% d",&y); }
        }
        SEQSTACK PusStack(SEQSTACK S,int x){                    /* "压栈"函数定义 * /
25          if(S. top = = M - 1){
                printf("The stack have be overflowed!");}
            else {S. top + + ;
                S. data[S. top] = x;}
            return(S);
30      }
```

程序 4（顺序栈的弹栈算法）

（1）程序目的：本程序主要目的是练习顺序栈的弹栈 PopStack( ) 操作。

（2）程序结构：

1 行是引入头文件 stdio. h，以实现 C 程序的输入输出。

2 行是预定义常数 m 的当前值为 10。也可以把 10 改为其他正整数。

3～7 行定义顺序栈的类型，只是一个例子。data[M] 是一维整数数组，为顺序栈栈体。top 是顺序栈的栈顶指针。

8 行是 PopStack( ) 函数的函数原型，函数体在下面定义。

9～21 行是主函数。其中，11 行生成一个顺序栈的例子。当前有 4 个元素。注意第 0 号元素不在其列。

12～13 行请求输入一个整数；当输入小于等于 0 的数时结束程序运行。13～22 行循环控制多次调用弹栈函数。其中，14 行是弹栈函数 PopStack( ) 的一次调用。15～19 行输出弹栈操作后的顺序栈 NS 的内容，以验证压栈算法的效果。20～21 行是否继续？当输入小于等于 0 的数时结束程序运行。

23～28 行是弹栈函数 PopStack( ) 的程序代码。

（3）程序操作：程序首先执行一次弹栈操作；每在显示提示"是否继续运行？"时输入一个整数；当输入的整数大于 0 时，继续执行压栈函数 PusStack( )，并立即显示结果。当输入小于等于 0 的整数时立即结束程序运行。

（4）举一反三：

1）读者可以修改 11 行的例子数据，生成另一个初始栈进行验证。

2）读者可以修改 5 行为别的数据类型，并相应修改 11 行、17 行，以验证不同数据类型的数据元素的栈。

（5）程序清单：

```
1       #include < stdio. h >
```

```
    #define M 10
    typedef struct                                              /* 栈类型定义 */
    {
5       int data[M];
        int top;
    }SEQSTACK;
    SEQSTACK PopStack(SEQSTACK S);                               /* 函数原型 */
    void main(){                                                /* 主函数 */
10      int i,f;
        SEQSTACK NS = {{0,1,2,3,4,5,6,7,8},8};                  /* 生成顺序栈 NS(例) */
        f = 1
        while(f > 0){
            NS = PopStack(NS);
15          printf("The New Stack is : \n");                    /* 输出弹栈后的 NS(例) */
            for(i = NS.top;i > 0;i − − ){
                printf("% d ",NS.data[i]);
                printf("\n% d ",NS.top);
                printf("\n...OK! ...");}
20      printf("continue? < Exit if input 0 > ");
        scanf("% d",&y); }
    }
    SEQSTACK PopStack(SEQSTACK S){                              /* "弹栈"函数定义 */
        if (S.top = = 0)
            printf("The stack is empty!");
25      else
            S.top − − ;
        return(S);
28  }
```

程序5（顺序存储二叉树的中根遍历算法）

（1）程序目的：本程序主要实验关于二叉树的操作算法。以图 1a 中的二叉树为例；树中标为 "#" 的结点为修补结点；采用顺序存储结构，见图 1b。本程序实验二叉树的中根遍历算法 LDR()。图 1c 是直观目测的 LDR 的结果。

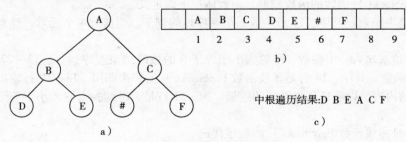

中根遍历结果:D B E A C F

图1　二叉树的顺序存储结构

（2）程序结构：

1 行是引入头文件 stdio. h，以实现 C 程序的输入输出。

2 行是预定义常数 m 的当前值为 10。也可以把 10 改为其他正整数。

3 ~ 7 行定义二叉树的顺序存储结构的类型，只是一个例子。dot[M] 是一维字符数组，存储二叉树；n 存储结点的个数，包括修补结点在内。

8 行是中根遍历函数原型，函数体在下面定义。

10 ~ 14 行是主函数。其中，12 行是例子二叉树的存储信息，见图 1a。13 行调用中根遍历函数 LDR()。

15~21 行是中根遍历函数 LDR() 的程序代码，这是一个递归程序。

（3）程序操作：每次执行显示程序中给定例子二叉树的遍历结果。

（4）举一反三：

1）读者可以仿照图 1 设计不同构造的二叉树进行实验，只需修改 12 行中的代码。

2）读者可以设计先根遍历或后根遍历的算法函数，以验证不同遍历方式的算法。读者不难看出，只要调整 17~20 行的三个语句的次序就能得到 DLR、LDR、LRD 三个不同方式的遍历算法的程序了。

3）读者可以设计二叉树的链存储结构，以及相应的遍历算法函数进行进一步实验。

（5）程序清单：

```
1     #include < stdio. h >
      #define M 10
      typedef struct                              /* 二叉树顺序存储结构的类型定义 */
      {
5          char dot[M];
           int n;
      } BITREE;
      void LDR(BITREE BT,int i);                   /* 二叉树 LDR 函数原型 */
10    void main()                                  /* 主函数 */
      {
          BITREE BIT ={{' ' ,'a','b','c','d','e' ,'#','f'},8};
          LDR(BIT,1);
      }
15    void LDR(BITREE BT,int i)                     /* 二叉树 LDR 函数定义 */
      {   if(i < = BT. n){
          LDR(BT,i* 2);
          if(BT. dot[i]! = '#')
              printf("% c ",BT. dot[i]);
20    LDR(BT,i* 2 +1);}
21    }
```

程序6（邻接矩阵法存储的无向图的求结点度算法）

（1）程序目的：本程序主要目的是练习求图的求结点度的操作算法。以图 2a 中的无向图 G 为例；采用邻接矩阵为图 G 的存储结构，见图 2b；图 2c 是直观目测的各顶点的度的列表。程序实验如何求任意顶点的度的算法，即函数 GetDegOfUndig()。

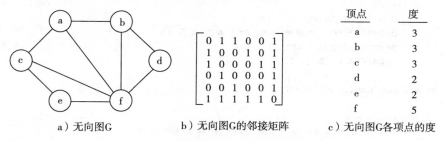

| | a）无向图G | b）无向图G的邻接矩阵 | c）无向图G各项点的度 |

图 2 无向图 G、邻接矩阵、各点的度

（2）程序结构：

1 行是引入头文件 stdio. h，以实现 C 程序的输入输出。

2 行是预定义常数 m 的当前值为 10。也可以把 10 改为其他正整数。

3~8 行定义图的邻接矩阵存储结构的类型，只是一个例子。vertex[M] 是一维字符数组，存储图的所有顶点；edge[M][M] 是二维字整数数组，存储邻接矩阵；Vn 和 En 分别为图的长度变量，Vn 存储图的顶点个数，En 存储图的边的条数。

9 行是求无向图顶点的度数的函数原型，函数体在下面定义。

11～25 行是主函数。其中，14～17 行是例子图 G 的存储信息；18～19 行请求输入第 1 个顶点。必须是 "a" 到 "f" 中的一个才有效；当输入 "空" 时结束程序运行。

20～25 行循环控制多次参数的输入；其中，21 行调用求无向图顶点的度数函数 GetDegOfUn-dig()；22 行输出结果，即度数；23～24 行继续请求输入顶点。当输入 "#" 键时结束程序运行。

27～37 行是求无向图顶点的度数函数 GetDegOfUndig() 的程序代码。

（3）程序操作：本程序比较复杂一点，涉及较多的函数。每在显示提示处输入一个正整数就可以正确执行 "10→2" 的数据转换，并立即显示转换结果。当输入 "#" 键时立即结束程序运行。

（4）举一反三：

1）读者可以仿照图 2 设计不同构造的图，并制作相应的邻接矩阵；以在不同的图上计算顶点的度。

2）读者可以设计一个有向图，并制作相应的邻接矩阵。再设计求有向图的入度、出度和度的函数程序；以实验有向图的度的计算算法。

（5）程序清单：

```
1    #include < stdio. h >
     #define M 10
     typedef struct                                          /* 图的类型定义 */
     {
5        char vertex[M];
         int edge[M][M];
         int Vn,En;
     } MGRAGH;
     int GetDegOfUndig( MGRAGH G,char u);                     /* 函数原型 */
10
     void main()                                             /* 主函数 */
     {    char v;
          int d;
     MGRAGH G ={{'a','b','c','d','e','f'},                   /* 例子图 G* /
15          {{0,1,1,0,0,1},{1,0,0,1,0,1},{1,0,0,0,1,1},
             {0,1,0,0,0,1},{0,0,1,0,0,1},{1,1,1,1,1,0}},
             6,9};
         printf("input a vertex : ");                        /* 请求输入一个顶点*/
         scanf("% c",&v);
20       while(v! ='#'){                                     /* 循环控制函数调用*/
             d = GetDegOfUndig(G,v);
             printf("The dgree of vertex % c is : % d\n",v,,d );  /* 显示度数*/
             printf("input a vertex : ");                    /* 继续请求输入顶点*/
             scanf("% c",&v); }
25   }
     int GetDegOfUndig( MGRAGH G,char u)                     /* "求无向图顶点度"函数定义 */
     {
         int x = -1,j,k;
30       for(k = 0;k < G. Vn && G. vertex[k]! = u;k + +);    /* 查找顶点位置号*/
         if(k < G. Vn){
             x = 0;
             for(j = 0;j < G. Vn;j + +)                      /* 计算顶点度数*/
                 x = x + G. edge[j][k];
34   }
35   }
     return(x);                                              /* 返回度数*/
37   }
```

参 考 文 献

［1］江正战. 三级偏软考试教程［M］. 2 版. 南京：东南大学出版社，2009.
［2］徐士良. 计算机软件技术基础［M］. 北京：清华大学出版社，2002.
［3］沈朝晖. 计算机软件技术基础［M］. 北京：机械工业出版社，2007.
［4］徐士良. 软件技术基础教程［M］. 北京：人民邮电出版社，2002.
［5］谭浩强. 计算机软件技术基础［M］. 北京：电子工业出版社，2002.
［6］庞丽萍，等. 计算机软件技术导论［M］. 北京：高等教育出版社，2004.
［7］钟珞，等. 软件技术基础［M］. 武汉：武汉理工大学出版社，2001.
［8］徐洁磐，等. 数据库技术原理与应用教程［M］. 北京：机械工业出版社，2008.
［9］徐洁磐，等. 现代信息系统分析与设计教程［M］. 北京：人民邮电出版社，2010.
［10］郑人杰. 软件工程概论［M］. 北京：清华大学出版社，1998.
［11］Alfred V Aho，John E Hopcroft，Jeffrey D Ullman. 计算机算法的设计与分析［M］. 黄林
鹏，等译. 北京：机械工业出版社，2007.
［12］张效祥，徐家福. 计算机科学技术百科全书［M］. 北京：清华大学出版社，2006.
［13］张福炎，孙志辉. 大学计算机信息技术教程［M］. 3 版. 南京：南京大学出版
社，2009.
［14］史九林，等. 数据结构基础［M］. 北京：机械工业出版社，2008.
［15］孙钟秀，等. 操作系统教程［M］. 4 版. 北京：高等教育出版社，2009.
［16］张尧学，等. 计算机操作系统教程［M］. 北京：清华大学出版社，2000.
［17］吴国伟，等. Linux 内核分析及高级编程［M］. 北京：电子工业出版社，2007.
［18］左万历，周长林. 计算机操作系统教程［M］. 2 版. 北京：高等教育出版社，2004.
［19］陈媛，等. 算法与数据结构［M］. 北京：清华大学出版社，2005.
［20］张世和. 数据结构［M］. 北京：清华大学出版社，2003.

经典推荐

计算机文化 第10版

作　者：[美] June Jamrich Parsons, D.Oja
译　者：吕云翔 等
中文版/英文版 2008年
■本书绝不是一般的计算机导论教程，内容涉及广泛，写作方法之独特，令人叹为观止，堪称计算机基础知识的百科全书。

计算机系统概论 第2版

作　者：[美] Yale N.Patt, Sanjay J. Patel
译　者：梁阿磊 等
中文版：7-111-21556-1 定价：49.00元
■本书的目的是让学生在一进入大学校门的时候，就对计算机科学有一个深入理解，为以后课程打下坚实基础。

计算机科学导论 第2版

作　者：[美] Behrouz A. Forouzan
译　者：刘艺 等
中文版：中文版 2008年
■这是一本经典的计算机科学丛书，基于ACM的课程体系，大师智慧融于其中。

C程序设计：软件工程环境 第3版

作　者：[美] Behrouz A. Forouzan
译　者：黄林鹏
中文版 7-111-23769-3 定价：29.00元
■本书根据ACM所列举的CS1课程的框架讲授程序设计的基本原理，同时讲解C语言的基本结构。

计算机科学概论 第3版

作　者：[美] Nell Dale
译　者：张欣
中文版/英文版 2008年
■本书根据ACM所列举的CS1课程的框架本书由当今该领域备受赞誉且经验丰富的教育家Nell Dale 和John Lewis 共同编写，为广大学生勾勒出一幅生动的画卷。

经典推荐

算法导论（原书第2版）
作 者：Thomas H.Cormen 等
译 者：潘金贵 顾铁成 等
书 号：7-111-18777-6
定 价：85.00元
■2006、2007 CSDN、《程序员》杂志评选的十大IT好书之一，算法中的经典权威之作

编译原理（第2版）
作 者：Alfred V.Aho,Monica S.Lam,
　　　　Ravi Sethi,Jeffrey D.Ullman
译 者：赵建华 等
书 号：978-7-111-25121-7
■编译领域无可替代的经典著作，被广大计算机专业人士誉为"龙书"

自动机理论、语言和计算导论（原书第3版）
作 者：John E.Hopcroft,Rajeev Motwani,
　　　　Jeffrey D.Ullman
译 者：孙家骕 等
中文版：978-7-111-24035-8，49.00元
英文版：978-7-111-22392-4，59.00元
■1996年图灵奖得主经典巨著升级版

分布式系统：概念与设计（原书第4版）
作 者：George Coulouris, Jean Dollimore,
　　　　Tim Kindberg
译 者：金蓓弘 曹冬磊
中文版：978-7-111-22438-9，69.00元
英文版：7-111-17366-X，89.00元
■本书是衡量所有其他分布式系统教材的标准

数据库系统概念（原书第5版）
作 者：Abraham Silberschatz,
　　　　Henry F.Korth, S. Sudarshan
译 者：杨冬青 马秀莉 唐世渭
中文版：7-111-19687-2，69.50元
本科教学版：978-7-111-23422-7，45.00元
■数据库系统方面的经典教材，被美誉为"帆船书"

软件工程：实践者的研究方法（原书第6版）
作 者：Roger S.Pressman
译 者：郑人杰 等
中文版：7-111-19400-4，69.00元
本科教学版：978-7-111-23443-2，49.00元
英文精编版：978-7-111-24138-6，65.00元
■全球上百所大学和学院采用，最受欢迎的软件工程指南

教师服务登记表

尊敬的老师：

您好！感谢您购买我们出版的＿＿＿＿＿＿＿＿＿＿＿＿＿＿＿＿＿＿＿＿＿＿教材。

机械工业出版社华章公司为了进一步加强与高校教师的联系与沟通，更好地为高校教师服务，特制此表，请您填妥后发回给我们，我们将定期向您寄送华章公司最新的图书出版信息！感谢合作！

个人资料（请用正楷完整填写）

教师姓名		□先生 □女士	出生年月		职务		职称：□教授 □副教授 □讲师 □助教 □其他	
学校			学院			系别		
联系 电话	办公： 宅电： 移动：			联系地址 及邮编				
				E-mail				
学历		毕业院校		国外进修及讲学经历				
研究领域								

主讲课程	现用教材名	作者及出版社	共同授课教师	教材满意度
课程： □专 □本 □研 人数： 学期：□春□秋				□满意 □一般 □不满意 □希望更换
课程： □专 □本 □研 人数： 学期：□春□秋				□满意 □一般 □不满意 □希望更换

样书申请			
已出版著作		已出版译作	
是否愿意从事翻译/著作工作 □是 □否	方向		
意 见 和 建 议			

填妥后请选择以下任何一种方式将此表返回：（如方便请赐名片）
地　址：北京市西城区百万庄南街1号　华章公司营销中心　　邮编：100037
电　话：(010) 68353079 88378995　传真：(010)68995260
E-mail:hzedu@hzbook.com markerting@hzbook.com　图书详情可登录http://www.hzbook.com网站查询